THE BEST
PRACTICE
OF CUSTOMER
RELATIONSHIP
MANAGEMENT

白書 プラクティス ベスト

CRM
2024

一般社団法人 CRM協議会
CRM ASSOCIATION JAPAN
CUSTOMER-CENTRIC RELATIONSHIP MANAGEMENT

◇■◇ 目 次 ◇■◇

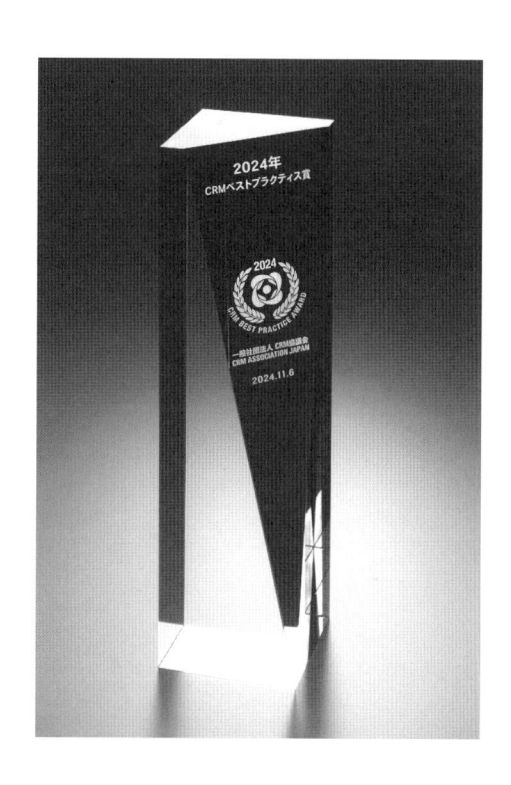

◇ ご挨拶 ◇

■ 一般社団法人 ＣＲＭ協議会
　代表理事・会長　藤枝 純教

◇ 「2024 CRMベストプラクティス賞」 受賞理由の要約 ◇

◇ 祝 辞 ◇

■ Glenn Bulycz
　前 Apple Inc.
　サービス部門 WWマーケティングディレクター

◇ 特別寄稿論文 ◇

■ 一般社団法人 ＣＲＭ協議会
　代表理事・会長　藤枝 純教

■ ご挨拶

藤枝　純教
一般社団法人　ＣＲＭ協議会 代表理事・会長
「2024 CRMベストプラクティス賞」選考委員長

グローバル情報社会研究所株式会社 代表取締役社長
The Open Group フェロー／日本代表・会長
TOGAF® 9 Certified / ArchiMate® 3 Practitioner

　「2024 CRMベストプラクティス賞」を受賞された14企業・1自治体、合わせて15組の皆様、誠におめでとうございます。
　皆様の「顧客中心主義経営（CCRM〈Customer Centric Relationship Management〉）」に向けた真剣な取り組みに心からの敬意を表します。

　一般社団法人　ＣＲＭ協議会は、理事の方々、メンバーの方々と精力的に活動を続け、4月に2024年度「CRMベストプラクティス賞」の応募受付をスタートし、多くの皆様からのご応募をいただきました。

　「2024 CRMベストプラクティス賞」選考委員会は、基本的にはWebリモート会議形式〈Webex〉で複数回、実施しました。応募された方々には、追加データの提出をお願いして、最終選考後にモデル名の決定など議論を重ねました。
　「2024 CRMベストプラクティス賞」の選考委員会のメンバーの方々のエネルギッシュな取組みに感謝申し上げます。

　11月6日に「2024 CRMベストプラクティス賞」の表彰式を東京アメリカンクラブで行い、全受賞の皆様の発表会を11月14日にWebex Webinarsを使い開催しました。Webリモート会議形式を取り入れたことで遠隔からのご参加が増えましたことを嬉しく思います。

■「2024 CRMベストプラクティス賞」表彰式

　一大イベントである「CRMベストプラクティス賞」の表彰式は、東京アメリカンクラブ（東京都港区麻布台）で開催しました。

〈表彰式会場外観 東京アメリカンクラブ〉

〈表彰式会場の様子 東京アメリカンクラブ Manhattan Ⅱ & Manhattan Ⅲ〉

〈受賞トロフィー〉　〈『CRMベストプラクティス白書』〉

〈「2024 CRMベストプラクティス賞」受賞の代表者様、ご来賓 渋谷審議官様、藤枝会長、鈴木副会長〉

左側から前列：藤枝会長、ＮＴＴコミュニケーションズ様、ＮＴＴドコモ様、鯖江市様、ダイキン工業様、
　　　　　　　ＤＨＬジャパン様、東名様、トラスコ中山様、経済産業省 審議官 渋谷 闘志彦 様、
左側から後列：鈴木副会長、中日本高速道路様、ビジョン様、フォーラムエイト様、富士通様、
　　　　　　　ホンダオート三重様、マクニカホールディングス様、みずほ銀行様、ＬＩＸＩＬ様

<ご来賓挨拶>

経済産業省
審議官（IT戦略担当）渋谷 闘志彦 様

<オープニングご挨拶>
代表理事・会長 藤枝 純教

<表彰式> 15組の皆様へ表彰状とトロフィーの授与・受賞メッセージ

DHLジャパン㈱
代表取締役社長 Tony Khan 様

鯖江市
市長 佐々木 勝久 様

トラスコ中山㈱
執行役員 山本 雅史 様

<総評>ベストプラクティス部会長
理事 山﨑 靖之

<クロージング>
副会長 鈴木 茂樹

<ベストプラクティス賞選考委員>
左から；常務理事 瀬野尾 健
常務理事 秋山 紀郎、常務理事 濱谷 博通

<Awards Assistant Staff>
左から；
みずほ証券㈱ 有賀 彩織 様
㈱マクニカ 沼上 陽子 様
サイオス㈱ 長根尾 亜妙花 様
グローバル情報社会研究所㈱ 岩城 里枝 様

<司会>理事 水野 美歩

右側；常務理事
山本 雅通

<ビデオ撮影等当日の運営をサポート
いただきました理事メンバー企業の
ゴートップの皆様>

■「2024 CRMベストプラクティス賞」受賞者の取り組み

　「2024 CRMベストプラクティス賞」受賞15組と受賞モデル名の一覧は＜Chart 1＞の通りです。

＜Chart 1＞

「2024 CRMベストプラクティス賞」受賞（１）
受賞 15組 （14企業・1自治体）

受賞企業・自治体名 （五十音順・敬称略）	受賞モデル名
NTTコミュニケーションズ株式会社	法人事業統合CRMモデル
株式会社NTTドコモ 情報システム部	顧客の関心事洞察モデル
鯖江市 市民生活部 市民主役推進課	市民主役の地域活性モデル
ダイキン工業株式会社 サービス本部	コンタクトチャネル統合基本モデル
DHLジャパン株式会社	VOC収集チャネル拡大モデル
株式会社東名	VOCを事業展開の軸に置くモデル
≪大星賞≫ トラスコ中山株式会社	MRO製品の即納システムモデル
中日本高速道路株式会社	計画通行止めによる快適利用モデル

「2024 CRMベストプラクティス賞」受賞（２）

受賞企業・自治体名 （五十音順・敬称略）	受賞モデル名
≪継続賞≫ 株式会社ビジョン CLT	VOC活用休眠顧客活性化モデル
≪継続賞≫ 株式会社フォーラムエイト	ボトムアップ型CRM統合推進モデル
富士通株式会社	グローバル推進OneCRMモデル
≪継続賞≫ 株式会社ホンダオート三重	M&Aによるサービス向上モデル
マクニカホールディングス株式会社	顧客ポータル・CRM拡張モデル
株式会社みずほ銀行 カスタマーリレーション推進部	AI活用統合コンタクトセンターモデル
株式会社LIXIL LIXIL Housing Technologyビジネスインキュベーションセンター	共創型D2Cマーケティングモデル

■「顧客中心主義経営」に終わりはない

　受賞者各企業・各団体のトップの皆様、スタッフのトップのリーダーシップと、現場でお客様との接点を守られているコールセンター、セールス、ICTサービスのアーキテクトやオペレーションエクセレンスで体を張っていただいている第一線の皆様、「顧客中心主義経営（CCRM）」に対する思い入れと、日々の研鑽の努力とその成果に対して、心からの拍手を送らせてください。

　連続受賞を目指して各社トップの方のリーダーシップが目覚ましく、13回目受賞の株式会社ビジョンを筆頭に、10回目受賞の株式会社フォーラムエイト、9回目受賞の株式会社ホンダオート三重、4回目受賞の富士通株式会社、3回目受賞の株式会社ＮＴＴドコモ、中日本高速道路株式会社、株式会社みずほ銀行が続いて努力されております（＜Chart 2＞参照）。複数回受賞の企業はいずれも"学び"、"計画"、"改善"という素晴らしい実践活動をされるなど、それぞれのペースで実績を積み上げられました。

　まず、自分自身に対する向上心があってこそ、優秀な異業種の方々の着眼点や手法を学べます。自社の「顧客中心主義」実現には、まだ改善の余地があることを自覚しない限り、複数回のチャレンジは起きません。

　今回初めて受賞されたのは、ＮＴＴコミュニケーションズ株式会社、鯖江市、ダイキン工業株式会社、株式会社東名、トラスコ中山株式会社、株式会社ＬＩＸＩＬの６組となりました（＜Chart 2＞参照）。２年以内に新しい進歩でチャレンジをして再度ご応募ください。また、パートナー企業で努力されている企業・団体があれば、勇気を出して応募してくださいとお勧めください。

　皆様のご応募をお待ち申し上げております。

＜Chart 2＞

「2024 CRMベストプラクティス賞」受賞企業・団体 受賞回数

一般社団法人 CRM協議会
CRM ASSOCIATION JAPAN

2024年度受賞企業・団体15組中9組の企業・団体様が複数回受賞されています。

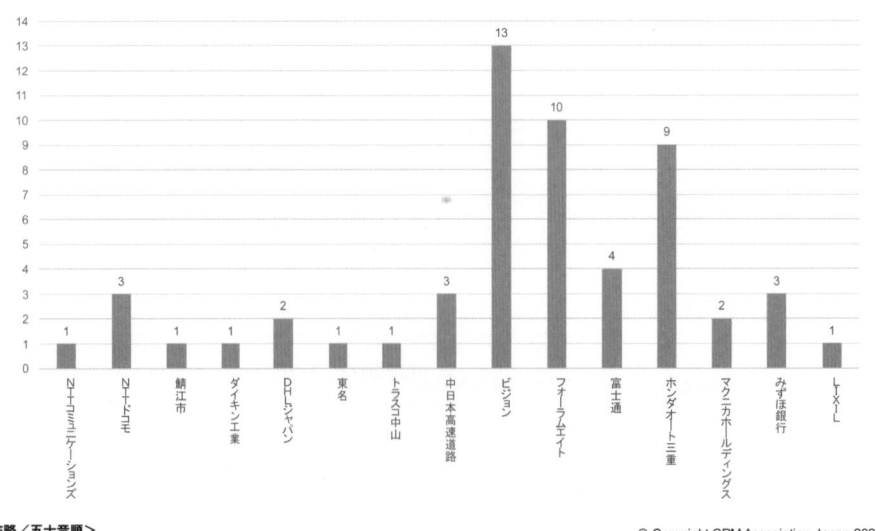

＜敬称略／五十音順＞

14

2004年から始めた「CRMベストプラクティス賞」は2024年、20周年を迎えました。そこで20年間の歩みをまとめてみました（<Chart 3>参照）。累計で267の組織（企業や自治体）が受賞されています。さらにエンタープライズ・アーキテクチャのグローバル標準フレームワークTOGAF®のトレーニングを受け、認証を受けた組織にマークを付けています。

　<Chart 3>は色々な示唆を与えてくれます。まず、第一歩を踏み出すことがなにより重要です。119の組織が1回だけの受賞にまだとどまっているものの、これは大きな一歩です。

　一般社団法人　ＣＲＭ協議会は長年の研究活動の結果、「顧客中心主義経営」の成熟度を5段階のステージとして定義しています。ステージⅠは「思いつきCRM」の段階です。現場が考え、アドホックであるとはいえ、顧客中心の活動に取り組んだところになります。何もしない自己中心主義経営に比べ、思いつきであっても実践したことは素晴らしく、賞を差し上げてきました。

　ただし、「顧客中心主義経営」のような活動は組織として継続していかない限り、定着も発展もしません。アドホックCRMだけでは限界があります。

　ステージⅢは全社で取り組むようになった段階です。ここからよりグローバルな活動に発展させていき、ステージⅣやⅤに進化するために、TOGAF®を使ったエンタープライズ・アーキテクチャへの取り組みを推奨しています。顧客中心の活動をするために、どのような経営ないし運営をすればよいか、将来像とそこに至る道筋を設計するのです。標準にそった、組織的な取り組みがあってこそ、成熟度を高めていけます。

　<Chart 3>に示された通り、継続して「CRMベストプラクティス賞」を受けた組織の上位11組はいずれもTOGAF®の認証をとっています。

　「顧客中心主義経営」やTOGAF®によるエンタープライズ・アーキテクチャ活動をすると組織の付加価値は高まるのか。こう問うてくる組織のトップがおられるでしょう。「高まります」と回答できるエビデンスとなるデータを見出す調査活動にも取り組んでいます。本白書の特別寄稿論文『「顧客中心主義経営」の効果を計測する』をぜひお読みください。5段階のステージからなる成熟度のモデルも記載しています。

<Chart 3>「CRMベストプラクティス賞」、20年の歩み

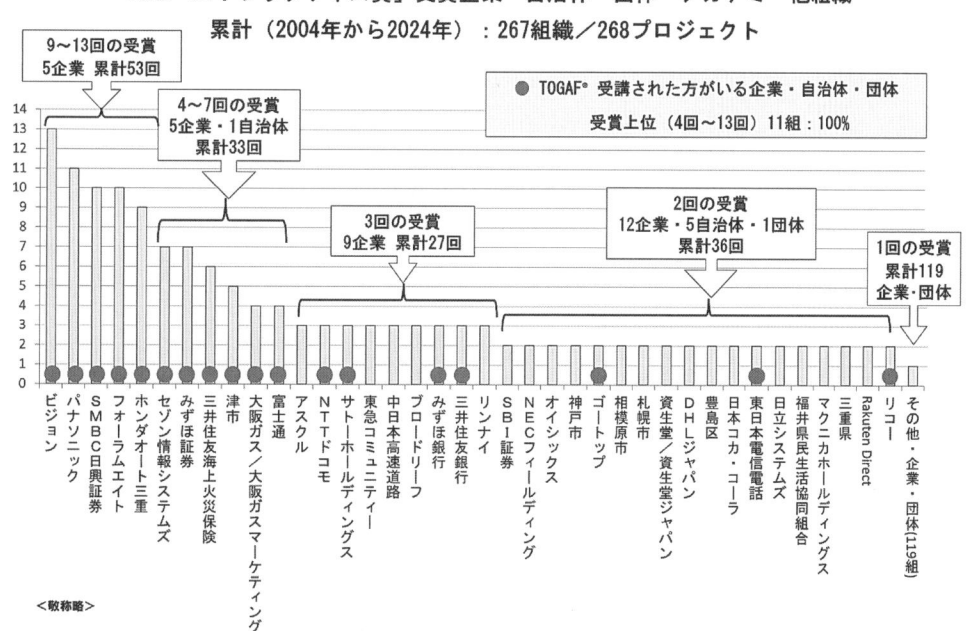

以　上

「2024 CRMベストプラクティス賞」受賞

受賞企業・自治体名（五十音順・敬称略）／モデル名

■ ＮＴＴコミュニケーションズ株式会社

法人事業統合CRMモデル

　法人事業統合により営業組織毎に異なる営業プロセスとシステムによる業務の複雑化の解消が急務であった。そこで、全社的な営業プロセスの統一と業界標準のSaaSを最大限活用したシステムの標準化に注力し、営業組織間の情報連携の強化を実現した。これにより、顧客への迅速かつ的確な提案が可能となり、CRM活動の効率化と生産性向上が達成された。今後は、データドリブンなアプローチを推進し、AIや分析ツールを活用した営業戦略の高度化が期待される。これにより、競争力の強化と持続的な成長が見込まれ、顧客満足度のさらなる向上が期待される。

■ 株式会社ＮＴＴドコモ
情報システム部

顧客の関心事洞察モデル

　全社方針である「お客さま起点の事業運営」の実現に向けて、お客さまの声の活用をさらに前進させた。具体的には、音声テキスト化基盤と最新のAI技術を活用し、お客さまの生の声を無作為に収集・分析することで、従来得られなかったインサイトを取得することに成功。特に、キャンペーン等のイベントに関連しない真のペインポイントを定量的に抽出し、経営に具体的な改善策を示すことができた点が評価される。今後は、これらのインサイトに基づき、全社で具体的な改善策を実施し、顧客満足度の向上を図ることが期待される。また、分析の有効性を確認し、サービス改善に向けたPDCA活動を推進することで、持続的な成長が見込まれる。

■ 鯖江市
市民生活部　市民主役推進課

市民主役の地域活性モデル

　福井県鯖江市は、全国のどこの地方の自治体でも抱える、高齢化社会における人口減少と若者流出という課題に対して、「市民主役」の理念のもと市民主役条例を施行し、その後の鯖江市の運営方針に市民主役の精神が根付いてる。今回企画された「市民主役アワード」は、市民自らが市民を表彰するという全国初のイベントである。市民活動の担い手育成とまちづくり人材の拡大をテーマに開催され、市民自らのアイデアの提案をもとに市の事業を実施することで、行政の効率化にもつながっており、市民活動の多様性を尊重し地域の絆を深める素晴らしい取り組みである。

■ ダイキン工業株式会社
サービス本部

コンタクトチャネル統合基本モデル

　コンタクトセンターのシステム刷新により、マルチチャネル（Tel,Mail,SMS）を一元管理し、対応履歴など過去経緯情報の連携の質を向上させることで、顧客応対スピードを大きく向上させた。また情報管理の質が向上したことで担当者ではなくても顧客応対状況の確認が容易になり、業務の平準化にも貢献している。また、システム刷新に伴い業務フローを改善し、その成果としてコミュニケータの業務負荷軽減もあり定着率が向上している。コンタクトセンター業務全体の効率を高めることで、"お客様をお待たせしない"という質の高いサービスを提供しており、顧客満足度向上を実現している事例。

■ ＤＨＬジャパン株式会社

VOC収集チャネル拡大モデル

　顧客が同社に接触するすべてのカスタマージャーニーで顧客の声（VOC）を収集することに専念することで、収集量が10倍以上になった。このVOC収集への強いこだわりは称賛されるべきことである。また、その収集された情報やNPSを、即座に確認できるような仕組みも構築し、改善活動に役立てるベースを構築した。全社レベルでVOCを収集し、好意的な声も共有することで社員のモチベーションアップにもつなげている。結果として、NPSも上昇傾向を示すようになった。VOCをもとにした、さらなる改善活動の継続に期待したい。

■ 株式会社東名

VOCを事業展開の軸に置くモデル

　複数拠点を展開する中小企業の顧客に対し、拠点毎の請求処理が煩雑となっていく顧客の課題を解消するべく、Web明細を顧客毎に一括とする仕組みを構築し提供。その結果、顧客の請求管理工数削減に大きく貢献するとともに、問い合わせ件数の減少を実現。また、インターネット接続が不安定になった際の業務支障リスクを減らしたいという顧客の要望を新サービスの開発（「オフィスあんしんコネクト119」）に活かす。電力市場の価格高騰に対する顧客の不安を解消するべく「オフィスでんき119」顧客に対してフォローコールを徹底するなど、常に「顧客の声」を元にする「顧客主義中心経営」を展開している。

■ トラスコ中山株式会社
≪大星賞≫

MRO製品の即納システムモデル

　CRM活動を通じて顧客の声を反映する姿勢は、顧客との信頼関係を深める重要な要素である。調達リードタイムゼロ、適正在庫維持というユーザーニーズに明確に応えている、置き薬の工具版サービス「MROストッカー」を導入し実績を残している。卸売業である同社が直接最終顧客と接点を持つことができ、過剰在庫を防ぎ、在庫管理や発送業務削減による脱炭素効果にも貢献することで企業の社会価値向上につながっている。

■ 中日本高速道路株式会社

計画通行止めによる快適利用モデル

　高速道路という重要な社会基盤を支える同社は、「お客さま起点で考える」を企業理念に掲げ、ステークホルダーからの期待に応えることを基本姿勢としている。名二環集中工事では顧客の声（交通規制の周知不足、予期せぬ交通渋滞への苦情）に対し、車線規制の替わりにあえて昼夜連続の通行止め方式を採用して問題を解決している。これは、快適な利用環境の提供と安全性・利便性を向上させるうえで地域との連携を図る大掛かりな施策であり、実現へのご苦労が窺える。また、交通規制情報を多様なメディア（SNSを含む）を駆使して周知不足の解消に努めた点は、利用顧客への配慮が為された賞賛される事例である。

■ 株式会社ビジョン
CLT
≪継続賞≫

VOC活用休眠顧客活性化モデル

　「世の中の情報通信産業革命に貢献します。」ではじまる経営理念を持つビジョンは、これまでも顧客とのコミュニケーションで生まれたVOCからサービスを拡充し、顧客満足を獲得してきている。今回は取引開始から３年経過すると顧客コミュニケーションが希薄化することを発見し、①ツールやAIを活用し顧客ペインを適格に把握したうえで適切に届けるべきコンテンツを洗い出し、②３年経過して希薄化した顧客とのコミュニケーションをメール・LINEを活用することで活性化し、③適切な課題解決を提案する取り組みを行った。その結果、休眠顧客とのコミュニケーションの再活性化を実現した。顧客のニーズを把握し、適切なタイミングで届けることでニーズを拾い、結果として業績につなげることが出来た事例である。

■ 株式会社フォーラムエイト
≪継続賞≫

ボトムアップ型CRM統合推進モデル

　顧客ニーズを先取りした高性能、高品質な製品提供を継続するために、CX向上活動を推進してきた過去からの実績を踏まえてCRM統括グループを組織した。これまで部門別に取り組んできた活動を点検し、全社横断的に推進し、お客様が抱えている課題と製品・サービスに内在している課題について全部門が連携しながら情報共有を行い、スピーディーに最善策を立案し具現化することが可能となった。発足した統括組織が、全社的な変革の推進リーダーとして、自律性を持ちながら他部門をリードし、組織全体にCRMの価値を浸透させて変革を促進する存在となることを期待する。

■ 富士通株式会社

グローバル推進OneCRMモデル

　セールス領域の業務プロセスをグローバルで標準化し、各地域・組織が獲得する広範で多様な顧客接点情報をリアルタイムに共有するOneCRM統合基盤を構築した。これにより商談管理や戦略意思決定の精度の向上が見込まれる。加えてAIによる受注予測の実用化や効率的なデータ分析を実現することにより、顧客対応と事業機会の拡大や社会課題の解決に寄与している。今後も未来予測型経営を可能とする、データ駆動型のマネジメントスタイルを推進するとともに、顧客中心の文化を定着させてCSを測る指標も実装し、より一層改善活動のPDCAを回すことに期待したい。

■ 株式会社ホンダオート三重
≪継続賞≫

M&Aによるサービス向上モデル

　M&Aにて事業会社を併合し、事業拡大分野として板金部門を吸収統合。販売から修理・メンテナンスを一貫して顧客に提供できる体制を構築した。会社の方針である「顧客中心主義経営」の具現化で磨き上げてきた「安心ネットワークシステム」を全社に定着させるために、社是の創設・社員教育の徹底など改めて基本から徹底した。また利用した顧客に対する満足度をアンケートで回収する仕組みを改めて開始し、安心ネットワークシステムの完成度を評価する仕組みも構築し始めた。

■ マクニカホールディングス株式会社

顧客ポータル・CRM拡張モデル

　昨年に続き、2025年までに新しい業務基盤システムを構築するプロジェクトの一環として導入したCRMシステムの機能を強化した。今年は、顧客ポータルの機能拡張による提案力向上及び利便性向上を実現と、データ集約やメール生成・送信を自動化する機能の開発による手作業が残っていた業務の効率化を図った。また、MAシステムからのWeb活動履歴の連携や契約パイプラインごとの予測機能によって、顧客が必要とする商品の提案がタイミング良くできるようになった。さらに、CRMシステムのグローバル展開も着実に進めており、新拠点へ導入する方法論を確立した上で、北米への導入時には実際にこの方法論を適用し、コスト削減・導入期間短縮の成果が出ている。顧客価値の向上のための絶え間ないシステム投資は称賛に値する。

■ 株式会社みずほ銀行
　カスタマーリレーション推進部

　　　　　　　　　　　　　　AI活用統合コンタクトセンターモデル

　「お客さまの人生やビジネスの成長・成功のために、便利で安心なパートナーとして寄り添い、ともに歩む」というコンタクトセンターのパーパスに沿って、徹底的に考え抜かれたコンセプトを基に、次世代コンタクトセンターのシステムの導入を図っている。それにより、顧客の多様なニーズに応えるための問い合わせチャネルの統合やAIによるサービス品質向上が実現した。評価ポイントとしては、利便性の向上、パーソナライズの強化、業務効率化が挙げられる。今後は、これらの成果を基にさらなるサービスの革新を図り、顧客体験の向上を目指すことで、持続的な成長と競争力の強化が期待される。

■ 株式会社ＬＩＸＩＬ
　LIXIL Housing Technology ビジネスインキュベーションセンター

　　　　　　　　　　　　　　共創型D2Cマーケティングモデル

　BtoBtoCをビジネスモデルとするＬＩＸＩＬは、最終顧客とは工務店や販売店などのパートナーを経由したコミュニケーションとなり、最終顧客の生の声が届きにくいという課題を抱えていた。その解決策として新規事業「猫壁（にゃんぺき）」において、購入者を含む愛猫家をターゲットとしたコミュニティサイトを構築し、最終顧客との接点を開発。生の声を獲得する仕組みを作り、インタビューやモニター等事業活動へ顧客を巻き込むことで顧客接点作りの成功事例を作った。また顧客を自主的に運営に巻き込むことにも成功し、一部業績への寄与も実現することが出来た。

　　　　　　　　　　　　　　　　　　　　　　　　　　　　　　　以　上

 祝 辞

FROM THE DESK OF
Glenn Bulycz
27 YEAR APPLE, INC. RETIRED AS DIRECTOR,
WW MARKETING, SERVICES DIVISION

Dear Mr. Jack Fujieda
CRM Association in Japan, President

Dear Winners of the CRM Best Practice Awards and members of the CRMA Japan;

Congratulations on your achievements and contributions to CCRM in 2024!
Building a customer-centric CRM mindset with internal stakeholders AND technology platforms that respect privacy has been some of the most challenging and satisfying work of my career.

The global scale and scope of Services for Apple demands hyper-efficiency, performance at scale, and a huge range opportunities for CCRM in this $85.2 billion revenue driver for the company in 2024.

Driving positive business impact and customer advocacy was measurable response from this direct marketing that continued support and investment in resources for our teams.

I applaud the work that has earned you these Awards and more importantly, your choice to share your leadership and practices with fellow members in this important Association.

Collaborative thinking and development will improve all of our efforts in providing the best possible experience to customers with trust that the information shared is being used responsibly.

Sincerely yours,
Glenn Bulycz
San Jose, CA

■ 祝 辞

グレン ビューリック

前 Apple Inc.
サービス部門 WWマーケティングディレクター

親愛なるジャック藤枝へ

「CRMベストプラクティス賞」受賞者の皆様、一般社団法人 ＣＲＭ協議会会員の皆様；

2024年のCCRMでの功績と貢献を心よりお祝い申し上げます!!

社内関係者とともに顧客中心のCRMマインドセットを構築し、プライバシーを尊重するテクノロジー・プラットフォームを構築することは、私のキャリアの中でも最もやりがいがあり、満足のいく仕事でした。

アップル社向けサービスの世界的な規模と範囲は、超効率性、規模に応じたパフォーマンス、そして2024年に852億ドルの収益をもたらすCCRMの巨大な可能性を要求しています。

このダイレクト・マーケティングによって、ビジネスへの好影響と顧客からの支持を得ることができました。

私は、受賞された皆様方がこれらの賞を獲得に至った仕事ぶり、そしてより重要なこととして、この重要な一般社団法人 ＣＲＭ協議会で仲間たちとリーダーシップと実践を分かち合うことを選択されたことに心より称賛の意を表したいと思います。

共同的な思考と開発は、共有された情報が責任を持って使用されているという信頼とともに、顧客に可能な限り最高の体験を提供するためのすべての努力を向上させるのです。

Sincerely yours,
グレン ビューリック
San Jose, CA

■ 特別寄稿論文

藤枝　純教

一般社団法人　ＣＲＭ協議会 代表理事・会長

「2024 CRMベストプラクティス賞」選考委員長

グローバル情報社会研究所株式会社 代表取締役社長

The Open Group フェロー／日本代表・会長

TOGAF® 9 Certified / ArchiMate® 3 Practitioner

「顧客中心主義経営」の効果を計測する

　一般社団法人　ＣＲＭ協議会[1]をつくって以来、取り組んでみたいと思いつつ、なかなかできなかったことがあります。一般社団法人　ＣＲＭ協議会が提唱するCCRM（Customer Centric Relationship Management：「顧客中心主義経営」）の効果を計測することです。

　「顧客中心主義経営」を真剣に取り組んでいる企業や団体と、そうではない企業や団体には何らかの明白な差が出るはずです。それを数値できちんと示したい。

　残念ながら顧客中心ということが分かっていない企業や団体がまだまだあります。社長や団体の責任者が口頭で「お客様が大事」と言っているものの、やっていることを見ると自分中心のままなのです。

　こうした企業や団体のトップに「顧客中心主義経営」の意義に気付いてもらう手段として、効果の計測と提示が有効だと考えています。

■ どのように計測するか

　「顧客中心主義経営」の効果を測るには二つのことが必要です。まず、取り組んでいるかどうかを知ることです。顧客中心の活動をしっかりしているかどうかを測る指標が色々ありますので、それらの指標が高い企業や団体は実践しているとみなせます。

　次に実践している効果を確認しなければなりません。そのためには売上高、利益、時価総額などを使います。

　「顧客中心主義経営」に取り組んでいる（顧客中心に関する指標の数値が高い）企業や団体の売上高や利益、あるいは時価総額が、「顧客中心主義経営」に取り組んでいない（顧客中心に関する指標の数値が低い）企業や団体のそれを上回っていれば、「顧客中心主義経営」に

---

[1] 2009年10月１日に、一般社団法人として申請を行い許可され、前ＣＲＭ協議会の活動を引き続いているオープンでノンプロフィットの会員組織。

価値があると言えます。

　これは医療の世界でいう、コーホー・スタディ（cohort study）手法の応用です。ある病気の要因と思われる特性を決め、その特性を持つ人たちと持たない人たちの2グループをつくり、経過を観察します。特性を持つグループのほうが持たないグループよりも発症する率が高ければ、その特性が病気の要因だと言えることになります。

　人体の中で何が起きているのかをモニタリングすることはまだ難しいので、こうしたやり方がとられています。「顧客中心主義経営」の場合でも企業や団体の中の変化をとらえることは簡単ではありません。そこで取り組んでいるグループとそうではないグループに分け、業績や時価総額を使って経過を観察するわけです。

■ コーホー・スタディの実践

　「顧客中心主義経営」に先立って、エンタープライズ・アーキテクチャについてコーホー・スタディを実践してみました。エンタープライズ・アーキテクチャは組織活動を設計することです。将来、どのような顧客中心の活動をして成果を上げたいか、将来像を描き、そこに至る道筋を定めるものです。

　残念ながらエンタープライズ・アーキテクチャの日本における普及はまだまだです。日本の経営者や団体責任者にエンタープライズ・アーキテクチャの効果を訴えるためには目に見えるデータが必要と考え、コーホー・スタディに取り組みました。

　エンタープライズ・アーキテクチャも継続して取り組む活動です。この活動は組織にとって極めて重要であり、実践結果はなかなか公開されませんし、そもそもこれも企業や団体に変化を起こすことですから効果を把握するのはなかなか難しいのです。

　エンタープライズ・アーキテクチャの効果を探るコーホー・スタディをするにはまず実践しているかどうかを把握しないといけません。そこでTOGAF®※2に関するトレーニングを受け、認証を受けているかどうかで判断しました。認証者がいない企業は取り組んでいないとみなします。

〈Chart 1〉 Fortune Global 500におけるTOGAF®の浸透率

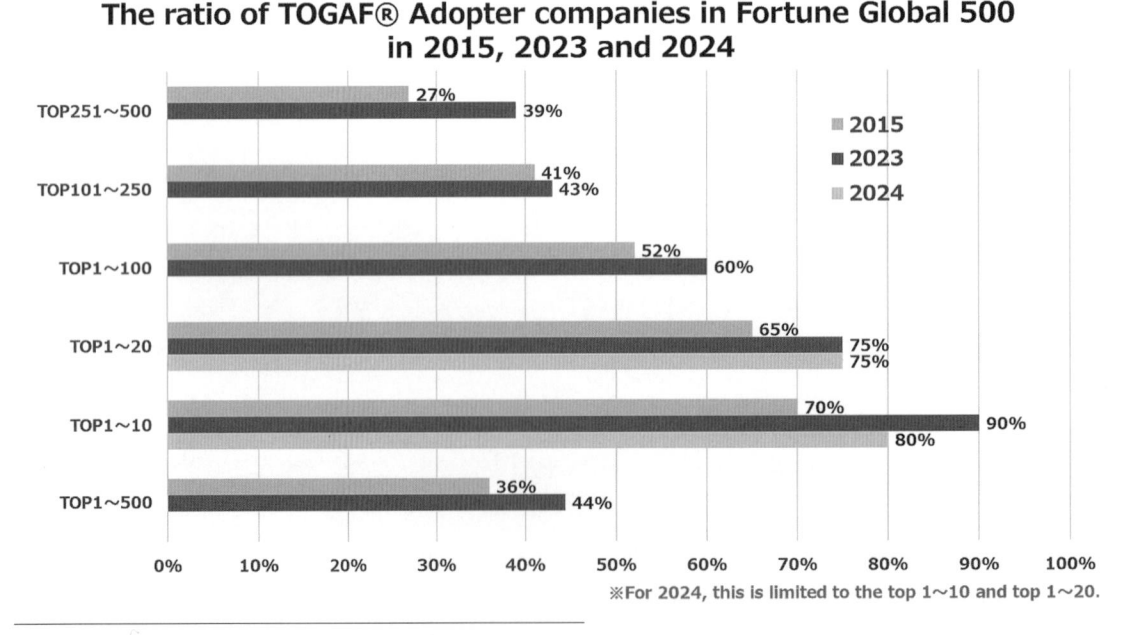

The ratio of TOGAF® Adopter companies in Fortune Global 500 in 2015, 2023 and 2024

※For 2024, this is limited to the top 1〜10 and top 1〜20.

※2　The Open Group Architecture Framework

TOGAF®はエンタープライズ・アーキテクチャを作成する標準のフレームワークとしてグローバルなオープン標準の推進団体であるThe Open Group[3]が開発し、公開しています。「顧客中心主義経営」を進めるためにはTOGAF®を使える人を育て、自社や自組織のアーキテクチャを設計することが推奨されます。

　私はThe Open Groupの日本における代表者を1998年から務めており、The Open Groupに働きかけ、スタディを実施しました。

　調査対象はFortune Global 500にランキングされている企業としました。このランキングには世界の優良企業が並んでいます。

　500社のうち、TOGAF®の認証者がいる企業をTOGAF®アダプターと定義し、TOGAF®アダプターのグループと、そうではないグループに分け、業績を比較しました。

　結果を少しご紹介しましょう。まず500社におけるTOGAF®の浸透率です。トップ20社について見ると2023年の場合、90％がTOGAF®の認証を受けていました（＜Chart 1＞参照）。最新の2024年のデータを見ても80％がTOGAF®アダプターでした。500社全体においても2023年には44％の企業がTOGAF®の認証を受けていました。世界の優良企業のざっと半分はエンタープライズ・アーキテクチャに取り組もうとしていることになります。

　TOGAF®アダプターのグループとそうではないグループの業績を比較しました。2020年においても、2023年においても、TOGAF®アダプターの売上高、利益、売上高利益率はTOGAF®非アダプターのそれらより高いという結果になりました。

■ エンタープライズ・アーキテクチャの累積効果

　最も興味深い結果を＜Chart 2＞に示します。Fortune Global 500におけるTOGAF®認証数と売上高利益率の関係をプロットしたものです。認証がゼロのTOGAF®非アダプターグループが一番左にいます。それから認証数が1〜10、11〜100と増えるにつれ、それらのグループの売上高利益率は右肩上がりになっていきます。

　認証が増えるということはエンタープライズ・アーキテクチャの実践が進み、成熟度が高まっていると考えられます。そうした企業は全体最適の活動ができ、結果として利益率が上がるとみてよいでしょう。エンタープライズ・アーキテクチャのような活動は実践すればするほど累積効果を生みます。これは「顧客中心主義経営」も同様です。

＜Chart 2＞ Fortune Global 500におけるTOGAF®認証数と売上高利益率の関係

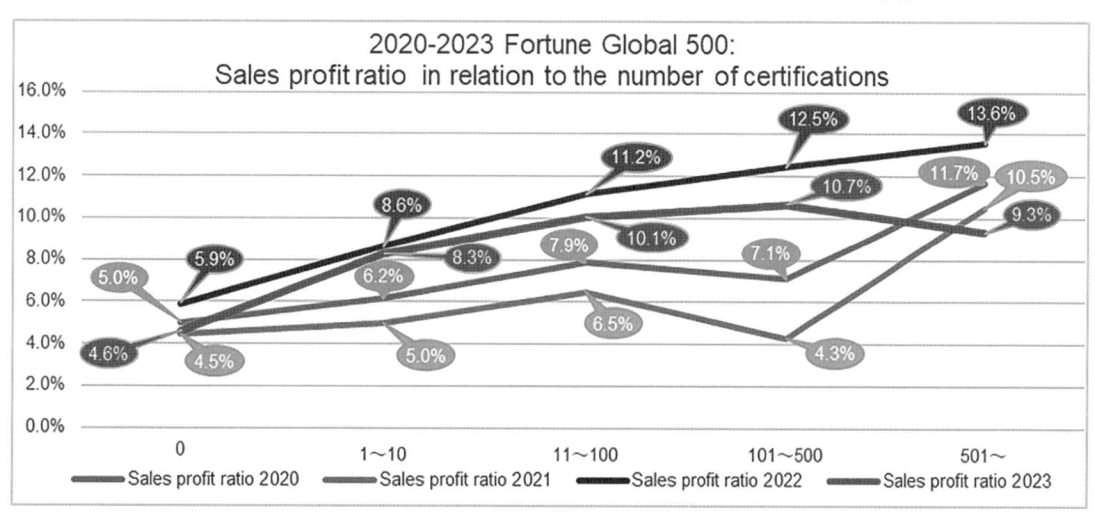

※3　オープンでノンプロフィットの会員組織。本部は英国。

TOGAF®を使ってエンタープライズ・アーキテクチャに取り組めば業績が良くなるとまでは言いきれませんが、TOGAF®認証と業績に有意の相関があることは間違いありません。

　このスタディをまとめたレポートがThe Open Groupからまもなく発表される予定です。

■「顧客中心主義経営」の実践度合を示す指標

　「顧客中心主義経営」の効果測定に話を戻しましょう。しっかり取り組んでいるかどうかを知る指標は色々あります。

　まず、CSI（Customer Satisfaction Index）です。購入前の期待（Expectation）、購入後の効用への知覚品質（Perceived Performance）、そして満足度や忠実度などを調べます。

　米国ではACSI（American Customer Satisfaction Index）という団体が同名の指標を発表しています。欧州にはEPSI(The European Performance Satisfaction Index)があります。

　日本では日本生産性本部のサービス産業生産性協議会がJCSI（日本版顧客満足度指標）を発表しています。JCSIは顧客満足、推奨意向（おすすめ度）、感動指標など合計9指標を調べています。

　このうち推奨意向はNPS（Net Promoter Score）であり、CSIと並ぶ有力な指標とされています。企業あるいは製品・サービスについて「それを友人に奨めるか」を問い、推奨者の割合から批判者の割合を引いて指標化します。

　CES（Customer Effort Score）は顧客が製品ないしサービスを使ったとき、どのくらいの努力（エフォート）をしたかを示すものです。

　LTV（Life Time Value）という指標もあります。顧客生涯価値と訳されています。ここでいう生涯とは取引についてです。自社の製品ないしサービスを購入してくれた顧客が製品やサービスの利用を止めるまで、どのくらいの売上と利益を提供してくれたかを測ります。長い付き合いになればなるほどLTVは上がります。

　こうした指標が高い企業や団体、それほど高くない事業や団体をグルーピングし、グループ同士の売上高、利益、時価総額などを比較すれば、「顧客中心主義経営」と業績に関するコーホー・スタディができるはずです。すべての企業について調べることはできないので、Fortune Global500やS&P500（スタンダード・アンド・プアーズ500種指数）に入っている企業を対象にすることになります。

　調査対象を絞る手もあります。NPSの収集や分析用のツールを提供しているSatmetrix Systems, Inc.は航空、保険など業種ごとに調査し、NPSのスコアと売上高の成長率に有意な相関関係があると報告しています。とりわけ航空の領域でNPSと成長率の相関が高かったそうです。

　ただし、ここまで紹介した指標はいずれも長く使われ、結果の蓄積があるものの、近い将来、もっと良い指標が出てくるのではないかと考えます。

　インターネットビジネスに代表されるように組織の活動はいまや365日、24時間続けられています。ビジネスの状況と顧客の声をリアルタイムで収集、AIなどで自動分析するなどして顧客中心の活動ができているかどうかをモニタリングできる仕組みが求められるでしょう。モニタリングの結果、顧客が何らかの痛みを感じている場合、直ちに対策を検討し、手を打たなければなりません。

　CSIやNPSの調査においては第三者の調査員が電話をかけたり訪問したりしてヒアリングをしています。また、これらの指標を出すためにどのようなデータをどう集めるのか、分析のモデルについてもそろそろ再考が求められるのではないでしょうか。

　LTVについてはそもそも「顧客中心主義経営」の考えが反映されていません。生涯価値というなら、顧客にどれだけの価値を与えたのか、どれだけ役に立ったのかを測らなくてはなり

ません。顧客が繁栄してこそ、自社に利益が返ってくるのですから。定義を改め、LTVではなくCLTV（Customer Life Time Value）と呼ぶべきでしょう。

■ Thompson氏の調査

　「顧客中心主義経営」の効果を調べるにあたり、CustomerThinkのファウンダー、Robert Thompson氏に相談しようと考えました。彼は2004年から『CRMベストプラクティス白書』に論文を寄稿し続けてくれました。

　Thompson氏は以前、経済誌が選んだ優良企業を対象に、「顧客中心主義経営」のインデックスを調べ、積極的に取り組んでいる企業グループの株価上昇率は、そうではない企業群を上回る、という示唆に富む結果を示していました。その調査の最新版をつくれば、以前と直近の比較ができるはずです。

　これ以外にもThompson氏は興味深い調査を実施し、CustomerThinkのサイトで発表してきました。次の調査結果はとても有名です。

　ある企業の製品やサービスを使うことを止め、競合他社に乗り換えた顧客、そして顧客を失った企業の営業担当者にそれぞれ理由を聞き、比較しました。

　〈Chart 3〉のグラフで斜め線が顧客の回答、格子線が営業の回答です。営業のほぼ半数が自社の製品やサービスの価格（が高いこと）を理由としています。

　ところが顧客の回答はまったく異なります。圧倒的な1位は顧客サービス（が悪いこと）でした。単に製品やサービスを提供するだけではなく、「顧客中心主義経営」に継続して取り組み、良い顧客サービスを提供しなければならないゆえんです。

〈Chart 3〉　顧客が見ていること、企業（営業）が見ていることの違い

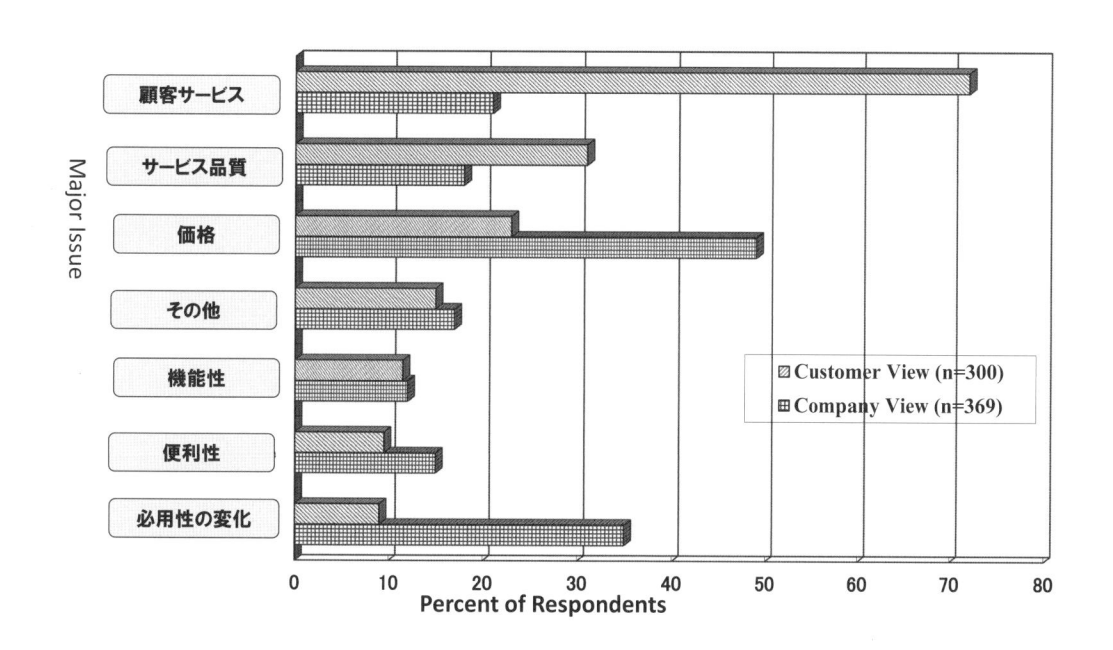

<Chart 4> ニューラルネットワークを使った分析結果

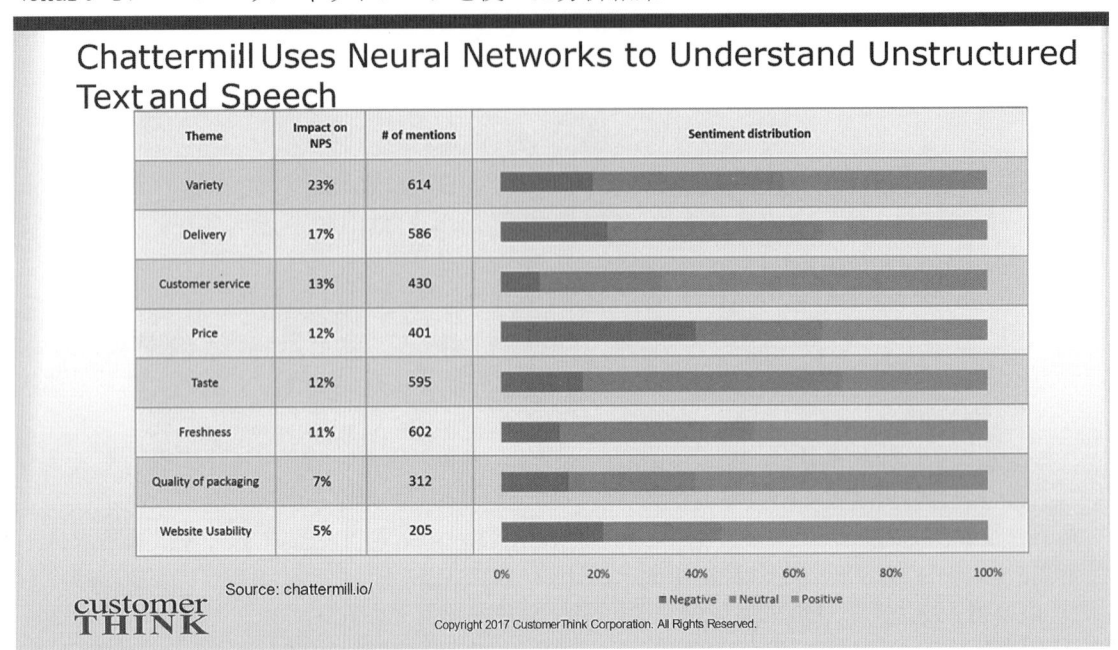

次の<Chart 4>もThompson氏が紹介してくれたデータですがこれまた興味深いです。Chattermillという、顧客の声の分析できるソフトウエアなどを開発している企業のデータです。

インターネット上のSNS投稿などから、NPSにインパクトをもたらすテーマ（項目）を選び出し、それがポジティブなインパクトを与えるのか、ネガティブかを調べたものです。

このデータをThompson氏は2017年に見せてくれました。表題に注目してください。ニューラルネットワークを使っていると書かれています。その当時からAIによる分析が行われていたわけです。顧客の声などをAIで分析し、「顧客中心主義経営」に関わる指標を出す取り組みは今後加速するでしょう。

Thompson氏と私は20年を超える付き合いです。私が2000年に私的な勉強会としてCRM協議会をつくった当初、彼にも相談しました。ところが「CRMという言葉はよくない」と反対されてしまいました。米国でCRMソフトウエアを購入した企業がソフトウエアメーカーを訴訟する事案が次々に起こり、米国でCRMはタブーになり、マーケティングのグルたちはCX（顧客体験）という言葉に替えていました。

しかし私はCRMの名称を使いました。CRMそしてCCRMは経営そのものです。マネジメントと呼ぶのは当然でしょう。マネジメントを発明した男と呼ばれたピーター・ドラッカーは「ビジネスの目的の正当な定義はただひとつ。顧客を作り出すこと」と喝破し、顧客を十分理解し、製品やサービスが自然と売れるようにすれば営業抜きでも売れる、と言い切りました。これこそまさに「顧客中心主義経営」の考えです。

その後、Thompson氏はCustomer-centric business managementという言葉を使うようになりました。

■ 今後10年を視野にスタディを開始

引き続きThompson氏にスタディをしてもらおうと依頼しましたが残念なことにビジネスからはリタイアされるという返事でした。そこで私が経営しているグローバル情報社会研究所㈱が持つ人脈の中からGlen Bulycz氏に白羽の矢を立てました。

彼は米国のApple Inc.でマーケティングのディレクターを務め、CRMを実施した経験を持ちます。今回、『CRMベストプラクティス白書』にコメントを寄せてくださいました。

今後、CRMに詳しい専門家を探してもらうなど、Bulycz氏に色々なサポートをお願いしようと考えています。

まず、CRMないし「顧客中心主義経営」の効果に関する調査結果として、どのようなものがあるかを探します。先行しているスタディで良いものがあればそれから学べばよいですし、なければ我々が実施します。

そして指標の最新動向をつかみたい。CSI，NPS，CES，LTVは歴史があり、すなわち指標として使われているということでもありますが、前述した課題があります。これらに替わる新指標が提唱されていないのかどうか、確認したいところです。

良い先行調査が無いと分かったらスタディの枠組みを固め、調査をしていきます。指標としてどれを選ぶのか、対象となるグループをどう定めるのか、これらを決め、データを集め、分析します。このスタディについては一般社団法人　ＣＲＭ協議会の会合や次回のこの白書でお伝えしていくつもりです。

グローバルなスタディをする一方、日本におけるスタディも検討しています。ＣＲＭ協議会は2004年から「CRMベストプラクティス賞」の選定を続けています。毎回６回以上の選考委員会を開催し、「顧客中心主義経営」に優れた企業・団体を応募者の中から選んできました。

一般社団法人　ＣＲＭ協議会になってから、「顧客中心主義経営」の取り組みの成熟度を示すモデルを検討しました。ISO，The Open Group，カーネギーメロン大学などから成熟度モデルのあり方を学びました。カーネギーメロン大学はCMMIと呼ばれるソフトウエア開発の成熟度モデルで知られます。

一般社団法人　ＣＲＭ協議会は2015年から、ステージⅠ，Ⅱ，Ⅲ，Ⅳ，Ⅴで構成される「CCRM（顧客中心主義経営）マトリックス5 ステージ・パイロット・モデル」（〈Chart 5〉）を定義し、「CRMベストプラクティス賞」の選定にあたり、応募者がステージごとにどれだけ優秀な点をもっておられるかを評価しています。

〈Chart 5〉CCRMマトリックス5　ステージ・パイロット・モデル

2024-2：JF：提案：新CRMベストプラクティス　CCRM 5ステージング・評価マトリクス　49項目						
1	顧客中心CRM	自己中心	思いつきCRM	部門単位CRM	全社CCRM	海外国内CCRM	自治体・政府・UN
2	ステージング	0ステージ	1ステージ	2ステージ	3ステージ	4ステージ	5ステージ
3	製品・サービス 顧客価値向上	供給・権利 製品First Me First	イベント・ 単組織 CX	営業：専門 ライン部門 CXM	CIO；CDO； COO；CEO； EA＝CCRM	海外・国内顧客 統一連邦 EA-CCRM	SDGs目標を町から 世界で人中心 オープンに
4	リーダシップ	－－－	課員・課長	部員・部長	全社・役員	社長・会長	市町村・県・国
5	企業トップCCRM宣言	－－－	会社雑誌Web	業界紙 コールセンター分析	株主総会年次報告・ TOGAF®	IR 5年先： TOGAF®	国連：ITU：銀： ArchiMate®
6	顧客の声のデータ・ 顧客の証言の質・量	－－－	Mail，SNS， コールセンター	IT，SNS， IoT Stream	クラウド・AI・ データモデル	データ・ サイエンス	オープン・ データレイク・設計
7	競争体験から反省	＝＝＝	受注ロス分析	Win分析	顧客ログ分析	世界競合品分析	文化的特異点調査
8	CXパターン分析 顧客タイプ別	－－－	データ1	データ2	データ3 IoT価値付け	データ4 IoT価値付け	データ5 IoT価値付け
9	B2C16/B2B．24		何ヵ所で データ採取	何ヵ所で IoTデータ採取	何ヵ所で IoTデータ採取	何ヵ所で IoTデータ採取	何ヵ所で IoTデータ採取
10	デジタル全体最適設計	＝＝＝		IoT PoC	O-DA 2.0 O-ZTA	O-DA 2.0 O-ZTA	O-DA 2.0 O-ZTA

３回以上受賞した企業や団体はこれまで20組織あります。こうした組織は「顧客中心主義経営」のステージが上がっているはずです。20組織の中には上場企業がありますから、業績は公開されています。例えば３回以上受賞した企業と、同じ業種だが受賞していない企業との業績を比較すると何らかの相関が見いだせるかもしれません。ただし、統計として有意だというためにはもう少し複数受賞企業が増えないといけません。

■「顧客中心主義経営」のステージを上がろう

　「CCRMマトリックス５ ステージ・パイロット・モデル」をじっくりご覧いただけますか（<Chart　５>）。ぜひ、ご自分の組織が今、どのステージにおられるか、考えてみてください。
　「顧客中心主義」の組織になろうと本気で考え、真剣な取り組みをされているでしょうか。お客様が５年後、10年後、どのように満足してほしいか、明確なビジョンとそれに向かい、ステージを上がっていくシナリオは描けているでしょうか。
　ステージⅤの目標はSDGs（持続可能なら開発目標）の達成としています。その実現には、徹底した顧客中心、市民中心の信念を持ち、自社や自分の製品をただ売りたいという自我は押さえて、顧客のペインポイントを推測し、解決策を考え続けることです。
　目標をステージⅤのレベルに置き、官民こぞって、「顧客中心主義」の最高峰に向かって邁進して欲しいと思い、このモデルを作成しました。SDGsに挑む組織を設計し、進化していくためのフレームワークとしてお使いいただけばと思います。

以　上

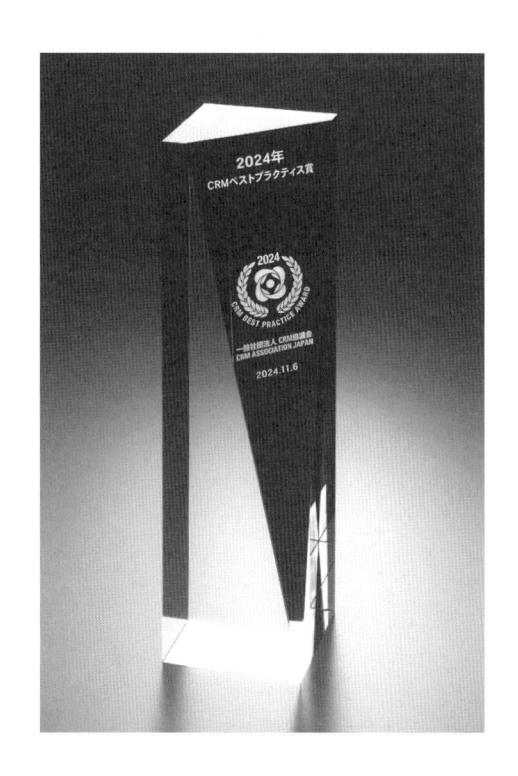

■ 設立時理事ご挨拶　　是枝　周樹

■ 設立時理事ご挨拶　　佐野　健一

■ 顧問ご挨拶　　　　　川村　敏郎

■ 顧問ご挨拶　　　　　鈴木　智弘

■ 監事ご挨拶　　　　　内田　智之

■ ベストプラクティス部会長総評
　理事／ベストプラクティス部会 部会長　山﨑　靖之

■ 「2024 CRMベストプラクティス賞」選考委員一覧

■ ご挨拶

是枝　周樹
一般社団法人　ＣＲＭ協議会　設立時理事

株式会社ミロク情報サービス
代表取締役社長　最高経営責任者　最高執行責任者

『2024 CRMベストプラクティス白書』出版に寄せて

『2024 CRMベストプラクティス白書』のご出版にあたり、心よりお祝い申し上げます。
　そして、「2024　CRMベストプラクティス賞」を受賞された団体様・企業様、この度は誠に
おめでとうございます。

　2024年のわが国経済は、雇用と所得環境が改善する中、景気は緩やかに回復しております。
しかし、世界情勢の緊迫化、物価の高騰、さらに金融資本市場の変動等による経済活動への
影響が懸念され、先行き不透明な状況で推移しました。
　弊社が属するソフトウェア業界及び情報サービス業界においては、企業における人手不足や
テレワークをはじめとする働き方改革への対応、業務プロセスのデジタル化の環境整備の進行、
IT導入補助金の継続など、IT投資需要は高まっております。

　このような経済環境の下、「CRMベストプラクティス賞」を受賞された団体様・企業様は、
「顧客中心主義」の思想の下、日々研鑽と創意工夫を重ねられ、栄誉に輝かれました。これからも
新たな働き方や営業スタイルの確立、課題解決に向けたシステム構築など、ビジネスモデルの
創出に取り組まれて、ますますご発展されると確信しております。
　弊社（株式会社ミロク情報サービス）においても全国に展開する支社・営業所、コールセン
ターなどで製品やサービスに対するお客様からのお声を拝聴しておりますが、「顧客中心主義」
を忘れることなく肝に銘じて、製品・サービスの品質向上に努めて参りたいと存じます。

　一般社団法人　ＣＲＭ協議会のメンバーである団体・企業様におかれましても、「顧客中心
主義」の実践等により益々ご繁栄され、そして日本経済の発展に貢献されることを心から祈念し、
お祝いのご挨拶とさせて頂きます。

■ ご挨拶

佐野　健一
一般社団法人　ＣＲＭ協議会　設立時理事

株式会社ビジョン
代表取締役会長CEO

『2024 CRMベストプラクティス白書』出版に寄せて

「2024 CRMベストプラクティス賞」を受賞された企業・団体の皆様、この度は誠におめでとうございます。受賞各社・各団体の「顧客中心主義経営」「営業スタイル」に対する明確な戦略と、皆様の日頃からのCRMに対する弛まぬ努力の積み重ねが高く評価されたものと、心より敬意を表し謹んでお祝い申し上げます。

また、今回で通算21冊目となる『2024 CRMベストプラクティス白書』の出版にあたり、心よりお祝い申し上げます。改めて、長年にわたりご尽力いただいております藤枝会長をはじめとした一般社団法人　ＣＲＭ協議会関係者の皆様へ、厚く御礼申し上げます。

私ども株式会社ビジョンは創業以来、情報通信サービス事業をベースに事業活動をする中で、お客様がお困りの声を聴取し、海外用Wi-Fiルーターレンタルサービス「グローバルWiFi®」をはじめとした新たなサービスの開発・提供に努め、よりお客様の要望に沿ったサービス改善・商品開発・プラン開発に全社をあげて取り組んでおります。お客様に寄り添ったCRMの理念を軸とした弊社の活動を継続的にご評価いただけておりますこと、またお客様にご満足いただき、結果として好業績につなげることができておりますことを大変嬉しく思っております。

「CRMベストプラクティス賞」を受賞された企業・団体の皆様におかれましては、「顧客中心主義」の思想を念頭に日々努力と工夫を重ね、生産性向上やサービス品質向上を実現されております。毎年、弊社ではこれらの事例から多くの学びを得て、よりお客様に選ばれ喜んでいただけるサービス作りにつなげていこうという好循環が生まれております。CRM活動に取り組む全ての皆様にとりましても、本白書が皆様の参考になることを確信しております。

最後に、一般社団法人　ＣＲＭ協議会会員・関係者の皆様、CRM活動に取り組む全ての企業・団体の皆様の更なるご発展とご活躍をお祈り申し上げ、お祝いのご挨拶とさせていただきます。

■ ご挨拶

川村　敏郎
一般社団法人　ＣＲＭ協議会　顧問

株式会社コラボ・ビジネス・コンサルティング
代表取締役

ソーシャルネットワーク時代でのCRMへの取組みについて

「2024　CRMベストプラクティス賞」受賞おめでとうございます。受賞の皆様の組織を挙げての取組みに敬意を表します。また、取組みが白書として発行され関係者間で情報、技術の交流が活発におこなわれることを、期待いたします。

また、本件の企画と運用にご尽力されました、一般社団法人　ＣＲＭ協議会の皆様方のお取組みに感謝を申し上げます。

さて、インターネット基盤が企業の事業基盤として採用され、また共通の社会基盤として官公庁はもとより、教育機関、公共サービス等々の基盤としても定着し、従来の実社会での仕組みに加えて、新たにネットワーク上での仮想化された社会基盤、ソーシャルネットワーク社会が創造され、運営されて来ています。

このソーシャルネットワーク社会の中で、企業の業績に大きく影響してくるのが、ソーシャルネットワーク社会でのCRMシステム、新たな顧客経験価値システムの構築と運用が求められて来ています。

従来からの、ダイレクトメール、電話による音声コミュニケーション、あるいは特設会場による、エキジビション、テレビコマーシャル、インターネットによるメールベースでのコミュニケーション等では摑みきれない、ソーシャルネットワーク社会でのコミュニティーとのCRMシステムの仕組みづくり、いわゆるソーシャルCRMシステムが求められています。

この、ソーシャルネットワークCRMについては、ソーシャルネットワーク上での行政、公共サービス、教育システム、人と人とのコミュニティー等による新たな企業、人間活動などを基盤としたCRMシステム、すなわちソーシャルCRMが求められてきます。

従来の、インターネットを基盤とした、電子メールによるコミュニケーション、ホームページを中心にし、電子掲示板等、従来の紙媒体の電子化によるいわゆるEコマースから、ソーシャルネットワークを事業基盤とした新たな事業基盤の構築と、それを強力に牽引するソーシャルCRMへの取組みと運用システムへの切り替え、すなわちソーシャルCRMの運用が急がれてきています。

■ ご挨拶

鈴木　智弘
一般社団法人　ＣＲＭ協議会　顧問

国立大学法人信州大学
名誉教授

DX化のために必要なこと

　2025年はトランプ2.0が始まり、世界情勢の緊迫と、不確実性が、より高まる年になると予想されています。このような難しい社会環境の中で、「CRMベストプラクティス賞」を受賞された企業・団体の皆様に、心から敬意を表します。

　アメリカ大統領選挙だけでなく、東京都知事選挙、総選挙、兵庫県知事選挙など、2024年の選挙は、既存メディアの予想と結果が大きく乖離しました。一方、企業経営の現場では、AI活用が一般的になり、DX化が、急速に進んでいます。人口減少、高齢化が急速に進展する日本社会では、DX化は必須です。

　「DX化」とは何か、その定義は、多義的であり、さまざまな類語と混同されています。CRM、C−CRMと重なる点も多数あります。重要なことは、経営目標を明確にして、これまでのビジネスを棚卸しして、自社の「DX化」を推進することが重要です。そうでなければ、DX化推進の手助けをすると称する「コンサル会社」「システム会社」に多額な支払をするだけになってしまいます。

　「DX化」のためには、人材養成が必要になるとして、大学にデータサイエンス学部などの開設が続いています。20年近く前に介護、福祉関係の学部学科の開設が相次いだことを思い出します。その結果は、どうだったのでしょうか。介護、福祉人材不足が解消されましたか？箸の上げ下げまで規制する文部科学行政では、当局の意向に沿わない大学や学部の新設はできません。現在は、DX人材の養成のための学部学科の新設が認められれば、補助金、助成金などが獲得できる可能性が高くなるため、学生募集に苦労する大学は、データサイエンス学部の新設に必死になっています。

　大学生（特に文系学生）の基礎学力の低下は著しくなっています。多くの大学は、学生確保のため、学ぶ習慣も意欲もない学生を入学させています。微分積分も理解していない学生が、マーケティングの価格理論を理解することは不可能です。

　データサイエンス分野を担うためには、数学、統計、心理学、経済学などの基礎学力が必要になります。基礎学力が伴わない学生を入学させても、DX人材は養成できません。留年させると可哀想、クラス編成が大変になるなどと理由を付けて、心太式に中学、高校と進級、卒業させ、大学に入学させ、卒業させてきた日本の教育こそ、トランスフォーメーションする時期が来ているのではないでしょうか。

■ ご挨拶

内田　智之
一般社団法人　ＣＲＭ協議会　監事

旭興産株式会社グループ
常務取締役
統括事業本部
TOGAF® 9 Certified

『2024 CRMベストプラクティス白書』出版にあたって

　『2024 CRMベストプラクティス白書』を出版されましたこと、心よりお喜び申し上げます。受賞されました企業・団体の皆様、誠におめでとうございます。
　皆様のCRMに対するたゆまぬ努力の積み重ねが認められた結果であると存じます。

　2024年下旬日本においては、与党が政権交代までには行かなかったものの、少数与党に変わり、2025年初頭アメリカにおいては第2次トランプ政権の発足、停戦には至ったもののまだまだ予断を許さない中東情勢、そしていまだに続くロシアとウクライナの戦争etc.
　経済的には諸物価高騰（円安における輸入価格の高騰やエネルギー価格高騰など）に伴う賃金上昇が追い付かない状況。他方、慢性的な雇用不足によるサービス低下(特に公共サービス・公共交通機関・タクシーなど）結果顧客満足度の低下が顕著に表れています。

　企業におきましても、あらゆる業種で変化を求められています。企業のDX化、カーボンニュートラルに向けた取り組み、建設・製造現場における雇用不足を補うための自動化など多種に渡っています。このような環境下でいかに顧客満足度を上げるための手法としてCRMも積極的に活用してみてはいかがしょうか？

　最後になりますが、本書がより多くの方々にご利用いただき、あらゆる業種・業態・企業規模に関係なく今後のCRM活動のお役に立てることを祈念して、ご挨拶に代えさせて頂きます。

■ ベストプラクティス部会長総評

山﨑　靖之
一般社団法人　ＣＲＭ協議会　理事
ベストプラクティス部会　部会長
「2024 CRMベストプラクティス賞」選考委員

サイオステクノロジー株式会社
取締役 専務執行役員
シニアアーキテクト
TOGAF® 9 Certified / ArchiMate® 3 Practitioner

「2024 CRMベストプラクティス賞」

　この度の2024年度「CRMベストプラクティス賞」を受賞されました企業・自治体の皆様、受賞おめでとうございます。併せて『2024 CRMベストプラクティス白書』を無事に発行できましたことを心よりお祝い申し上げます。また、前任から部会長の任を引き継いで始めての2024年度「CRMベストプラクティス賞」の表彰式が無事に執り行えたことに安堵の思いでございます。

　今年は2015年以来の受賞団体数であり、多くの企業様、自治体様から応募いただきましたことに深く感謝申し上げます。受賞された団体は以下の一覧のとおりですが、注目すべき点は受賞回数の分布です。今回は初回受賞の企業様、自治体様が６団体と多くを占めており、新たに「CRMベストプラクティス」活動に賛同くださる方々が増えたことを大変喜ばしく思います。その他２回〜４回の受賞が６組、９回以上の受賞が3組と多くの受賞を重ねた企業から初回受賞までが平均的に分布している結果となりました。

#	企業名・自治体名（敬称略）	受賞モデル名	受賞回数
1	ＮＴＴコミュニケーションズ株式会社	法人事業統合CRMモデル	1
2	株式会社ＮＴＴドコモ	顧客の関心事洞察モデル	3
3	鯖江市	市民主役の地域活性モデル	1
4	ダイキン工業株式会社	コンタクトチャネル統合基本モデル	1
5	ＤＨＬジャパン株式会社	VOC収集チャネル拡大モデル	2
6	株式会社東名	VOCを事業展開の軸に置くモデル	1
7	トラスコ中山株式会社 ＜大星賞＞	MRO製品の即納システムモデル	1
8	中日本高速道路株式会社	計画通行止めによる快適利用モデル	3
9	株式会社ビジョン ＜継続賞＞	VOC活用休眠顧客活性化モデル	13

10	株式会社フォーラムエイト ＜継続賞＞	ボトムアップ型CRM統合推進モデル	10
11	富士通株式会社	グローバル推進OneCRMモデル	4
12	株式会社ホンダオート三重 ＜継続賞＞	M&Aによるサービス向上モデル	9
13	マクニカホールディングス株式会社	顧客ポータル・CRM拡張モデル	2
14	株式会社みずほ銀行	AI活用統合コンタクトセンターモデル	3
15	株式会社ＬＩＸＩＬ	共創型D2Cマーケティングモデル	1

　今回の受賞団体様の受賞事例の特徴を以下のカテゴリーに分類してみました。
1）統合・M&A
　　法人の統合、企業買収（M&A）や全社レベルでのCRMスキームの統合などを実現した事例。
　　・ＮＴＴコニュニケーションズ株式会社
　　・株式会社フォーラムエイト
　　・富士通株式会社
　　・株式会社ホンダオート三重
2）AI活用
　　AIを活用した高度な顧客情報分析や大量データを分析することで顧客の行動分析を実現している事例。
　　・ＮＴＴコニュニケーションズ株式会社
　　・株式会社ＮＴＴドコモ
　　・富士通株式会社
　　・株式会社ビジョン
　　・株式会社みずほ銀行
3）コンタクトセンター・VoC
　　お客様の接点における「顧客中心主義経営」の事例。
　　・ダイキン工業株式会社
　　・ＤＨＬジャパン株式会社
　　・株式会社東名
　　・株式会社ビジョン
　　・株式会社みずほ銀行
4）グローバル展開
　　海外法人を含めたグローバル規模での「顧客中心主義経営」を実践した事例。
　　・富士通株式会社
　　・マクニカホールディングス株式会社
5）独自ビジネスでの事例
　　上記の分類に類さない独自のビジネスでの「顧客中心主義経営」を実践した事例。
　　・鯖江市：自治体における“市民が主役”の理念のもとに市民活動を支援
　　・トラスコ中山株式会社：MROストッカー活用による即納の仕組みで過剰在庫も抑制
　　・中日本高速道路株式会社：高速道路工事における昼夜全面通行止め施策で迂回路を示すことで渋滞の緩和を実現
　　・株式会社ＬＩＸＩＬ：猫用の壁棚“猫壁（にゃんぺき）”をペットオーナー向けに商品化し、Webを用いたユーザコミュニティを活性化した事例

　今年度も多くの団体様が創意工夫を凝らした事例を応募くださり、結果として素晴らしい事例が受賞されました。受賞者の皆様が今後更に「顧客中心主義経営」を進化させていくことを心より期待しております。

■「2024 CRMベストプラクティス賞」選考委員

（順不同・敬称略）

選考委員長	会長	藤枝 純教
		＜グローバル情報社会研究所㈱　代表取締役社長＞
副委員長	顧問	根来 龍之
		＜早稲田大学　名誉教授＞
委員	副会長	鈴木 茂樹
		＜国立情報学研究所　特任研究員＞
委員	理事／ベストプラクティス部会　部会長	山﨑 靖之
		＜サイオステクノロジー㈱　取締役 専務執行役員＞
委員	常務理事／ベストプラクティス部会　副部会長	山本 雅通
		＜㈱ゴートップ　常務取締役＞
委員	常務理事／研究本部 CCRMアーキテクチャ部会　部会長	瀬野尾 健
		＜ＮＴＴコムウェア㈱　部門長＞
委員	常務理事／グローバル部会　部会長	秋山 紀郎
		＜ＣＸＭコンサルティング㈱　代表取締役社長＞
委員	理事／営業推進本部 本部長	小玉 昌央
		＜㈱サトー　シニアエキスパート＞
委員	特別会員	牧田 幸裕
		＜名古屋商科大学 ビジネススクール　教授＞
委員	特別会員	渥美 敬之
		＜㈱電通デジタル＞
委員	特別会員	小林 伊佐夫
		＜元 日本アイ・ビー・エム㈱＞

「2024 CRM ベストプラクティス賞」受賞企業・団体
15組（14企業・１自治体）

一般社団法人 CRM協議会
CRM ASSOCIATION JAPAN
CUSTOMER-CENTRIC RELATIONSHIP MANAGEMENT

Best Practice of Customer Relationship Management

＊＊＊受賞企業・自治体（敬称略、五十音順）＊＊＊　　＊＊＊ベストプラクティス・モデル＊＊＊

受賞企業・自治体	ベストプラクティス・モデル
■ＮＴＴコミュニケーションズ株式会社	法人事業統合CRMモデル
■株式会社ＮＴＴドコモ 　情報システム部	顧客の関心事洞察モデル
■鯖江市 　市民生活部　市民主役推進課	市民主役の地域活性モデル
■ダイキン工業株式会社 　サービス本部	コンタクトチャネル統合基本モデル
■ＤＨＬジャパン株式会社	VOC収集チャネル拡大モデル
■株式会社東名	VOCを事業展開の軸に置くモデル
■トラスコ中山株式会社 　《大星賞》	MRO製品の即納システムモデル
■中日本高速道路株式会社	計画通行止めによる快適利用モデル
■株式会社ビジョン 　CLT 　《継続賞》	VOC活用休眠顧客活性化モデル
■株式会社フォーラムエイト 　《継続賞》	ボトムアップ型CRM統合推進モデル
■富士通株式会社	グローバル推進OneCRMモデル
■株式会社ホンダオート三重 　《継続賞》	M&Aによるサービス向上モデル
■マクニカホールディングス株式会社	顧客ポータル・CRM拡張モデル
■株式会社みずほ銀行 　カスタマーリレーション推進部	AI活用統合コンタクトセンターモデル
■株式会社ＬＩＸＩＬ 　LIXIL Housing Technology 　ビジネスインキュベーションセンター	共創型D2Cマーケティングモデル

ＮＴＴコミュニケーションズ株式会社

Best Practice
of Customer Relationship Management

法人事業統合CRMモデル

　ＮＴＴコミュニケーションズは2022年１月よりドコモグループの一員となり、ドコモグループの法人事業ブランド「ドコモビジネス」の展開を担っています。

　ＮＴＴコミュニケーションズは「すべてを"つなぎ続ける"ことで提供価値を高めて、社会・産業を変えていく会社」を目指し、「驚きと感動のDX」によって社会に貢献していきたいと考えています。その実現に向けては、「顧客中心主義」の考え方に基づき、データドリブンなCRMを確立し、お客様のカスタマーエクスペリエンス（CX）を向上させることが重要な課題と考えております。

　具体的な取り組みとして、2022年の法人事業の統合によるお客様へのワンストップなサービス提供体制の構築とともに、2023年8月にはマーケティング基盤の構築と営業支援システム（SFA）の統合し、新たなデータドリブンなCRMを実現する基盤として運用を開始、営業プロセスの複雑さを解消いたしました。

　今後については、CRM活動を継続するのみならず、AIや分析ツールを活用しデータドリブンな営業戦略の高度化による競争力強化と持続的な成長による顧客満足度の向上を目指し、チャレンジを続けてまいります。

ＮＴＴコミュニケーションズ株式会社
執行役員 デジタル改革推進部長
小嶺　一雄

この度、ＮＴＴコミュニケーションズとして「2024 CRMベストプラクティス賞」を賜り、本当に嬉しく、かつ誇りに思っております。受賞内容を実現するために尽力頂いた社内外の皆様及び選考委員の皆様に改めて御礼申し上げます。

ＮＴＴコミュニケーションズは2022年1月よりドコモグループの一員となりました。ドコモグループの法人事業ブランド「ドコモビジネス」の展開を担う会社として、旧ＮＴＴドコモの法人事業と、旧ＮＴＴコミュニケーションズの法人事業を統合し、事業を推進しています。

ドコモビジネスは「すべてを"つなぎ続ける"ことで提供価値を高めて、社会・産業を変えていく」ことを目ざす姿としています。最適なコミュニケーション基盤としての、ネットワークを安心・安全に"つなぐ"に加えて、

①「人とデジタルをテクノロジーによりつなげ、より豊かな日常の創出に貢献

②あらゆるモノ・ビジネスをつなぎ、経済の安定成長に貢献

③コミュニティ・レジリエンスを強化し、つながりあう安心・安全な社会に貢献

④パートナーのみなさまと一緒に、持続的な資源循環の未来へつなぐことに貢献

といった形で社会に貢献していきたいと考えています。これを「驚きと感動のDX」によって実現していこうとしております。

この目ざす姿を実現するためには、社員とお客様の間でデータドリブンなCRMを確立し、お客さまのCustomer Experienceを向上させていくことが喫緊の課題です。会社再編の結果、全国の拠点数54に約１万７千人の社員が働き、約65万社の企業をお客様になっていただいている会社としては、このCRMはデジタルな手段で実現しなければなりません。

その第１歩として行ったのが、旧ドコモと旧ＮＴＴコミュニケーションズ法人部門のSFAの統合でした。ドコモビジネスとして、データドリブンなCRMを実現していくことをTo-Be像として描き、旧２社のシナジーを最大化させるための業務仕様・システム仕様を整理して開発を進め、2023年８月に、統合SFA「SCRM」を運用開始しました。このSFAは、マーケティング基盤等の周辺システムとも連携することで、新たなデータドリブンなCRMを実現するための基盤として運用中です。

弊社では、今後、更なるCRMの高度化を見据え、Enterprise Architectureの整理も進めており、その中で、この統合SFA「SCRM」は中核システムとして、デジタル化・データドリブン化に貢献していくことが期待されています。お客さまに「驚きと感動のDX」をご提供するため、引き続き尽力してまいりたいと存じます。

法人事業統合CRMモデル

ＮＴＴコミュニケーションズ株式会社

■ ドコモビジネス誕生の歴史

　最初に、弊社のご説明として、ドコモビジネスが誕生するまでの歴史を簡単に振り返りたいと思います。

　ＮＴＴコミュニケーションズは、1999年のＮＴＴ再編により、長距離通信、国際通信、インターネット事業を提供し、大企業を担当する会社として誕生しました。

　ＮＴＴコミュニケーションズは、規制を受けない自由な会社として、国内通信以外の新たな分野、グローバル、ソリューション、セキュリティ、データセンター等の分野で事業を拡張してまいりました。

会社概要	
社名	ＮＴＴコミュニケーションズ株式会社
英文団体名	NTT Communications Corporation
創立年月日	1999年7月1日
本社所在地	〒100-8019
	東京都千代田区大手町2-3-1
	大手町プレイスタワー
代表取締役	小島　克重
従業員数	約9,050人
事業内容	ICTサービス・ソリューション事業、
	国際通信事業、
	およびそれに関する事業など
URL	https://www.ntt.com/index.html

　そして、固定とモバイルの融合ニーズ、通信レイヤを超えたダイナミックな市場競争、リモートワールドの進展といった様々な昨今の変化に対応するために、2022年1月に、ＮＴＴドコモ、ＮＴＴコミュニケーションズ、ＮＴＴコムウェアが一つになり、新ドコモグループ並びに法人事業ブランド「ドコモビジネス」が誕生しました。

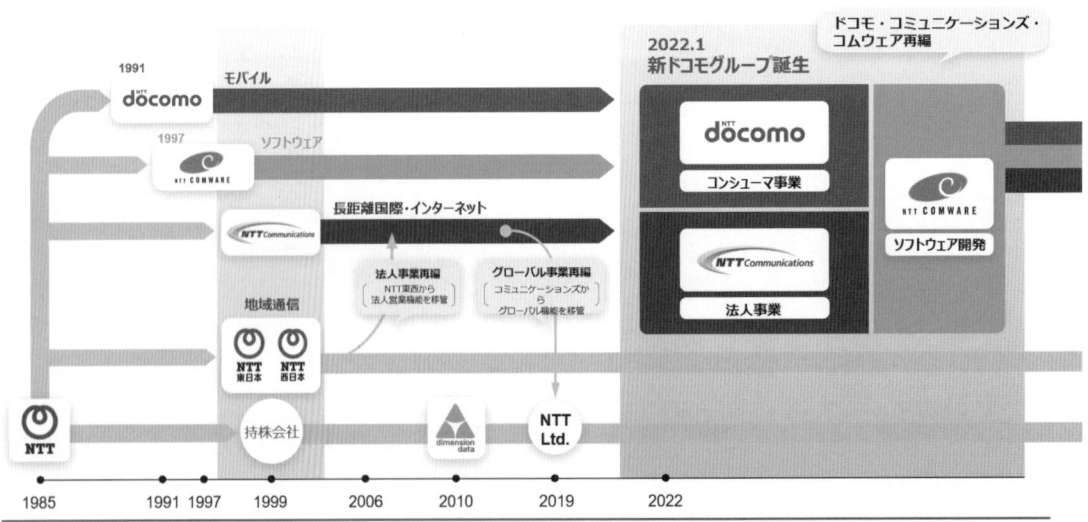

図1　ドコモビジネス誕生の歴史

■ ドコモビジネスが目指す姿

　ここでは、ドコモビジネスが目指す姿を説明させていただきます。

　私たちは、全てを"つなぎ続ける"ことで提供価値を高めて、社会や産業を変えていく会社であり続けたいと考えています。
　いわゆる通信ネットワークを"つなぐ"という意味だけでなく、広義な意味であらゆるものを"つなぐ"ことによって、豊かな日常の創出、ビジネスや経済の安定成長、安心・安全な社会やコミュニティの提供、そしてサステナブルな社会を目指しています。

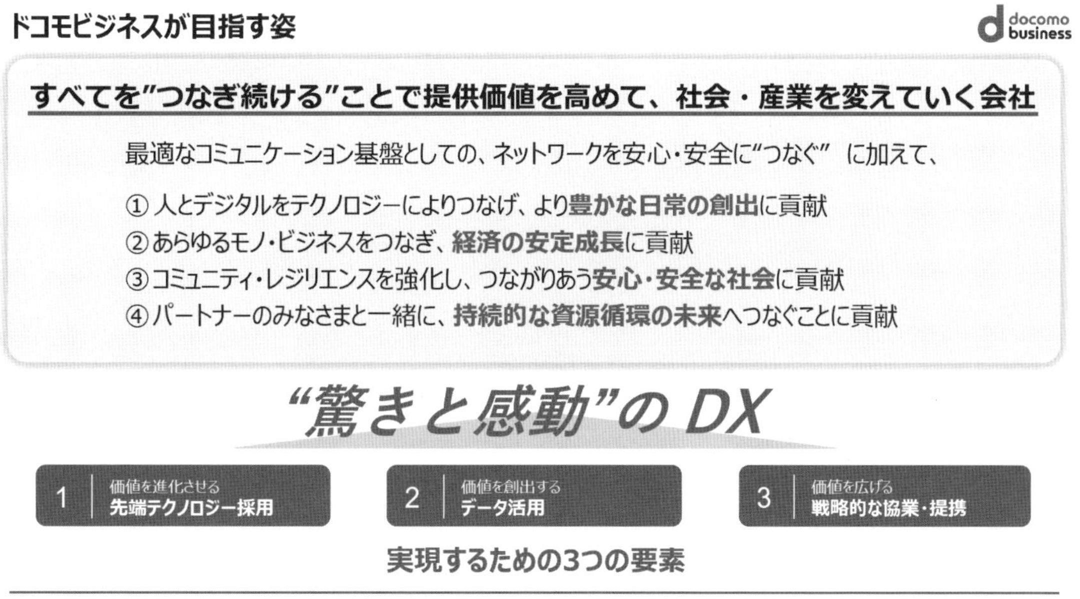

ドコモビジネスが目指す姿　

すべてを"つなぎ続ける"ことで提供価値を高めて、社会・産業を変えていく会社

最適なコミュニケーション基盤としての、ネットワークを安心・安全に"つなぐ"に加えて、

① 人とデジタルをテクノロジーによりつなげ、より**豊かな日常の創出**に貢献
②あらゆるモノ・ビジネスをつなぎ、**経済の安定成長**に貢献
③コミュニティ・レジリエンスを強化し、つながりあう**安心・安全な社会**に貢献
④パートナーのみなさまと一緒に、**持続的な資源循環の未来**へつなぐことに貢献

"驚きと感動"のDX

| 1 | 価値を進化させる **先端テクノロジー採用** | 2 | 価値を創出する **データ活用** | 3 | 価値を広げる **戦略的な協業・提携** |

実現するための3つの要素

図2　ドコモビジネスが目指す姿

　図3「グループビジョン」は、参考となりますが、2024年9月30日にドコモグループとして前田社長が発表したグループビジョンとなります。
　先ほども触れましたが、私たちの「つなぐ」は単に通信ネットワークの話をしているのではありません。人と人をつなぎ、コミュニティをつなぎ、様々なビジネスをつなぐことで、新たな価値を生み出し、豊かな社会の実現に貢献していきたいと考えています。
　そして、この価値提供は国内にとどまることなく、私たちのフィールドは「ワールドワイド」ということになります。

　また、図4「お客様DXに貢献するフォーメーション」では、ドコモビジネスのお客さまへの提供価値をフォーメーションの観点から表現しております。こちらのチャートの通り、私たちは、ＮＴＴグループ各社のサービスやソリューション、そしてパートナーの皆さまのサービスを、ワンストップでソリューションとして付加価値をつけて提供し、皆さまの経営課題や社会・産業課題の解決に取り組んでまいります。

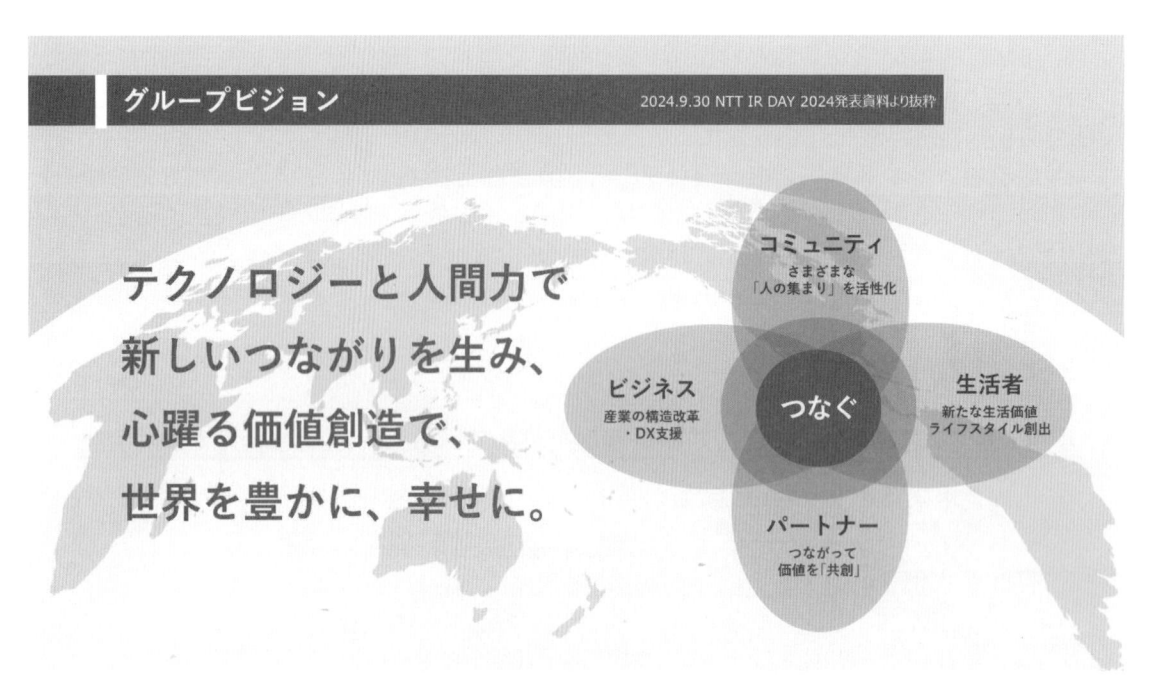

図3　グループビジョン

図4　お客様のDXに貢献するフォーメーション

■ 法人営業体制の統合によるCRM活動の最適化

　法人事業の営業体制については、2021年以前の法人のお客様へのご対応は、ＮＴＴドコモ、ＮＴＴコミュニケーションズ、ＮＴＴコムウェアを中心として、ＮＴＴグループ一体となり連携して、CRM活動を行って参りました。

　ＮＴＴドコモグループは、さらにCRM活動を効果的に行うため、2023年に法人事業をＮＴＴコミュニケーションズへと統合してまいりました。ＮＴＴコミュニケーションズはこの法人統合により、大企業から中小企業まですべてのお客様にワンストップで営業活動を実施する体制となり、「モバイル・クラウドファースト」による社会・産業DXのリーディングカンパニーを目指しております。（図5　CRM活動に最適な営業体制）

　上記の営業体制の一元化により、お客様へのCRM活動の価値は、お客様へワンストップなサービスを提供することができ、移動・固定融合サービスや、5Ｇ・IoTなどの先端ソリューションとＮＴＴコムウェアのアプリケーション開発力・データマネジメント力を組み合わせることで、統合ソリューションとして新たな価値をお客様に提供することができます。（図6　お客様への提供価値）

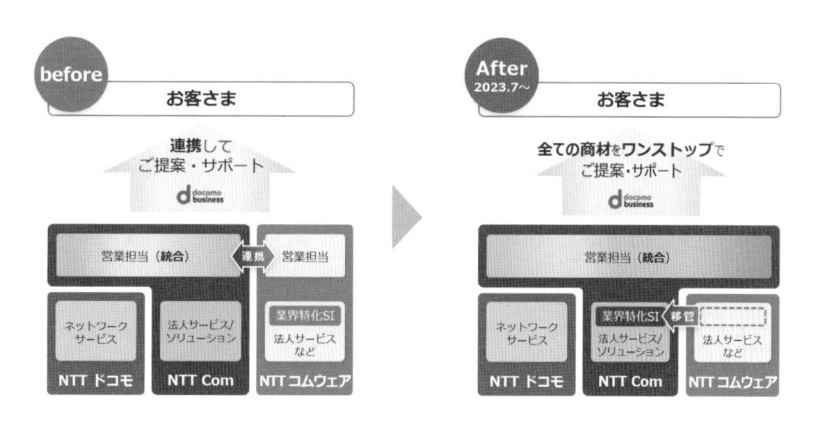

図5　CRM活動に最適な営業体制

図6　お客様への提供価値

■ カスタマーエクスペリエンス（CX）最大化のための営業プロセス変革

ドコモビジネスが「驚きと感動のDX」を実現し、お客様のカスタマーエクスペリエンス（CX）を最大化するための営業プロセスの考え方について示します。

CXの最大化に向けたドコモビジネスの法人営業活動では、「徹底した顧客理解」「期待を超える価値提供」「信頼関係の強化」の観点で様々な施策を実施しております。そのすべての施策で行われる活動は、「デジタル行動等のスコアリング」「顧客情報を統合したキーマンマネージメント」「商談活動データ」「サービスのトラヒック状況」など様々なデータに変換され、可視化されていきます。

CX最大化における最大のポイントは、経営層から営業担当者まで、共通のデータを閲覧/分析し、多面的な営業活動/サービス開発を実施するプロセスを構築し、実施していることです。

これは、法人事業統合前までは別々のプロセスで業務を行っていた旧ＮＴＴドコモ/旧ＮＴＴコミュニケーションズの営業担当者が、共通のデータを閲覧し共有しあうことにより、ばらばらに分かれていたプロセスを統一し、お客様にとって最適なサービスをワンストップでサービスを提供できるようCRM活動を強化してきたことを意味しています。

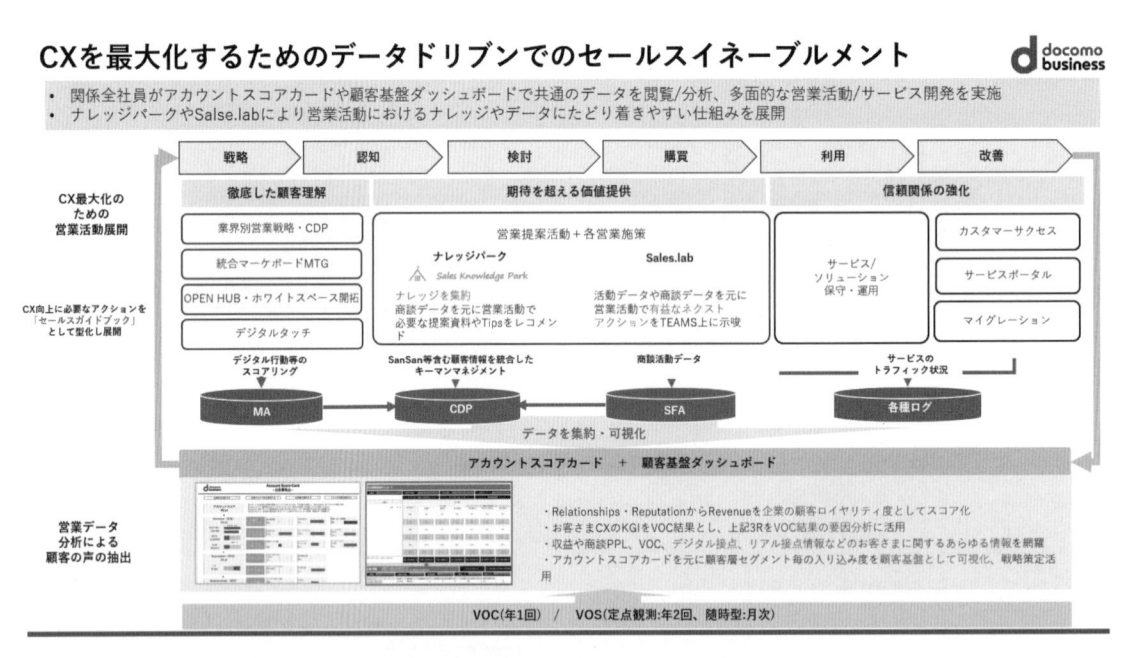

図7　CX最大化のための営業活動

■ お客様へのワンストップサービスをお届けするシステム群

　前節で触れた、法人事業統合においてデータドリブンなCRM/CX最大化を実現することは、ドコモビジネスにおいて非常に重要な変革でした。元々組織が異なり複雑な連携を行いながらCRM活動を行っていた旧ＮＴＴドコモと旧ＮＴＴコミュニケーションズの営業担当者および関係者は約16,000人規模であり、全ての利用者が複雑性を排した標準的な業務を行うためには、標準化された堅牢なシステムと柔軟なデータ活用を支えるシステム群が必要となります。

　そのため、マーケティング基盤システムの再構築、旧ＮＴＴドコモ、旧ＮＴＴコミュニケーションズそれぞれ約7,000ユーザが活用する営業支援システムの統合、CRM活動を支えるため、顧客個人データを一元的に蓄積する基盤の再構築を行っております。

　システム統合・再構築の最大の目的は図8「マーケティング/営業活動を支えるシステム群」の重点テーマに書かれておりますが、簡単に言うと

　A. では、データ活用に必要なデータの集積と、活用のためのデータドリブンな仕組みを、
　B. では、マーケティングと営業支援を連携させ効率化、スピードアップをし、
　C. では、営業活動のPDCAを回せる仕組み

を実現するシステム群を構築してまいりました。
　これが、弊社のCRM活動を支える基盤となっております。

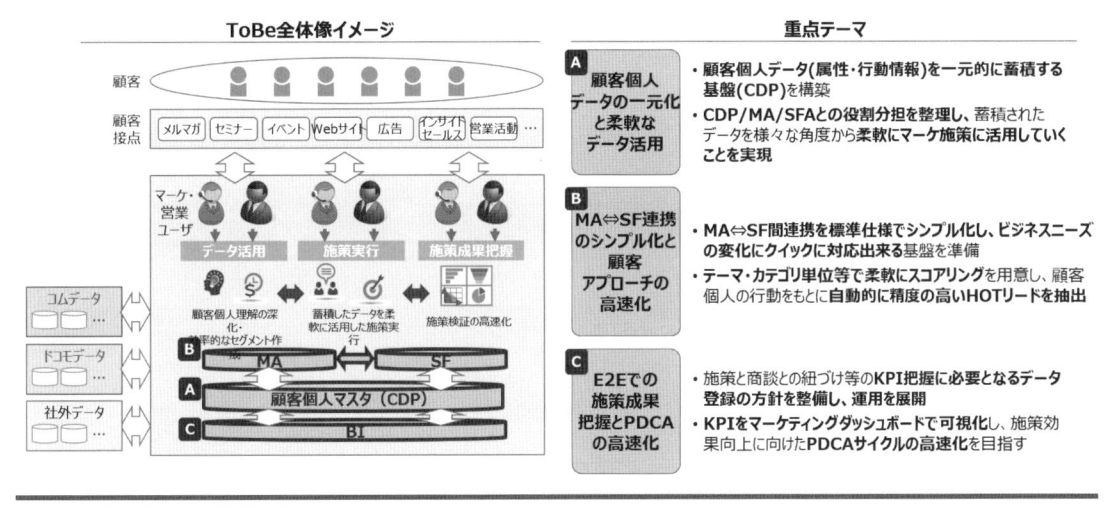

図8　マーケティング/営業活動を支えるシステム群

■ 営業支援システムの統合の意義

　ここでは、営業支援システムの統合が、なぜCRM活動に寄与するのかについて説明します。

　営業支援システム統合前のプロセスでは、旧ＮＴＴドコモと旧ＮＴＴコミュニケーションズは組織ごとに別々の管理方法で行っており、業務プロセスも参照データも画面もバラバラで、統一的な業務ができず、また営業担当者間での連携は不足し、お客様にたいしても複数営業担当者が対応する状況でした。

　そこで法人事業統合を契機に、業務プロセスを標準化し、データの一元化、表示画面の統一などシステムを全社的に標準化することにより、複雑さを解消し、全てのユーザが共通のデータを参照し、ワンストップでCRM業務が行えるシステムへと見直してまいりました。

　このように、業務プロセス、データ、システムを標準化することで、お客様にワンストップでサービスを提供する営業プロセスを実現し、CRM活動を最適化することができております。

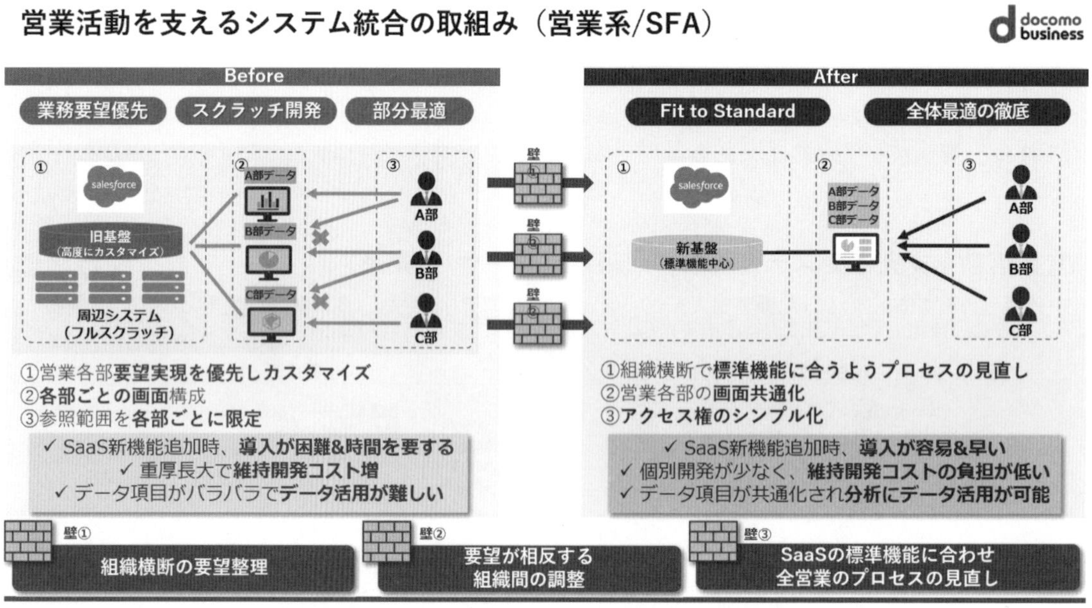

図9　営業支援システム統合の仕組み

■ 今後のCRM活動について

　最後になりますが、ドコモビジネスは今後、AIや分析ツールを活用したデータドリブンな営業戦略の高度化により競争力を強化し、持続的な成長による顧客満足度のさらなる向上を目指し、営業部門とシステム開発部門がワンチームとなってCRM活動を推進すべく事業を進めてまいります。

■ 責任者コメント

ＮＴＴコミュニケーションズ株式会社
デジタル改革推進部
DX戦略部門
担当部長
グエン　ホウバッ

　この度、セールスDX促進のミッションを持ち、社内の営業支援・デジタルマーケティングシステムの担当として「2024 CRMベストプラクティス賞」を受賞し、大変嬉しく思っております。お客様のニーズが多様化し、業界・技術が進化する中、ハード（技術・システム）とソフト（社内連携、顧客思考）を軸に更なる進化を目指し、継続的に新たな価値を提供していきたいと考えております。

■ 担当者コメント

ＮＴＴコミュニケーションズ株式会社
デジタル改革推進部
DX戦略部門
担当課長
白川　英隆

　この度は、「2024 CRMベストプラクティス賞」を賜り、誠にありがとうございます。これまで当社が取り組んでまいりましたCRM活動をご評価いただけたこと、大変光栄に感じております。

　今回受賞しました「法人事業統合CRMモデル」は、法人事業統合という大きな変革の中で、業務プロセスとシステムの両面からアプローチし、営業部門とシステム開発部門がワンチームとなって実行してきました。改めて関係者の皆様に御礼申し上げます。

　今後については、AIや分析ツールを活用したデータドリブンな営業戦略の高度化により、より高度なCRM活動を実現すべく、推進してまいりたいと思います。

株式会社ＮＴＴドコモ
情報システム部

Best Practice
of Customer Relationship Management

顧客の関心事洞察モデル

　全社方針である「お客さま起点の事業運営」の実現に向けて、お客さまの声の活用をさらに前進させた。具体的には、音声テキスト化基盤と最新のAI技術を活用し、お客さまの生の声を無作為に収集・分析することで、従来得られなかったインサイトを取得することに成功。特に、キャンペーン等のイベントに関連しない真のペインポイントを定量的に抽出し、経営に具体的な改善策を示すことができた点が評価される。今後は、これらのインサイトに基づき、全社で具体的な改善策を実施し、顧客満足度の向上を図ることが期待される。また、分析の有効性を確認し、サービス改善に向けたPDCA活動を推進することで、持続的な成長が見込まれる。

株式会社ＮＴＴドコモ
執行役員
情報システム部長
井尻　周作

　この度は、昨年度に引き続き「2024 CRMベストプラクティス賞」を賜り、誠にありがとうございます。

　ドコモグループは創業以来、通信技術の進化に基づいたさまざまな仕組みやサービスを生み出し、社会を豊かにすることを目指してきました。従来から「顧客中心主義」は経営方針として認識され、お客様の声を反映するプロセスが運用されてきましたが、本年度は新経営陣の下「お客さま起点での事業運営」を会社方針として改めて宣言し、取り組みを再構築しております。お客様をすべての検討の起点に据え、お客様の要望や不満を真摯に受け止め、速やかに応えることが私たちドコモグループの使命です。

　2022年度に受賞を頂いてから、連年顧客起点の取り組みを続けており、昨年度の「ボイスマイニング知見活用モデル」に続き、本年度はコールセンターにおける音声テキスト化基盤の活用にて、潜在的なお客様の声を抽出し、課題の解決へ導くことに取り組みました。
その結果、これまで収集が困難だった「生の」お客様の声を可視化することができ、新たな価値を創出する基盤が整いました。

　今回の受賞に繋がった「顧客の関心事洞察モデル」は、お客様の声を正確に把握し、経営に示すことで、真のペインポイントを効果的に抽出・解消することを目的としています。これにより、ドコモとしてさらに質の高いサービス提供が可能となり、お客様の体験（CX）を全社的に向上させることができます。

　「お客さま起点での事業運営」というスローガンを掲げる私たちは、お客様の声に真摯に耳を傾け、顧客変革（Customer Transformation）を実現し続けて参ります。

　あわせて、「CRMベストプラクティス賞」の受賞企業の皆様とはじめとする他企業の皆様と意見交換をさせていただきましたことが、今回の成果にも結び付いたと考えております。この場を借りて改めて御礼申し上げます。

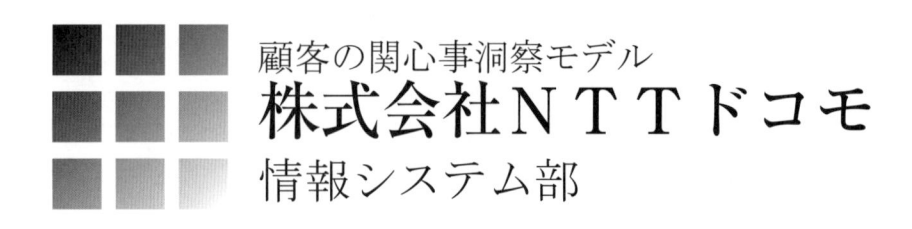

顧客の関心事洞察モデル

株式会社ＮＴＴドコモ
情報システム部

■ 事業概要

　株式会社ＮＴＴドコモは「新しいコミュニケーション文化の世界の創造」に向けて、また2024年からは、ドコモグループの使命である「つなぐ」という原点に真摯に向き合った「つなごう。驚きを。幸せを。」をブランドスローガンとし、個人の能力を最大限に生かし、お客様に心から満足していただける、よりパーソナルなコミュニケーションの確立を目指しています。

　当社は、1990年３月の「政府措置」における日本電信電話株式会社の「移動体通信業務の分離」についての方針を踏まえ、1991年８月エヌ・ティ・ティ・移動通信企画株式会社として設立いたしました。1999年には「iモード」を提供開始し、その後「おサイフケータイ」や後払い電子マネー「iD」の提供を開始し、多彩な機能を盛り込んだ携帯でITインフラとしての可能性を拡大し、現在は携帯キャリアとして国内のマーケットシェアNo.1を維持しております。

　また近年はスマートライフ事業にも領域を拡大しております。お客様のニーズにお応えし続けるために、世の中のさまざまなパートナーとのオープンなコラボレーションを進化させ、お客様への新たな付加価値の提供する「＋d」の取り組みを進めています。決済基盤や「dポイント」「dカード」などドコモが持つビジネスアセットを連携させて、「お得・便利・楽しい」をお客様に提供します。

会社概要	
社名	株式会社ＮＴＴドコモ
英文団体名	NTT DOCOMO, INC.
創立年月日	1992年7月1日
本社所在地	〒100-6150 東京都千代田区永田町2丁目11番1号 山王パークタワー 電話 03-5156-1111
代表取締役	前田　義晃
従業員数	8,919名（当社グループ51,061名） ※2024年3月31日現在
事業内容	1．コンシューマ通信事業 個人向け通信サービス（5G・LTE等携帯電話サービス、光ブロードバンドサービス、国際サービス）各サービスの端末機器販売など 2．スマートライフ事業 金融決済サービス コンテンツライフスタイルサービス（動画・音楽・電子書籍等配信サービス・ドコモでんきなど） マーケティングソリューション あんしん系サポート（ケータイ補償サービスなど）など 3．その他の事業（法人通信など） 法人向け通信サービス（5G・LTE等携帯電話サービス、ユビキタスサービス、衛星電話サービス、光ブロードバンドサービス、国際サービス） 各サービスの端末機器販売、オフィスリンクなど
URL	https://www.docomo.ne.jp/

　さらに2022年７月にはＮＴＴコミュニケーションズとＮＴＴコムウェアをグループに加え、新しいドコモグループとして、モバイルからサービス・ソリューションまで事業領域を拡大し、新しい世界の創出に挑戦します。

　３社が１つのグループとして機能を統合することで、「すべての法人のお客様に対するワンストップでのサポート」や「より高品質で経済的なネットワークの提供」、そして「サービスの創出・開発力の強化とDX推進」などを実現し、お客様へのよりよいサービスの提供を通じて社会に貢献してまいります。

■ はじめに

・コンタクトセンターシステムにおけるビジョン

　これまで様々な受付チャネルより受け付けるお客様のお問合せに対して、自動応対、有人応対で対応する仕組みづくりに重心を置いてきた。今後の方向性としては、各チャネルでの応対履歴を生成AIで解析し、よりよい応対を行うためのデータにしていく。次にそのデータを用いて、お客様を深く理解し最適な提案をできるようにしていく。最終的には真にお客様が必要とするサービスを生み出すことを実現していく。

　これまではオペレーターが記録した加工データを用いて分析を行っていたため、お客様の求めているものと乖離してしまう恐れがあった。そのため、今後は全く加工のされていない生の応対データを動力に、本質的な顧客体験の向上を目指したサービス改善のPDCAを確立させることで、真のCRM企業になることをゴールとしている。

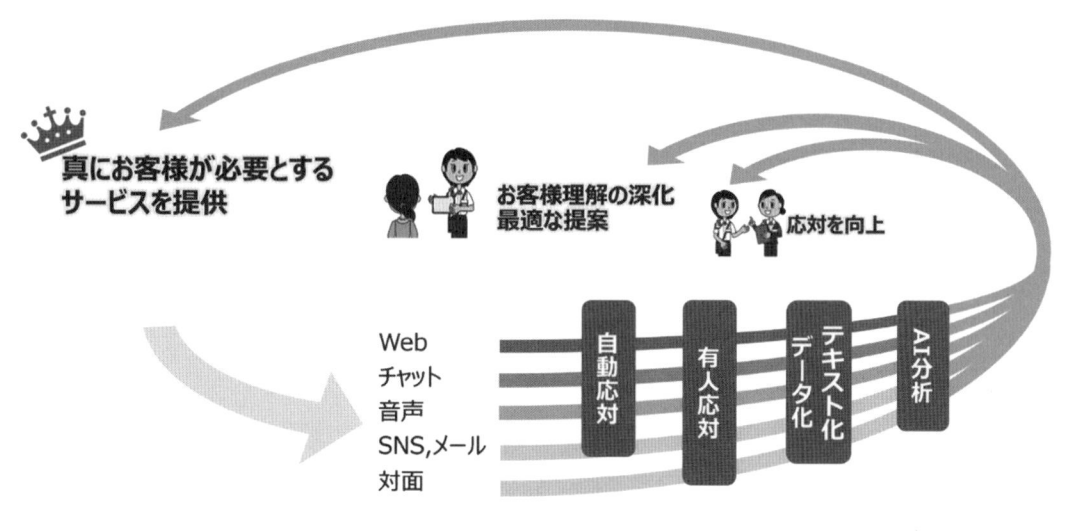

図1　コンタクトセンターシステムのビジョン

■ 会社方針

　従来までも「顧客中心主義」は経営方針として認識され、各部にて取り組みも継続されてきたが、2024年度6月の前田社長就任会見にて、改めて会社方針として明確に以下のメッセージが発出された。

　「お客さま起点の事業運営」：すべてのドコモグループ社員が徹底的にお客様に向き合い、お客さまの生活を豊かにすることを考え続ける

　「CRMベストプラクティス賞」の応募組織であるドコモ情報システム部は「はじめに」で記載した方針で2022年度から取り組みを続けているが、いままで続けてきた取り組みが会社方針に沿っているものであることが示されたと同時に、このテーマが緊急性の高い課題として危機感をもって取り組まなければならないことが示されたと認識している。

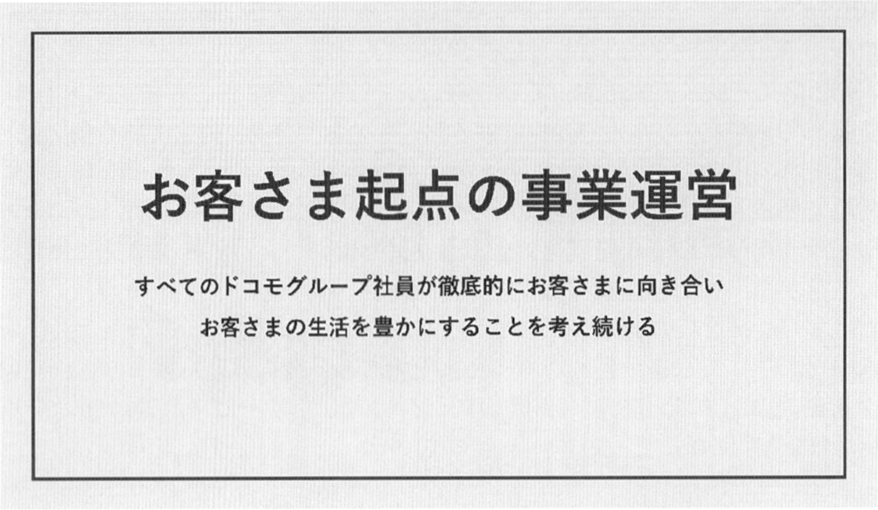

お客さま起点の事業運営

すべてのドコモグループ社員が徹底的にお客さまに向き合い
お客さまの生活を豊かにすることを考え続ける

図2　24年度6月に対外発表された会社方針

■ 現状

　お客さま起点の事業運営を実施していくにあたり、お客様の声はもっとも重要なインプットとなるが、現状のお客様の声を集める仕組みに課題があり、お客様の声のデータとしての利用に一定の制約が生まれている。

　お客様の声は、様々な顧客接点から収集するが、最も件数が多いのは、コールセンターで収集するものである。それは、お客様との電話応対を基に、その中からお客様の声に相当するものを応対スタッフがピックアップし、「お客様の声」として起票登録したものである。

　応対スタッフには「お客様の声」の登録件数がKPIとして定められているが、「お客様の声」の登録には時間がかかるため、目標登録件数を超えたら、通常は応対数を増やす方が優先される。そのため一日の目標数を超えた登録はなされない傾向がある上に、電話でのお問い合わせが集中する繁忙期には、「お客様の声」登録が十分なされないこともある。

　その結果、集まる「お客様の声」には、いくつかの制約事項が生じる。まず、お客様からの具体的な指摘事項が中心となり、お客様が日々感じられている言葉にならない不満、つまり声なき声までは把握できないこと、次に、ネガティブな声が中心となること、そして、声の登録時に応対スタッフの無意識のバイアスが混入する可能性を排除できず、お客様の生の声と乖離する可能性があること（質的側面の課題）、最後に、声の件数を左右するのは、応対スタッフの人数や繁閑であり、「お客様の声」の件数を問題の大きさや推移を測る指標にできないことなどである。（量的側面の課題）

　これらのデータからは、あるタイミングで、どの問題に対する「お客様の声」が他の問題に対する「お客様の声」と比べて大きいか小さいか、つまり、各時点の声の相対評価についての情報を得ることはできるが、特定の問題の絶対評価、つまり、それがどれだけの経営インパクトにつながり、対策前後でお客様の声に定量的な変化が見られたかを推し量ろうとするとミスリーディングになってしまう可能性がある。

　その結果、「お客様の声」活動のPDCAサイクルにおいて、これらの「お客様の声」は、P（計画）のタイミングで注目すべき課題を摘出することには有益だが、D（実行）CA（チェックと是正）における対策有効性の評価にはどうしても使いづらいものとなっていた。

もちろん、これらの制約事項は、どの企業でも「お客様の声」活動を行う上で避けられないことであり、その制約の中でも得られる知見や導ける対策はあり、そもそも、その前提条件でできる範囲のことを行うのが今までの一般的な「お客様の声」活動であると言えるだろう。

　とはいえ、その制約に甘んじることは、「お客様の声」活動を、抜本的な顧客体験の向上に対する大胆な投資を行う経営判断を引き出すには至らず、小粒な対策一辺倒に偏る活動にしてしまうのではないだろうか。
　お客様起点の事業運営を標ぼうする以上、この制約は、最新の技術が可能にすることを最大限活用して、打破しなくてはならないと考えた。

　以下図3は、現状のお客様の声を収集から活用までの流れを表したもので、一番左のインプット（「お客様の声」収集フェーズ）の課題①が、後段のプロセスに影響を及ぼしている。

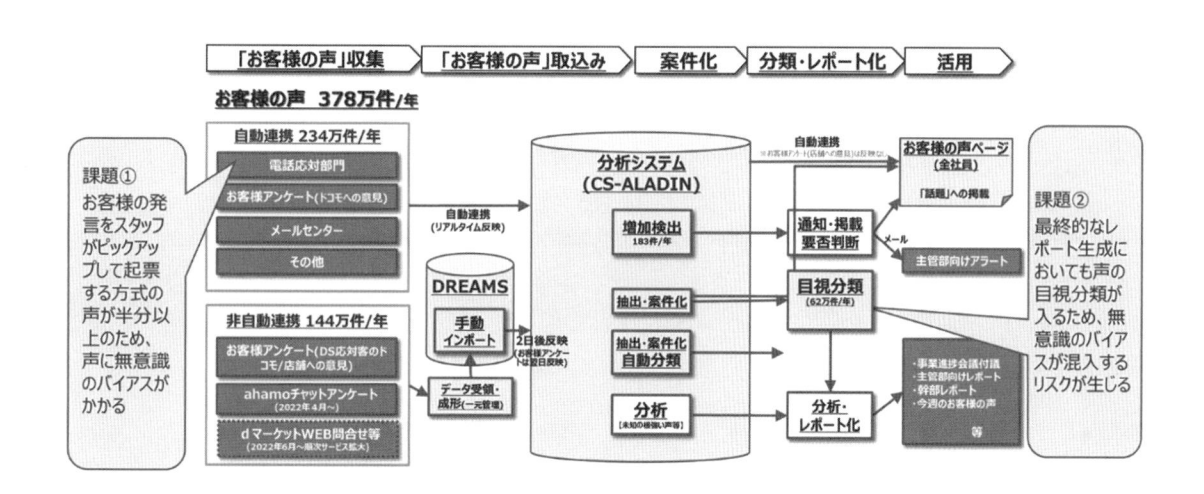

図3　現状の仕組みと課題

■ あるべき姿とその実現方法

　「お客様起点の事業運営」において、前項に挙げたような最も重要なインプットお客様の声データは、質的側面（お客様の意図とは異なる「声」になっている可能性）と量的側面（声の絶対数の取得）において抜本的な改善が必要となっている。
　そのためには、2023年度の「CRMベストプラクティス賞」の主題であった、コールセンター音声テキストがキーになる。コールセンター音声テキストをインプットにすることで、お客様とオペレーターの全応対（年間4,000万件）を基データとした、お客様の生の声に近い声を収集でき、課題の絶対評価が可能な仕組みを構築できるのではないかと考えた。

　以下図4は、お客様の声のインプットにコールセンター応対テキストを付け加えた図である。声の絶対数が取得でき後段のプロセスの課題も解決が可能となる。

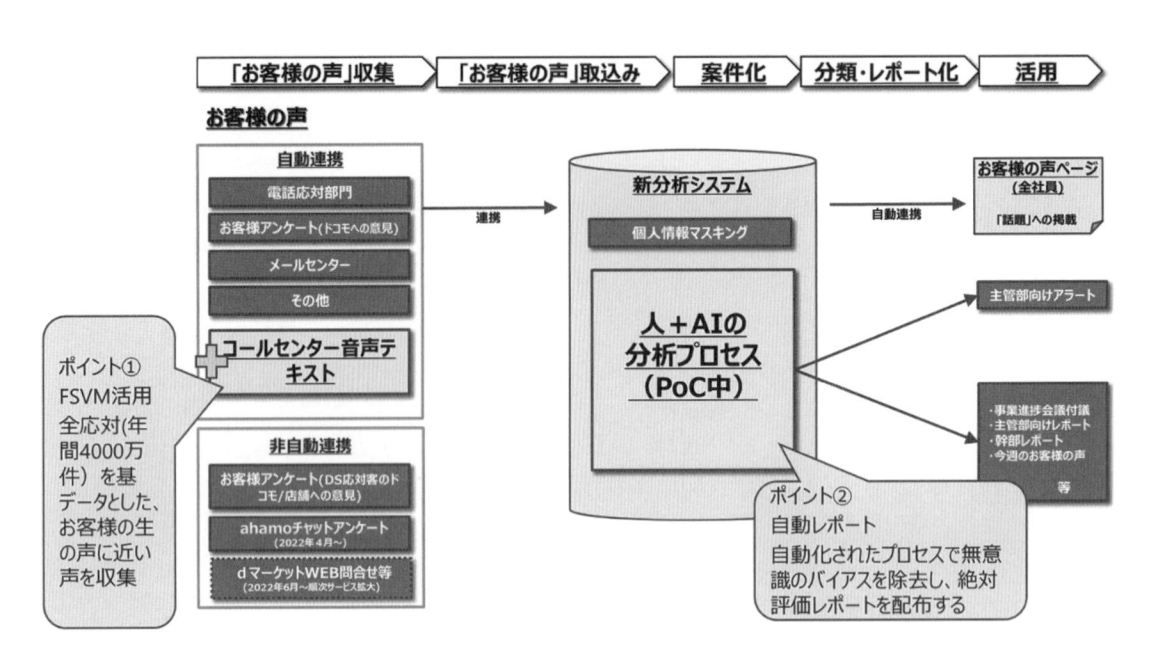

図4　お客様の声を利用するための仕組み

　図5に現状のお客様の声とコールセンター応対テキストの比較を示す。
　音声テキストをインプットとすることで、声の絶対数を取得でき、推移を定点観測することができるため、お客様のペインポイントに対して何らかの改善を行った効果が定量的に検証可能となる。

	お客様の声	応対テキスト
入力の契機	オペレータがその日のお客様対応の中から**ピックアップして手入力**（目標1件/日）	**全応対の音声テキスト**を生成AIで処理して抽出
内容	お客様が表明した明確な不満	お客様が表明した明確な不満 会話から読み取れる改善事項（声なき声）
声の量	オペレータ減に伴い減少していく	オペレータ減には影響されない
検証	改善の効果が見えにくい （相対的な順位の変化で評価） NWの声の順位が変わってもNWが改善されたか、他の声が増えたか識別できず、改善評価が難しい	改善の効果が測定可能 （過去から現在まで同じ基準で評価可能） 声の件数の減を効果とみられる

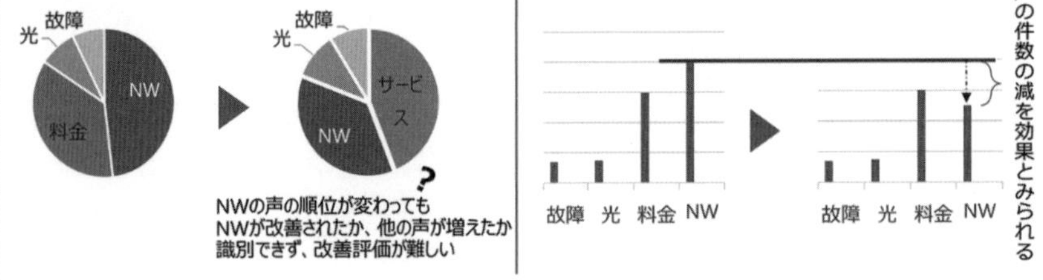

図5　お客様の声の特徴

■ 効果検証

　コールセンター音声テキストデータをお客様の声として活用することの有用性を評価するために、効果検証を行った。検証は以下6つのプロセスで実施した。

・コールセンターの音声テキストの抽出
　コールセンターのお客様とオペレーターのやり取りをテキスト化し、そのデータを抽出した。今回は、効果検証を目的とし、2024年5月応対の音声テキスト95件を無作為抽出した。
　ここで件数を絞ったのは、生成AIの分析結果を目視でクロスチェックするためである。

・マスキングと要約
　生成AIで処理する前に、音声テキスト中の名前・電話番号などの個人情報を人手でマスキングを行った。また、生成AIで一括処理するための前処理として、音声テキストを要約した。

・モデル化と分類
　生成AIで音声テキストを分析するための観点になるモデルを作成した。モデルには、「対象サービス」「問合せ意図」「感情（ポジティブ・ネガティブ・ニュートラル）」「オペレーターのペインポイントと深堀」「サービスのペインポイントと深堀」の5つの分析項目を定義し、音声テキストを詳細に分析するためのモデル、大量のお問い合わせ要約を分類集計するためのモデルなど、複数種類のモデルを定義し、プロンプトの形に整形した。
　その後、それぞれのプロンプトで生成AI処理を行い、音声テキスト要約の分類結果と音声テキスト詳細分析用の一次処理ファイルを出力した。

・関心事の抽出
　ステークホルダー別に異なる関心事に沿った分析ができるように、今回の効果検証の対象である経営幹部の関心事を、決算報告書を基に抽出した。

・分析・深堀・改善策立案
　モデル化で出力した一次処理ファイルと前項目であげた「経営幹部の関心事」を基に、生成AIに繰り返し問合せ、ペインポイント抽出や原因分析を、AIと人間で対比しつつ実施して、改善策を立案した。

・展開
　上記の分析結果で得られた知見をまとめてレポートとして展開、フィードバックを得た。

■ 結果

　生成AIの各種分析について、目視でクロスチェックした結果、出力項目によって若干の差異はあるものの、概ね高い信頼性を示した。精度が完全ではない出力も、分類や評価の判断の揺らぎの範囲であり、要約などはほぼ完全な精度であったことから、生成AIによる処理結果は、精度向上の余地はあるが、一定の信頼がおけるものと見ている。これは、業務上の特別な前提知識を必要としない分野の処理であったことが奏功したと見ている。そして、従来のお客様の声分析と異なる様々な知見を得たが、特に以下二点について、重要な知見として展開。

■ A. 分類集計結果と既存レポートとの比較

　今回実施した音声テキストの生成AIによるお客様の声分類結果を集計し、AIが評価したペインポイントとあわせてお客様の声トップ5としてリストアップした。
　また、その結果を、同時期の既存のお客様の声のトピックスレポートと比較した。
　既存のお客様の声のトピックスレポートが、そのタイミングでドコモが実施したキャンペーン等のイベントに対する反応が中心であったのに対し、音声テキスト分析による分類の結果のトップ5は、イベントと関連しない、定常的と思われる声が中心となった。
　そのうち最も多かった「MNP予約番号」は、ドコモから他社に乗り換え時の手続きそのものへ不満である。サービスを改善するといった用途では扱いづらく、レポートが作られるまでの起票から集計のプロセスのどこかで最優先のトピックと扱われなくなってしまったと考えられる。
　しかし、キャンペーンなどイベントへの反応や、サービスの改善に反映しやすい声をお客様の声として優先的にピックアップすることは、知らず知らずのうちにドコモ起点の考え方になっており、お客様起点という考えからは見直す余地がある。無作為抽出の95件であったにも関わらず、今後のお客様の声活動を考える上で重要な示唆を得ることができた。

■ B. 関心事分析とその施策案

　関心事分析も有効に機能した。
　生成AIが以下のような仮想「経営幹部の関心事」を決算報告書から抽出した。
・2024年度の増収増益の成果の継続
・顧客体験の向上とマーケティングの強化
・ECや金融領域、マーケティングソリューションの拡大とサービスの提供
・ネットワークの強化とOpen RANの海外展開の加速
・グローバル事業の拡大とサステナビリティの推進

　その関心事の一つ「顧客体験の向上とマーケティングの強化」という観点に対して、生成AIを活用しつつ、人の判断も多く入れながら、図6に示すようなペインポイントをピックアップした。また、これらのペインポイントに対して、人力で改善施策案を、すぐできる対策から時間がかかるものまで立案することができ、AIを活用して、抽出から改善までのPDCAサイクルが機能することを示すことができた。

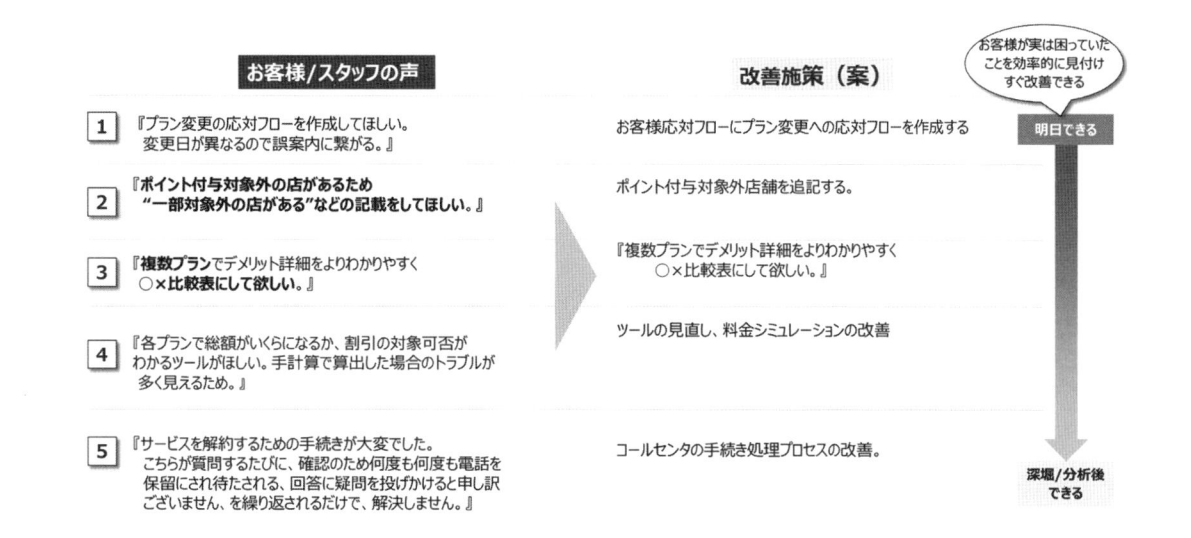

図6　関心事分析と施策案

■ C．経営幹部からのフィードバック

上記を経営幹部に報告したところ、以下のように総じて高い評価を得ることができた。
・お客様の声の仕組み上、起票者や分析者が意図せずバイアスをかけてしまう懸念はあった。
・今回、このような形で分析者に依存せずAIでお客様の声をキャッチアップ・分析が出来る点、非常に良い。
・お客様不満の改善のみならず、潜在的な顧客要望の発掘に繋げ、事業変革できると良い。
・インバウンドコールのみならず、アウトバウンドコールも対象とし、分析対象領域広げると良い。
・声のトーン（感情）からもAIで分析が出来るようになると、分析の解像度が上がる。
・どれだけCS改善できたか定量評価からPDCAを回し継続的な取組に是非して欲しい。

■ D．今後の課題

本効果検証によって、音声テキストをお客様の声として活用することが有用であることが示され、そのことが社内で評価された。
ただし、本取り組みを実運用に移行するためには、様々な課題が残されている。今回手動で行ったマスキングを自動化し、大量の音声テキストを分析可能にする基盤の開発、基盤のセキュリティの確立、分析の精度向上、ビジネス部門と連携してのお客様の声活用バリューストリームへの刷新などである。今回、施策の策定までのプロセスには、かなり人力が入ったが、インプットデータを音声テキストにした時点で十分に新しい知見が得られることが分かったため、施策策定のプロセスまで一気にAI自動化するのではなく、まずはプロセスを他組織に水平展開することに取り組むことが重要であると考えている。お客様起点の事業運営を支えるために、スピーディに実現していきつつ、次回の「CRMベストプラクティス賞」にてこの進捗を伝えられるようにしたい。

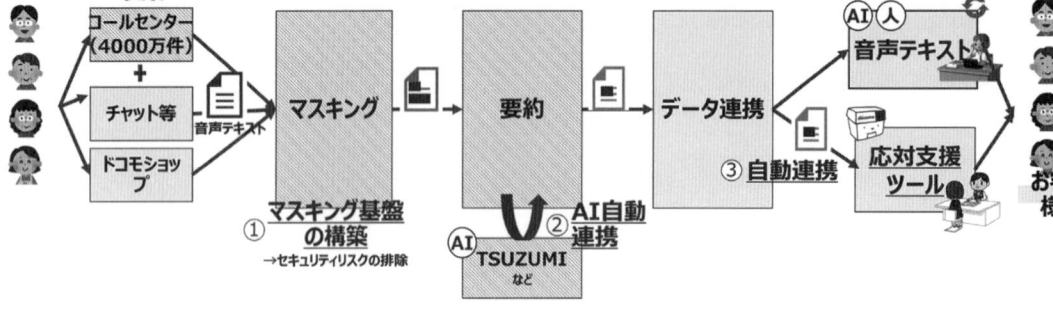

図7　目指す姿（生成AIで音声テキストを活用するアーキテクチャ）

■ 責任者コメント

株式会社ＮＴＴドコモ
情報システム部
担当課長
石山　省吾

　「CRMベストプラクティス賞」の三度の受賞の栄誉に賜りましたこと、光栄に存じます。一般社団法人　ＣＲＭ協議会で言う「顧客中心主義」をドコモ的に表現したものが「お客様起点」ですが、音声テキストというドコモ側の主観が入らない情報を活用することは、まさにお客様起点を体現したプロセス構築であると考えております。
　しかし、音声テキストは個人情報を含むため、情報セキュリティを堅持し、お客様の信頼を損なわないように活用することは技術的に高難度の挑戦であり、課題を一つ一つ乗り越えながら歩んでいる状況です。
　今回の事例は、めざましい社会的インパクトを与えるには至っておりませんが、将来的な価値に向かってあきらめずに進んでいる姿が評価いただけたものと受け止めており、この受賞を励みに、「顧客中心主義といえばドコモ」と皆様に思っていただけるまで取り組みを突き詰める所存です。どうぞよろしくお願いいたします。

■ 担当者コメント

株式会社ＮＴＴドコモ
情報システム部
社員
河野　慈大

　この度の受賞、こころから感謝申し上げます。私は「CRMベストプラクティス賞」のような大きなチャレンジへの経験がなく、自身の成長に繋がる貴重な機会をいただけたと感じております。
　受賞を頂いた取り組みにおいて描いたロードマップに日々継続して取り組んでおります。引き続き顧客起点のCRM活動を推進していきたいと思います。

鯖江市
市民生活部 市民主役推進課

Best Practice
of Customer Relationship Management

市民主役の地域活性モデル

　鯖江市は眼鏡フレームの国内生産シェア9割を占める「めがねのまち」です。市民と行政が一枚岩となって「めがねのまちさばえ」を地域ブランドとして盛り立て始めて15年。近年、実施されたウェブ調査では「今治のタオル」に次いで「鯖江のめがね」が産地認知度2位に入り、伝統工芸、ものづくり産地としての知名度が着実に上がってまいりました。

　市では、「めがねのまちさばえ」の知名度が大きく向上した今、先人たちによって脈々と受け継がれ、これまで鯖江市を形づくってきた眼鏡・繊維・漆器に代表される「ものづくり」の地域資源にさらに磨きをかけて自信をもって世界に発信するとともに、「つくる」を広義に解釈して「まちづくり」「ことづくり」「ひとづくり」「支え手づくり」に展開し、SDGsの達成や、多様性のあるまちづくり参画など、世界的視野で物事を考え、それを鯖江の地で実際に行動に移していくことに日々挑戦しています。

　「2024 CRMベストプラクティス賞」では、「顧客中心主義経営」＝「市民主役のまちづくり」として捉え、市民活動の担い手育成とまちづくり人材の拡大をテーマに、市民自らが市民を表彰するという全国初のイベントである「市民主役アワード」が、『市民主役の地域活性モデルである』との評価をいただきました。

　『市民自らのアイデア提案をもとに市の事業を実施することで、行政の効率化にもつながっており、市民活動の多様性を尊重し地域の絆を深める素晴らしい取り組みである』との評価も併せていただきまして、本稿では、「市民主役」の多種多様な取り組みがいかに広がり、市民の居場所と出番づくりが進められてきたのかをそのあゆみを踏まえて御紹介いたします。

鯖江市
市長
佐々木　勝久

　この度は、「2024 CRMベストプラクティス賞」受賞の栄誉を賜り、誠に有難う御座います。また、自治体としては唯一の受賞となり、広く市民の皆様と職員の声を聴き、対話を大切にし、共に考え、共に汗を流しながら市政運営を行うことが必要不可欠であるという考えのもと進めてきた「市民主役」の政策を評価いただいたことは、大変喜ばしく、心より御礼申し上げます。

　さて、多くの地方自治体で、人口減少の克服、地域経済の活性化、さらには安全・安心で豊かな地域社会の形成などが課題となる中、鯖江市では、「みんなでつくろう、笑顔の鯖江！」の実現に向け、「市民主役で日本一活気あるまち」と「ワクワク子育て日本一のまち」の2つを全庁横断的な方針に掲げ、注力した政策を展開しております。

　市内の隅々まで市民の皆様の笑顔があふれ、鯖江市に住み続けたい、住んでみたいと思っていただける、そんな選ばれる鯖江市を目指し、地域の目指すべき理想像を中長期的に考え、地域特性を活かしたまちづくりを推進する総合戦略のほか、「鯖江らしさを磨き、行動していこう」という意味の造語「さばえる」を共通のキーワードとして、官民連携で時流を逸しないチャレンジも続けております。

　本年は市制70周年を迎え、今まで以上に『市民を巻き込んだALLさばえ』での取り組みを広げることで、今後も、「市民主役のまち」としてトップランナーを走り続け、総合戦略に描いた鯖江市の姿を実現させるため、市民と行政組織（市）を含め「わたしたち」と一貫して表記される「市民主役条例」の理念のもと、次の80周年や90周年を迎えるための新たなスタートの年となるよう、夢のあるまちまちづくりを推進してまいります。

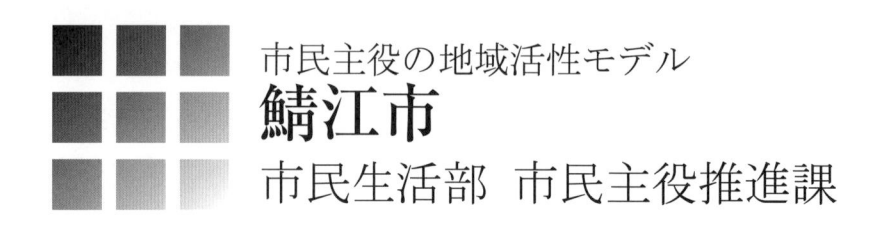

市民主役の地域活性モデル
鯖江市
市民生活部 市民主役推進課

■ 鯖江市の概要

鯖江市は、1955年 1 月15日、市町村の合併により誕生し、2025年 1 月15日に市制70周年を迎えました。

日本海に面している福井県のほぼ中央に位置しており、面積は84.59km²で県内では 2 番目に小さな市域でありますが、人口は約 6 万 9 千人、人口密度は県下ナンバー 1 のまちです。また、令和 6 年 3 月16日に、北陸新幹線が開業し、東京から約 3 時間で来ることができるようになり新たな交流人口が見込まれます。

自治体概要	
自治体名	鯖江市
英文団体名	Sabae City
市制施行年月日	1955年1月15日
自治体所在地	〒916-8666
	福井県鯖江市西山町13-1
	電話 0778-51-2200
市長	佐々木　勝久
職員数	約980人
自治体情報	地方公共団体
URL	https://www.city.sabae.fukui.jp/

1　三大地場産業　ものづくりのまち

(1)眼鏡産業「今かけているそのめがね、鯖江産かもしれませんよ！」

鯖江市は、古くから「ものづくりのまち」として知られ、特に眼鏡産業でその名を世界に知られています。鯖江市の眼鏡産業は、雪深い北陸の冬場に農業ができない時期に、農家の人々が眼鏡フレームの製造を始めたのがその起源であり、2025年に120周年を迎えました。

国内の眼鏡フレーム生産の 9 割以上を占める一大産地であり、世界でもイタリア、中国と並ぶ三大産地の一つとして認められています。特に1980年代には、世界で初めてチタン製の眼鏡フレームを開発・生産することに成功し、その技術力の高さが世界中で評価されています。

現在、市の眼鏡産業は、伝統的な職人技と最新技術の融合により、世界最高品質の眼鏡を生産できる環境を有し、市内には多くの眼鏡関連企業が集まることで、産地全体で品質向上と技術革新に取り組みを続けた結果、鯖江市の眼鏡は高いデザイン力とブランド力を保ち、国内外で高い評価を受けています。また、眼鏡産業は、地域経済の重要な柱であり、地元の雇用を支えるとともに、鯖江市民のアイデンティティの一部となっています。

(2)繊維産業「繊維王国　福井県の中核として」

鯖江市の繊維産業は、長い歴史とともに発展し、その歴史は、平安時代にまで遡ります。1134年には、河和田荘（現在の河和田地区）で養蚕や製糸が盛んに行われていた記録が残っており、明治時代に入ると、輸出用の羽二重（はぶたえ）織物の生産が盛んになり、鯖江は「羽二重王国」として知られるようになりました。この時期を境に、手織機から力織機への転換が進んだことにより、生産効率が大幅に向上し、現在、鯖江市の繊維産業は、ポリエステルやナイロンなどの合成繊維をはじめ、シルクやベルベット、リボンテープなど多種多様な生地を生産しています。あわせて、高度な染色技術を開発することで、ファッション衣料だけでなく、医療用や産業用の安全かつ耐久性の高い繊維製品も手掛けています。

(3)漆器産業「若い力が息づく越前漆器」

　鯖江市の漆器産業の歴史は、約1500年前に遡ります。伝説によれば、継体天皇が王冠を修復するために地元の塗師に依頼し、その技術に感動した天皇が漆器づくりを奨励したことが始まりとされています。この地域は、良質な材木と漆の木が豊富で、漆器づくりに適した環境が整っていたことから、「沈金」や「蒔絵」などの技法を取り入れ、華やかで上品な装飾が施されるようになり、明治時代には、漆器の生産がさらに拡大し、旅館やレストラン向けの業務用漆器の生産が盛んになりました。現在、鯖江市の漆器産業は、国内の業務用漆器市場で80％以上のシェアを占め、伝統的な木製漆器だけでなく、合成樹脂や化学塗料を使用した製品も生産されており、品質と耐久性を兼ね備えた漆器が提供されています。

　また、地域全体で分業体制が確立されており、素地づくり、塗り、加飾などの各工程が高度に専門化されていることから、令和2年度以降、令和4年度まで、越前漆器の製造・販売実績が国内1位を記録し、名実ともに国内1位の漆器産地となるとともに、その伝統を受け継ごうと漆器職人を目指す後継者が続々と現れています。

　近年では、これまで培ってきた三大地場産業の技術を活かし、新たに医療分野やウェアラブル分野へ進出するなど事業の裾野を広げるとともに、IT・デジタルコンテンツ等の新産業の創造や、地域産業の魅力に着目し、工房見学やものづくり体験により職人たちと直につながる「産業観光」を推進する取り組みにより着実に地場産業の魅力、後継者育成の機運が高められております。

　また、ものづくり以外にも、日本の歴史公園100選に選ばれたつつじの名所である西山公園や、西山公園の中腹にある西山動物園には鯖江市のアイドル「レッサーパンダ」がおり、全国随一の繁殖数を誇っています。こうした「歴史・伝統・文化」、「自然・環境・風土」に魅力があふれ、これらをまちづくりに活かそうと市民自らが知恵を出し、行政とともに汗を流す「市民力」にも恵まれたまちです。

2　ものづくりのまちから市民主役のまちづくりへ

　鯖江市は前述した「ものづくり」文化によりこれまで発展を遂げてきました。ものづくりはもちろんのこと、この「つくる」文化が市民主役の礎をつくり、「自分たちのまちは自分たちでつくる」と市民自らが主体的にまちづくりに参画いただくきっかけがうまれたことで「まちづくり」「ことづくり」「ひとづくり」「支え手づくり」への展開に繋がっております。

　2000年代に入り、鯖江市ではどのように、市民主役、学生連携、女性活躍、オープンデータ、SDGs等のテーマが推進され、全国から知られるまちとなったのでしょうか。人口減少や地域活性化といった地方自治体が抱える共通課題に対して、まちの伝統や文化にさらに磨きをかけ、市内外から「鯖江に行ってみたい、住んでみたい、住み続けたい」と思っていただけるような笑顔があふれるまちの実現を目指して、市民と行政が協働で進めてきた「市民主役」の取り組みを御紹介いたします。

「市民主役のまちづくり」のあゆみ ／ 1990 → 2022

年月	内容	年月	内容
1990年11月	フランクフルト市で開催された国際体操連盟総会で、1995年の世界体操競技選手権大会の開催地が鯖江に決定する。	2006年 4月	センターに指定管理者制度を導入。市民による施設運営が制度化。
1991年 6月	1995年世界体操鯖江大会市民運動推進協議会が発足。ようこそ運動(一人一役運動)を実施する。	2007年 4月	男女共同参画の拠点施設である「夢みらい館・さばえ」に指定管理制度を導入。以後、市民団体・NPO法人による施設管理が進む。(計6団体・17施設)
1995年10月	1995年世界体操鯖江大会開催。のべ3万人の市民ボランティアが参加した。	2006年 4月	市民活動団体からの提案に基づき、補助金を交付する「市民提案による参加と協働のまちづくり事業まちづくり基金事業」がスタート。
1998年 5月	体操ワールドカップ決勝鯖江大会が開催される。		
1998年10月	市民団体等の要望を受け「(仮称)生涯学習拠点施設構想策定委員会」を設置。(仮称)生涯学習拠点施設構想を提案。	2009年11月	「鯖江市民主役条例策定委員会」発足。市民16人で条文案を作成。
1999年 1月	運営方法を市民で議論する「鯖江市民活動交流センター運営準備委員会」の設置。	2010年 4月	市民提案による理念条例として「鯖江市民主役条例」施行。
1999年 4月	公設民営型のNPOセンターとして、「鯖江市民活動交流センター」(以下、「センター」と記載)を開設。	2010年 7月	鯖江市民主役条例推進委員会発足。七夕協定を締結。以後、市民参画・さばえブランド・地域自治の3部会で活動開始。
2001年10月	センター管理団体を中心に、NPO法人格を取得。	2010年10月	鯖江市民主役条例推進委員会から鯖江市長への第一次提案。市の事業を市民が直接実施する「提案型市民主役事業化制度」がスタート。
2002年 4月	センターの実行委員会から鯖江市環境情報学習センターが誕生。(現「NPO法人エコプラザさばえ」)		
2003年 4月	福井市等との合併について住民投票を実施。	2012年 1月	鯖江市民主役条例推進委員会から鯖江市長への第二次提案。「事前ミーティング型市民主役事業化制度」「市民まちづくり応援団養成講座」がスタート。
2003年10月	市民が条文を策定した協働推進のための条例「鯖江市市民活動によるまちづくり推進条例」を施行。市民協働推進会議が活動開始。		
2004年 6月	福井市等との合併協議を中止する。	2014年 2月	鯖江市民主役条例推進委員会に若者部会発足。
2004年 7月	「平成16年7月福井豪雨」が発生。県内外から11,152人のボランティアが来鯖。	2014年 4月	おとな版地域活性化プランコンテストで提案された「鯖江市役所JK課」が発足。
2005年 3月	センターの実行委員会から「コミュニティカフェここる」がオープン。	2016年 7月	鯖江市民主役条例推進委員会から鯖江市長への第三次提案。提案型市民主役事業化制度の改善や、「サバヌシ総会」の開催等を提案。
2005年 7月	若手中堅の市職員を市民活動団体に派遣する「まちづくりサポーター制度」スタート。	2018年 3月	市民主役の総括イベントとして第1回「サバヌシ総会」開催。
		2022年10月	「さばえ市民主役ＥＸＰＯ2022」を開催。

■ 市民主役のまちさばえ

　鯖江市では、市民が主体的に市政に参加することが地域の課題解決や持続可能なまちづくりの実現につながると、早くから「市民主役」の理念を掲げ、独自の取り組みを進めてきました。

特に、他自治体においても、市民主役、市民参加型のまちづくりが進められている昨今では、鯖江市の取り組みはトップランナーとして注目され、YahooやGoogleなどの検索エンジンで「市民主役」と検索すると、鯖江市の制度が上位に表示されることから、地域価値の向上に大きく寄与しています。人口減少や地域活性化といった地方自治体が抱える共通課題に対し、鯖江市の事例は参考になるものとされています。

　以降は、鯖江市が市民を「顧客」と置き換え、顧客中心＝市民主役の取り組みを本格化した背景、長年に渡って「市民の居場所と出番づくり」を進めてきた経緯、市民と行政が両輪となり、地域の課題解決や持続可能なまちづくりを目指すための制度設計を御紹介します。

1　市民主役のはじまり

(1)1995世界体操競技選手権大会

　"自分たちのまちは自分たちでつくる"そんな市民主役の精神が根づいている鯖江市。今や世代、性別、立場を超えたさまざまな活動が生まれていますが、その土壌をつくるきっかけとなったのが、1995年に人口7万人弱のまち鯖江市で開催された「世界体操競技選手権大会」でした。

　1990年11月2日、ドイツ、フランクフルトで開催された国際体操連盟（FIG）の総会で、1995年世界体操競技選手権大会の開催地が「鯖江」に決定しました。これまでは欧米の大都市が開催地に選ばれていましたが、日本ではもちろんアジアで初の世界体操競技選手権が行われることになったのです。

　決定直後、ユリ・チトフ国際体操連盟会長はこのように語りました。

　「鯖江が小都市であることは知っている。しかし大会運営については全く心配していない。むしろ、小さな都市は環境が良く選手たちの精神的安定にもつながる。鯖江大会は世界から注目される大会になるだろう。体操を通して多くの住民も一緒に参加し、国際交流、文化交流につながることを期待している。」

　開催決定から大会まで5年。この間に体操関係団体や市、各機関、団体、企業などによる開催に向けた取り組みがなされ、さらには地元住民による大会支援運動が推進されました。

　運営に携わったボランティアは、のべ3万人。日本ではまだ十分に定着していないボランティアにもかかわらず、一般公募で多くの方々の協力が集まりました。

　人口7万人に満たない小さな地方都市における大規模大会の開催を成功させるには、さまざまな困難がありました。しかし、市民が中心となって鯖江でしか体験できない人と人とのふれあい、心のこもったもてなしに重点をおいた運営に徹し、各所で国境、性別、年齢の差をも超えた感動が生まれました。

(2)1999市民活動の拠点「鯖江市民活動交流センター」の誕生

　世界体操選手権鯖江大会以降、「ここから
が（市民活動の）始まりだ」といった意識
が鯖江市民に広がりつつありました。実際
に市民による活動が活発化するなか、活動
の拠点を求める声も生まれていました。

　この機運を大切にしようと、市内の各団
体が中心となって（仮称）生涯学習施設
構想策定委員会を設置。市民の意見を取り入
れながら検討を重ね、1999年4月、県内で
初めて市民団体が自主管理・運営する公設
民営型の「鯖江市民活動交流センター（さ
ばえNPOセンター）」を開設しました。

　2001年には運営主体となった市民たちがNPO法人格を取得し、現在は「さばえNPOサポート」
として指定管理者となっています。センター内では団体立ち上げや運営・活動に関する相談、
講座の開催、インターネットでの情報発言などを行っており、現在も鯖江のまちづくりの重要
な拠点として活用されています。

(3)2003「鯖江市市民活動によるまちづくり推進条例」の施行

　市民からの提案によってつくられたこの条例は、市内11団体が策定委員会を設置し、ワーク
ショップ形式で条例に盛り込む内容が議論されました。条例に盛り込まれた市民協働推進会議
などの制度は現在も機能しています。また、さばえNPOセンターから生まれた企画や、公の
施設をノウハウのある民間事業者等によって公共施設を管理する「指定管理制度」への参入、
市民協働パイロット事業など、さまざまな動きが生まれました。

・コミュニティカフェ「ここる」

　市民協働パイロット事業として指定されたコミュニティカフェ
「ここる」。

　地産地消や障害者雇用・チャレンジド、ボランティアスタッフに
よるランチなど、地域に密着したお店づくりを目指しています。

・夢みらい館・さばえ

　鯖江市における男女共同参画・女性活躍推進の拠点。市内に居住
または勤務する人たちが、日常生活に必要な教養などを身につけるため
の講座の開催や多種多様なサークル活動を行っています。

・エコネットさばえ

　鯖江市内における環境保全を担う人づくりや情報発信などを目的と
した施設。2008年4月からNPO法人エコプラザさばえを指定管理者とし、
市や市民団体と協働で環境教育事業やSDGsの推進を行っています。

2 市民と行政が手を取り合うまちづくり

(1)2010鯖江の未来を担う「市民主役条例」

　未来に夢と希望の持てる鯖江の実現に向け、市民と市が共に汗を流すという意志と、それを実現するための動きが本格化する中で、市民提案型の「市民主役条例」の制定に向けて動き出した鯖江市。2009年11月30日に若年層を中心とした市民主役条例策定委員会が発足し、具体的な検討が進められていきました。

　そして2010年4月1日、市制55周年という記念すべき年に市民提案による「鯖江市民主役条例」が制定されました。この条例は自分たちのまちは自分たちがつくることを明文化したもの。鯖江市民および市（市長、市職員）が思いや情報を共有し、地域の再生に向けてまちづくりを進めていく決意をあらわした理念が第2条で示されています。

　条例においては、市民や行政組織（市）を含め「わたしたち」と一貫して表記することで、「夢と希望の広がる鯖江」づくりにともに邁進するという決意が込められています。

　また、2010年7月7日には条例を推進するための市民会議を行う「市民主役条例推進委員会」が発足し、鯖江市と協定を締結して、条例の推進にむけた協議が始まりました。この協定は七夕の日にちなんで「七夕協定」とされ、まちづくりへの思いを参加者全員が短冊に書き、七夕飾りに吊り下げました。

> （基本理念）
> 第2条　わたしたちは、まちづくりの主役は市民であるという思いを共有し、責任と自覚を持って積極的にまちづくりを進めます。
> 2　わたしたちは、まちづくりの基本は人づくりであるということを踏まえ、それぞれの経験と知識をいかし、共に学び、教え合います。
> 3　わたしたちは、自らが暮らすまちづくり活動に興味、関心を持ち、交流や情報交換を進めることで、お互いに理解を深め、協力し合います。
> 4　市は、協働のパートナーとしてまちづくりに参加する市民の気持ちに寄り添い、その意思を尊重するとともに、自主自立を基本とした行政運営を進めます。

(2)2011市民のアイデアが光る！「提案型市民主役事業」

　条例制定の翌年に実現したのが「提案型市民主役事業化制度」（通称「市民主役事業」）です。これまで市が行っていた事業の中から、市民や民間組織が担うことで、より人々のニーズに合った内容になると思われる事業を市がリストアップし、意欲のある事業提案を市民から募集。民間委員を中心とした審査委員会のチェックを経て、市からの委託の形で事業を受注してもらうシステムです。行政と市民が対等な立場でありながら、提案する民間側が独自のアイデアで公共のプロジェクトを担うこの事業は、まさに「市民主役」を推進するもの。これまで行政が実施していたプロジェクトが、本当に市民にとって必要なものかを見極めるヒントがあるとも言われています。

　初年度は67の募集事業に対して17事業が採択され、その後事業数は年々増加。2020年度には56事業が採用されました。その後、コロナ禍によって、実施事業数はいったん減るものの、まちの課題やまちづくりを自分事として考え、市民が市政に主体的に参加を果たし、市とともに市民主役のまちづくりを実現するという市民主役条例を体現している制度です。

3 鯖江の未来は私たちがつくる

(1)市民協働のまちづくり

・2012市民まちづくり応援団

全部で10地区ある鯖江市で、各地区の市民が主体となり、自分たちのまちの活性化や課題解決に向けた市民主役の「核」とも言える取り組み。自分たちの「まち」の個性を見つめ、活かし、将来の姿を描く連続講座を実施し、それをきっかけに現在の"応援団活動"の中核を担う人材が現れました。

・2018サバヌシ総会

「市民は市の株主である」をスローガンに、鯖江市民（=サバヌシ）による総会を開催。

市全体を「株式会社」、市民が納める税金を「投資」と捉え、行政と協働しながらまちづくりを行う「市民主役」の推進を目指しています。市民団体、ボランティア団体、学生団体などが活動報告や未来会議、交流会などを行い、人脈構築や新たなアイデアが生まれています。

(2)学生連携のまちづくり

・2004河和田アートキャンプ

県内外の学生達を、河和田地区に受け入れ、学生のもつ知性・感性・創造性を活用しながら、河和田地区内の地場産業や自然環境を活用したアート的事業を展開することで、地区の活性化を図る取り組み。2004年の福井豪雨をきっかけに始まったこの事業は、当初は災害復興支援を

中心としたアートプログラムでしたが、地域振興、交流と絆をテーマに活動の幅を広げています。

・2008鯖江市地域活性化プランコンテスト

「市長をやりませんか？」というキャッチコピーで2008年から開催している鯖江市地域活性化プランコンテスト。若者が提案する地域活性化のための企画を支援し、地域ブランドの創出支援、若者を対象に地域活動への参加を促進していく活動を展開しています。第11回から全国

の大学生に加え、現地の高校生も参加し、創りたい鯖江の未来をデザインし提案するという未来創造型のコンテストとして進化し続けています。

・2014鯖江市役所JK課

「鯖江市役所JK課」は、鯖江市が2014年にスタートさせた市民協働推進プロジェクト。

地元のJK（女子高校生）たちが中心となって、自由にアイディアを出しあい、さまざまな市民・団体や地元企業、大学、地域メディアなどと連携・協力しながら、自分たちのまちを楽しむ企画や活動に取り組んでいます。この取り組みが評価され、平成27年度まちづくり大賞総務大臣賞を受賞しました。

(3)2023全国初!?市民が選ぶ「市民主役アワード」

2023年12月に開催された「市民主役アワード2023」は、行政ではなく、市民自らが市民を表彰した全国初のイベントです。市民活動の担い手育成とまちづくり人材の拡大をメインテーマとし、市民が推薦した「ちょっとスゴい人」や「ステキな人」を表彰し、その活動を広く紹介することで、チャレンジを模索している方のきっかけづくり、若い世代のまちづくり参画を促す場づくりとする要素を盛り込みました。

市民活動が盛んな鯖江市においても、市民活動に巻き込めていない層の存在のほか、活動の偏りや分散化によって「市民活動はいつものひとばかりで、次がいない」といった現状を踏まえ、市民活動を適切に共有し、多くの活動事例の中から次世代の市民主役の担い手を表彰する舞台をつくり、「わたしにもできる！」「あの舞台に立ちたい！」と新たな市民層の新たな挑戦を後押しする企画としました。2024年には、第2回目の市民主役アワードも開催され、「市民主役の聖地化」「市民主役で日本一活気のあるまちさばえ」を目標としてその歩みを進めています。

■ 今後の展望 「市民主役で日本一活気あるまち」の実現に向けて

1　プロモーション「めがねのまちさばえ」からブランディング「つくる、さばえ」へ

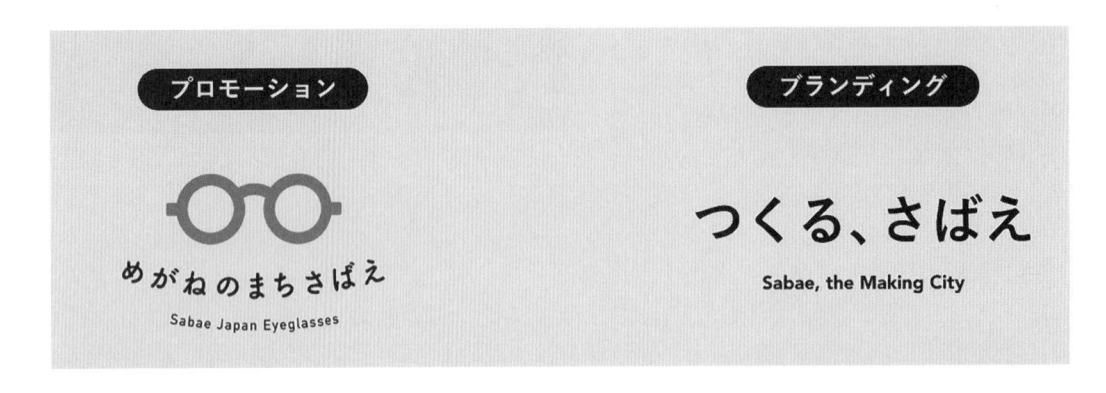

　鯖江市はこれまで、「ものづくり」の代表である「めがね」を中心に据え、他市町村との違いを明確に打ち出すことでその認知度を高めてきました。こうした魅力を発信するプロモーションが功を奏し、様々なプロダクトの開発や移住を後押ししてきました。

　今後は、そうしたものづくりのプロモーションから派生した、市民主役、学生連携、女性活躍、オープンデータ、SDGsといった取り組みを1本の芯で結びつけながら、文化を確立し、「鯖江市といえば」といった視点で定義し、それを形にすることで差別化をはかりたいと考えています。

　こうしたアクションを「つくる、さばえ」としてまとめ、「知っているまち」から「選んでもらえるまち」への昇華にチャレンジすることで、ブランドがまちの価値を外部に伝え、結果として創造的な人材が「鯖江市っていいな」と感じる環境を生み出す好循環に繋げていきます。

(1) ものづくり：鯖江市は、眼鏡、繊維、漆器などの伝統産業を中心に、高品質な製品を生み出しています。地域の技術力と創造力を活かし、世界に誇る「ものづくり」のまちを目指しています。

(2) ことづくり：地域のイベントや文化活動を通じて、鯖江市の魅力を発信しています。市民参加型のプロジェクトや、地域の歴史や文化を活かした取り組みが行われています。

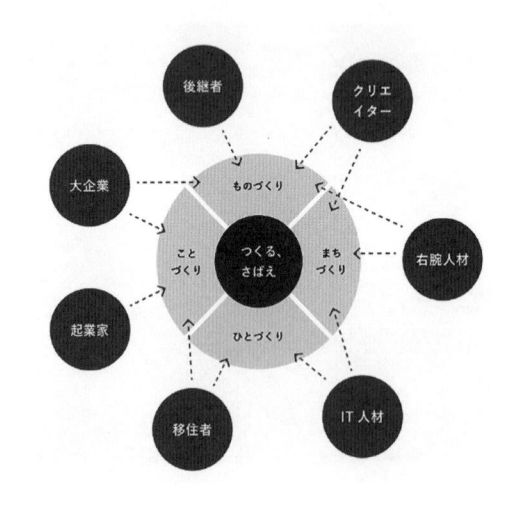

(3) ひとづくり：次世代を担う人材の育成に力を入れています。教育機関や企業との連携を通じて、若者が活躍できる環境を整え、地域の未来を支える人材を育てています。

(4) まちづくり：住みやすく魅力的なまちづくりを推進しています。市民の意見を取り入れた都市計画や、持続可能な開発目標（SDGs）の達成に向けた取り組みが行われています。

(5) 支え手づくり：地域の活動を支える人々の育成と支援を行っています。ボランティア活動や市民団体の支援を通じて、地域全体で協力し合いながら、鯖江市の発展を支えています。

■ 責任者コメント

鯖江市
市民生活部
市民主役推進課
課長
渡辺　敏広

　鯖江市は、市民が主体的にまちづくりに参画する「市民主役のまち」の理念条例を持っています。今後もトップランナーとして「市民主役で日本一活気のあるまちさばえ」を発信していくためには、理念を理念で終わらせることなく行動につなげ、持続させ、更なる進展を遂げていく制度設計、それぞれの市民の視点や経験を最大限に活用した連携、そして様々なチャレンジを当課が市民と行政のハブとなって進めてまいります。

■ 担当者コメント

鯖江市
市民生活部
市民主役推進課
主任
竹内　陽一

　「市民主役で日本一活気のあるまちさばえ」の実現には、自治体は市民に対するサービス業という基礎的なフェーズを越えて、市民が創造的なパートナーとして「ともに考え、ともにつくる」フェーズへの変革が大事ではないかと実感しています。市民の皆様から多様な意見をいただきながら、協力していただける人も増えていくなかで、失敗を恐れずに取り組んできた結果が「2024　CRMベストプラクティス賞」につながり、大きな喜びを市民の皆様と共有することができました。

　活力ある鯖江市であり続けるために掲げられた「さばえる」という言葉を御紹介します。「さばえる」は「栄える」「得る」「支える」「エールを送る」「映える」「えらばれる」などの意味をかけあわせた造語です。ものづくりのまちとして「栄え」、さばえファンを「得て」、関係人口、交流人口を増やし、みんなの幸せのために「支え合い」互いにエールを送り、住みたいまち住み続けたいまちとして、「えらばれる」まちとなるように、今後も[顧客中心]＝「市民主役」のまちづくりにチャレンジを続けてまいります。

ダイキン工業株式会社
サービス本部

Best Practice
of Customer Relationship Management

コンタクトチャネル統合基本モデル

　当社は、コンタクトセンター設立当初に構築した基盤システムを長年使用してきましたが、コンタクトセンター業界全体でマルチチャネル化やテレワークの導入、近年高まる大型災害に備えたBCP体制の強化といった改革の動きがある中、当社としても基盤システムの刷新の必要性が高まっておりました。

　また、機器やソフトウェアの老朽化、保守・サポート期限の到来から来る業務非効率といった課題もあったため、この機に将来を見据えたコンタクトセンター基盤システムの刷新を行いました。

　本稿では、その取組事例についてご紹介いたします。

ダイキン工業株式会社
サービス本部
東日本コンタクトセンター
室長
丸山　俊二

　この度は、「2024 CRMベストプラクティス賞」受賞の栄誉に賜り、誠にありがとうございます。このような歴史ある賞を初めて賜ることができ、大変喜ばしく光栄に思っております。選考委員の皆さま並びに一般社団法人　ＣＲＭ協議会関係者の皆さまに心から御礼申し上げます。

　弊社は、「世界中の人に快適と安心を提供し続けること、それがダイキンの使命であり責任です。人が持つ無限の可能性を信じ、情熱を結集して、新たな技術を生み出し、持続可能で豊かな未来をダイキンは切り拓いていきます。」という理念を掲げております。そして、その理念のもと、私たちサービス部門においては、常にお客様を第一とした視点で行動し様々な活動を行っております。そうした指針は、一般社団法人　ＣＲＭ協議会様が掲げている顧客を中心とした「CRMのあるべき真の姿を研究・追求し、これを推進していく」という考えに通じ合うものと感じております。

　弊社コンタクトセンターでは、お客様に支えられながらこれまで様々な取組みを重ね、少しずつではありますが改善を進めてきております。しかしながら、現在の変化が加速していく時代においては、まだまだお客様の期待には充分応えきれておらず、次から次へと新しい課題が浮き彫りになってきます。ただ、そうしたテーマが多く出てくることは非常に喜ばしいことであり、その一つひとつに対してしっかりと向き合い、更なる進化を続けていきたいと考えております。

　これからも、私たちの不動点である「早さ・確かさ・親切さ」を軸としながら、CRMシステムの更なる活用や様々な業務革新を推し進め、あらゆるステークホルダーそして社会に貢献してまいります。

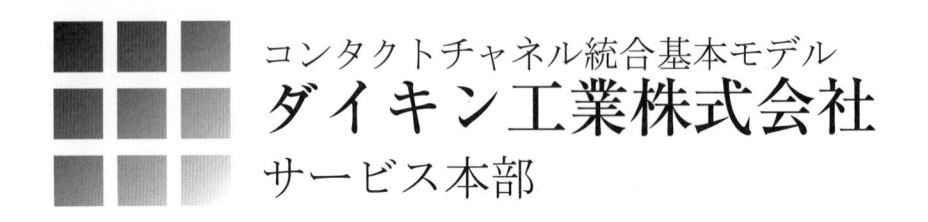

コンタクトチャネル統合基本モデル
ダイキン工業株式会社
サービス本部

■ 事業概要

当社は冷媒開発から機器開発、製造・販売、アフターサービスまでを自社で行う総合空調メーカーです。「空調」「化学」「フィルタ」を柱に事業を展開しており、空調機器、冷凍機器、化学品、フィルタ、油圧機器、および関連部品の製造・販売を主な事業内容としています。

また、近年はより環境に配慮した冷媒技術、スマートホーム向けの空調制御システムなど、最新のエネルギーおよび環境関連サービスも展開しています。持続可能なエネルギー技術と環境に配慮した製品を通じて、社会と地球環境の向上に貢献することを使命としています。

会社概要	
社名	ダイキン工業株式会社
英文団体名	DAIKIN INDUSTRIES, LTD.
創立年月日	1924年10月25日
本社所在地	〒530-0001
	大阪市北区梅田1-13-1
	大阪梅田ツインタワーズ・サウス
	電話 06-6147-3321
代表取締役	十河　政則
従業員数	98,162名
	※2024年3月31日現在
事業内容	空調・冷凍機、化学、油機、特機、電子システム
URL	https://www.daikin.co.jp/

事業展開する国は170カ国以上に広がり、市場ニーズがある場所で生産するという「市場最寄化生産戦略」をとり、生産拠点数は世界120カ所以上に及びます。

サービス本部は製品がお客様に届いた後の「アフターサービス・保守」を担っており、メーカー直結のサービスを強みとし、「速さ・確かさ・親切さ」をスローガンに質の高いサービス提供を心がけております。

■ 当社コンタクトセンターの特徴

　当社では、24時間365日のサポート体制を整え、主に空調機器の修理依頼や技術的な相談、部品販売を対応しています。特にエアコンは季節性が高い製品のため、年間のお問い合わせ件数の約半数が6月から8月の夏期に集中します。したがって、繁忙期と閑散期の業務量の差が大きくオペレーターの人数も時期によって大きく変動するため、繁閑に合わせた適切な人員配置や応対品質の維持をしながら安定運営をすることがセンターの課題となっております。

■ プロジェクトの背景

　コンタクトセンター設立当初に構築した顧客管理システムを20年使用しておりましたがハードウェアやソフトウェアの老朽化、機能の陳腐化等といった課題が出てきていました。
　また、同時期にコンタクトセンター業界でマルチチャネル化などの改革の動きもあったため、将来のコンタクトセンターを見据え、2022年秋に顧客管理システムを刷新いたしました。

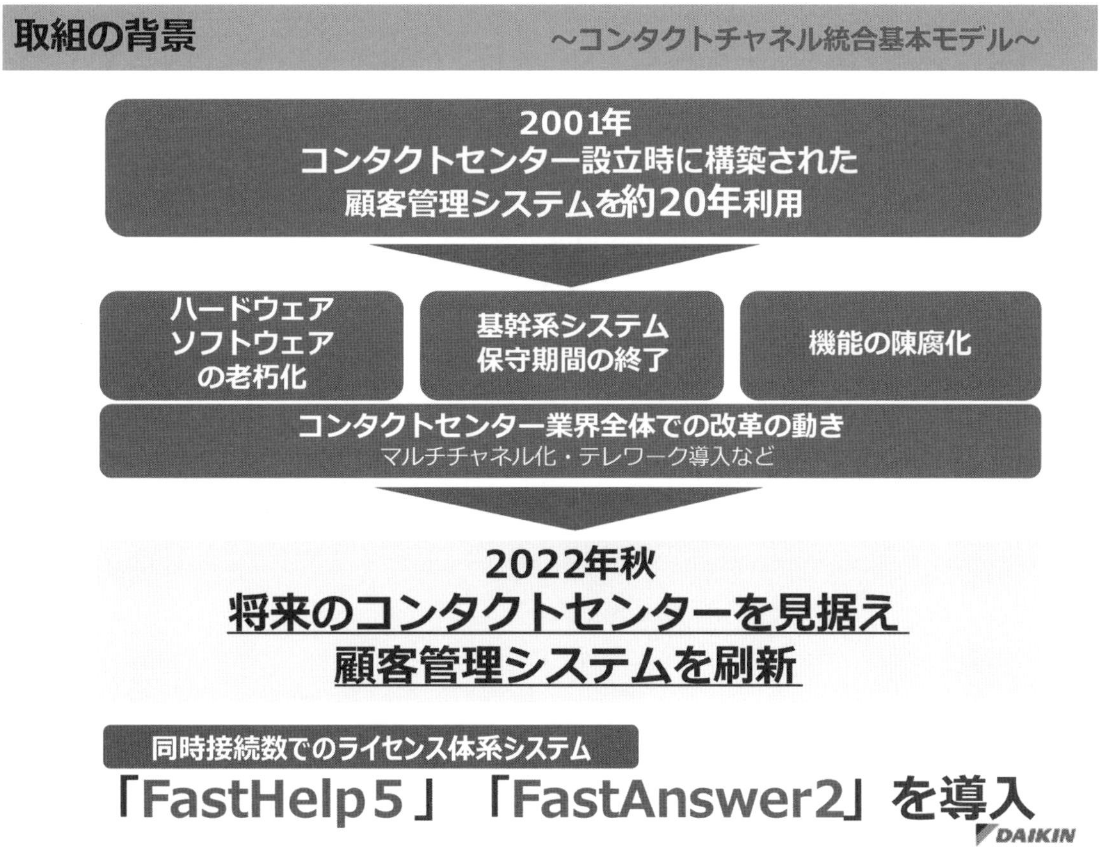

取組の背景　　～コンタクトチャネル統合基本モデル～

2001年
コンタクトセンター設立時に構築された
顧客管理システムを約20年利用

| ハードウェア ソフトウェア の老朽化 | 基幹系システム 保守期間の終了 | 機能の陳腐化 |

コンタクトセンター業界全体での改革の動き
マルチチャネル化・テレワーク導入など

2022年秋
将来のコンタクトセンターを見据え
顧客管理システムを刷新

同時接続数でのライセンス体系システム
「FastHelp5」「FastAnswer2」を導入　DAIKIN

図1　取組の背景

■ 従来システムの課題

　従来システムには主に以下のような課題がありました。
・チャネルごとに異なるシステムを使用していたため、お問合せの一元的な進捗管理ができていなかった。
・複数のシステムを利用していたためデータが分散し、部門間での情報共有、データ抽出、及び分析に工数がかかっていた。
・軽微な変更でもベンダーやシステム担当に依頼する必要があり、タイムリーに仕様が変更できずメンテナンス工数がかかっていた。

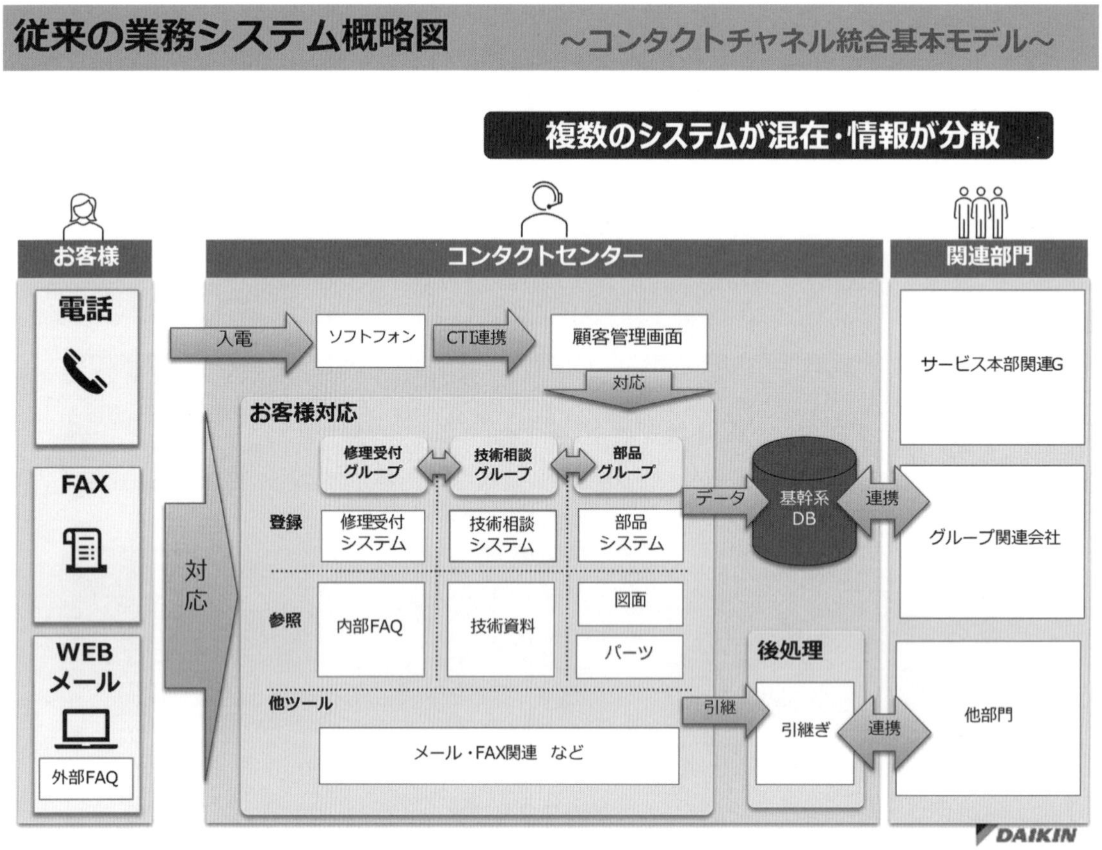

図2　従来の業務概略図

■ 新CRMに求める要望

　上記の課題をふまえた新CRMに対する要望は以下の通りです。
・複数チャネルからの問い合わせを集約し、一元管理ができること。
・お客様向けおよび社内向けのFAQを一つのシステムで管理できること。
・担当者レベルでも画面やコンテンツのメンテナンスが可能であること。
・今後のコンタクトセンターの変革に柔軟に対応できる拡張性があること。

■ 刷新するうえで注力したポイント

　CRMを刷新する際に下記のポイントに注力いたしました。
・繁忙期と閑散期の利用者数に柔軟に対応できる、同時接続数でのライセンス体系のシステム。
・システム導入後のメンテナンス工数を最小限に抑えるため、可能なかぎり「パッケージシステム」の機能を活用することを意識。
・将来的なデータ活用、データ抽出及び分析工数削減を視野に入れ、データの保持方法を検討。
・基幹系システムとのデータ連携がスムーズに行えるよう、当社で契約しているクラウド上にCRMシステムの環境を構築。

■ 刷新後の効果

　CRM刷新後、「応対の業務効率化」「ミス削減」「管理者の業務負荷軽減」の観点で効果が見られました。まず「応対の業務効率化」の観点では主に検索性向上、応対の一元管理、画面作成スピード向上の効果がありました。また、複数チャネル（電話、SMS、メール）を統合することで管理工数が大幅に削減しました。一括管理することで応対の進捗状況の確認が容易になり、対応漏れのリスクが低減されました。
　さらに、基幹系システムとFastHelp5の連携によりデータの集約が可能となり、履歴の確認がスムーズに行えるようになっただけでなく、データの検索性や抽出のしやすさが向上いたしました。画面登録工数についても大幅に短縮でき、コミュニケーターが次の問合せ対応にすぐに取りかかれる体制になりました。

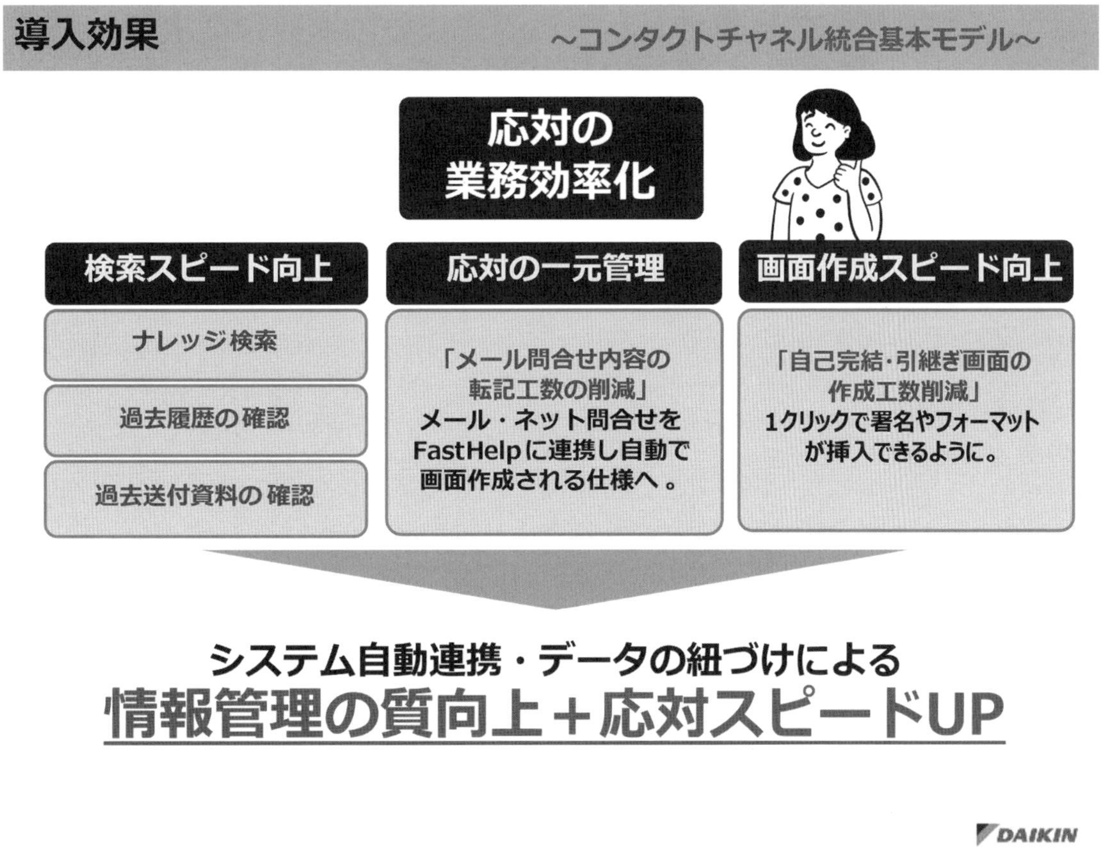

図3　導入効果（応対の業務効率化）

次に「ミス削減」の観点では、大きく引継ぎミスの防止、対応漏れ防止の効果がありました。
　対応を別部署に依頼する際に、問合せのカテゴリを選択すると、カテゴリに応じて引継ぎ先が自動でセットされる仕様にし、引継ぎミスを防止できております。
　引継ぎにかかる工数の削減、ミス低減に加え、コミュニケーターが覚えるルールが減ったことで業務負荷軽減に繋げることができております。

導入効果　　　　　　　　　　〜コンタクトチャネル統合基本モデル〜

ミス削減

引継ぎミス	対応漏れ防止
「引継ぎ先の確認工数減」 カテゴリに応じて自動で 引継ぎ先をセットする仕様へ！	「対応漏れの削減」 案件が残った状態で ログアウトできない仕様へ！

引継ぎ先の自動セット・ログアウト仕様変更による
引継ぎ工数短縮・ミス減少
コミュニケータの業務負荷軽減

DAIKIN

図4　導入効果（ミス削減）

次に「**管理者の業務負荷軽減**」の観点では、複数システムを統合したことで研修ボリュームが減少し研修工数が削減しました。また、1つの画面で各種応対の進捗状況が確認できるようになり業務指示をスムーズに出せるようになりました。

　そして以前の課題であった、システムの変更工数についても、現場担当者レベルでの軽微なシステム設定変更が可能となり、現場担当者・システム担当者両方の負荷軽減にも繋がっています。

図5　導入効果（管理者の業務負荷軽減）

このように、「応対の業務効率化」「ミス削減」「管理者の業務負荷軽減」といった観点で効果が見られ、応対にかかる工数が大幅に削減できました。また、応対品質の指標である、各種KPIも向上いたしました。KPI値向上の背景としてはシステム刷新後、FastHelp5上でタイムリーかつ容易にデータ抽出ができるようになりデータ分析のハードルが下がったことが主な要因です。

　また、繁忙期でも容易に各種データを抽出できるようになったことで、様々な角度からデータ分析しやすくタイムリーにKPI向上の施策を検討しフォローできる環境となりました。

　そして、真夏トップピーク時の電話の待ち時間も短縮することができております。

　その年の気温傾向により繋がりやすさに多少波はあるものの、システム刷新と業務フロー見直しに伴い、効率化が進み各応対にかかる工数が削減されたことでコミュニケーターが次の問合せ対応に着手するスピードも向上していると考えられます。

　電話業務にかぎらず、各チャネルの問合せ業務においても煩雑であった部分が解消され、コンタクトセンター業務全体での効率がアップし結果として、お客様をお待たせしない体制を実現することができました。

■ 今後の展望

　今回の刷新により、応対の一元管理が実現でき、CRMシステムのベースを整えられたため今後は以下の点に注力してまいりたいと思います。

・「関連部門との連携」

　現在コンタクトセンターで活用しているCRMシステムを、別拠点へ展開し各部署間での業務の円滑化を図り、最終的にお客様の快適性や安心感の向上に繋げていきたいと思います。

・「その他システムとの連携」

　自動応答の仕組みや有人チャット、FAXとの連携など、別の仕組みとの連携も視野に入れており、更なる情報集約と業務効率化を推進してまいります。

　昨今、電話以外の対応を好む顧客も増加しているためチャットの活用や自動応答システムなどの自動化取組にも注力し、コミュニケーターの業務負荷軽減と顧客満足度向上を図っていきたいと考えております。

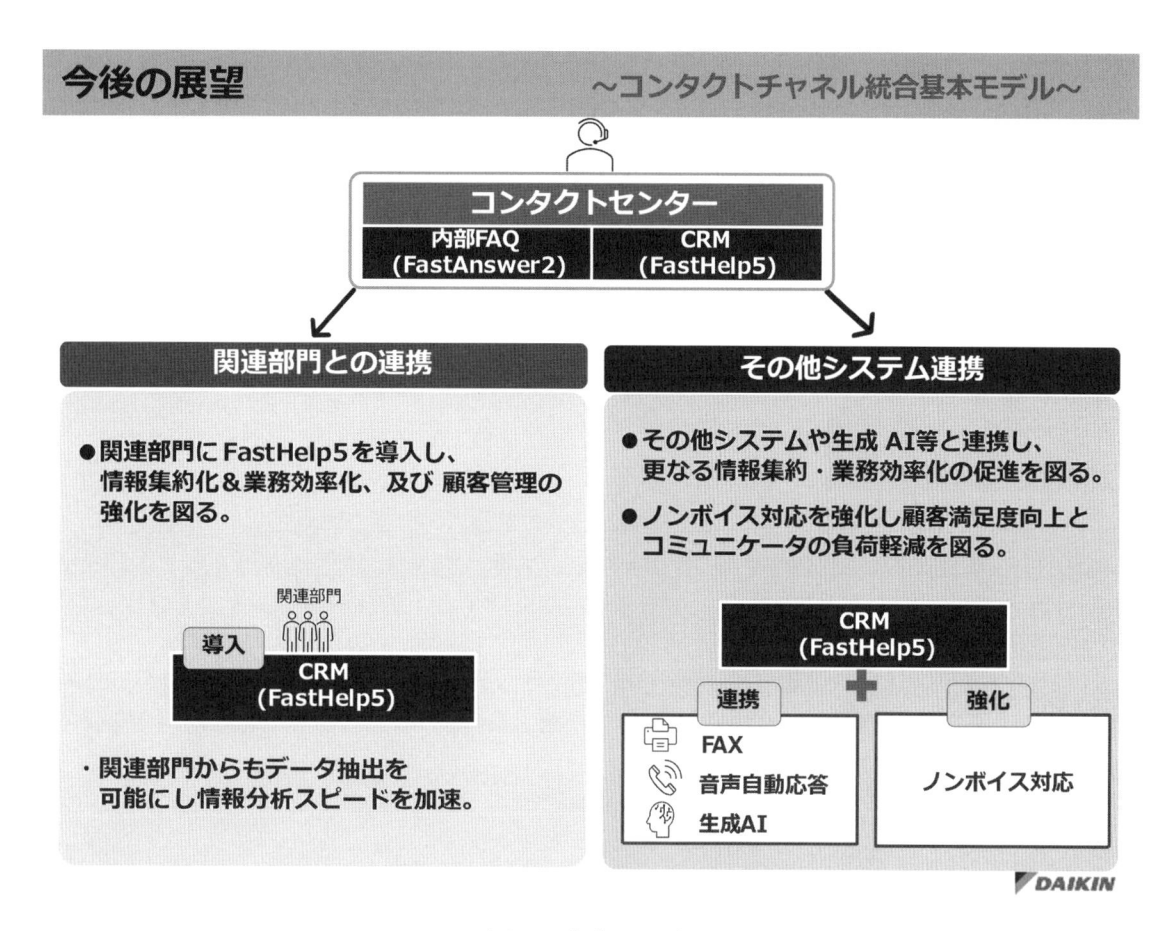

図6　今後の展望

■ 責任者コメント

ダイキン工業株式会社
サービス本部
東日本コンタクトセンター
CS担当課長
三田　舞

　この度は、栄誉ある「2024 CRMベストプラクティス賞」を賜り、誠にありがとうございます。品質と効率化の両立を掲げ、センターの安定運営に向けて日々取り組んで参りましたが、今回弊社の取り組みをご評価いただけたことを大変嬉しく思います。

　この受賞を励みに、今後もお客様の声に耳を傾け、お客様に選ばれ喜んでいただけるサービスを目指し、邁進していく所存です。今後ともご指導、ご鞭撻のほどよろしくお願いいたします。

■ 担当者コメント

ダイキン工業株式会社
サービス本部
東日本コンタクトセンター
企画グループ　グループリーダー
田野邊　明香

　この度は「2024 CRMベストプラクティス賞」を賜り誠にありがとうございます。コンタクトセンター設立以来、初の顧客管理システムの刷新ということで、当時は手探りの状況の中、各部署と密に連携し、ほぼ毎日議論を重ねておりました。システムを刷新し、最終的にセンターの各業務の効率化・平準化を推進することができ、また、顧客満足度向上にも寄与することができ嬉しく思っております。システムを刷新して終わりではなく、引き続きコンタクトセンターの業務効率向上とお客様への質の高いサービス提供を目指してまいります。

ダイキン情報システム株式会社
開発4部
（前所属：ダイキン工業株式会社　サービス本部ITグループ）
仲田　晃嗣

　新システムの導入により、これまでのさまざまな課題が解決されました。日常業務が効率化され、業務運営もスムーズになりました。加えて、クラウドベースのシステムを採用したことで、冗長化とバックアップ体制が強化されました。災害時にも信頼性の高いサービス提供が可能となり、リスク管理が一層強化されました。今後も最新技術を積極的に採用して現場業務を効率化することで、お客様に卓越したサービス品質を提供し続けます。

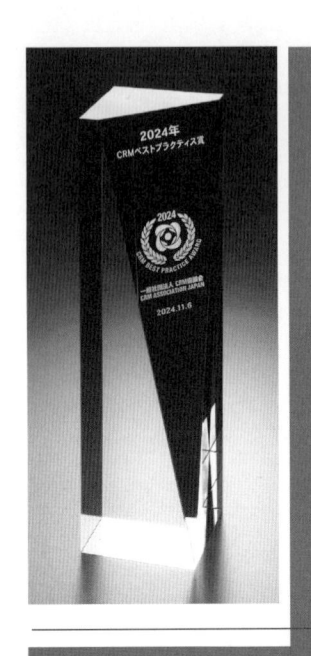

ＤＨＬジャパン株式会社

Best Practice
of Customer Relationship Management

VOC収集チャネル拡大モデル

　ＤＨＬグループには「超顧客中心主義（ICCC: Insanely Customer Centric Culture）」という企業文化が根付いており、VOC（顧客の声）に真摯に取り組むことで、顧客ロイヤルティの向上を目指しています。しかし、従来のVOCやNPS（ネット・プロモーター・スコア）の収集方法には、すべてのカスタマージャーニーを網羅できていないことや、リアルタイムでの確認が難しいという課題がありました。これらの課題を解決するため、2023年9月に新たなプラットフォーム「Medallia」を導入し、全社で「ICCC+（アイ・トリプル・シー・プラス）」という新しいプロセスを展開しました。

　この度受賞した「2024 CRMベストプラクティス賞」では当社の「ICCC+」の取り組みと成果について、以下のご評価をいただきました。ここに抜粋してご紹介させていただきます。

　「顧客が同社に接触するすべてのカスタマージャーニーで顧客の声（VOC）収集に専念することで、収集量が10倍以上になった。このVOC収集への強いこだわりは称賛されるべきことである。また、その収集された情報やNPSを、即座に確認できるような仕組みも構築し、改善活動に役立てるベースを構築した。全社レベルでVOCを収集し、好意的な声も共有することで社員のモチベーションアップにもつなげている。結果として、NPSも上昇傾向を示すようになった。VOCをもとにした、さらなる改善活動の継続に期待したい。」

　本稿では、その取り組み内容と成果をご紹介いたします。

ＤＨＬジャパン株式会社
代表取締役社長
トニー　カーン

　この度は、栄誉ある「2024 CRMベストプラクティス賞」を頂戴し、心より感謝申し上げます。選考委員の皆様、また一般社団法人 ＣＲＭ協議会関係者の皆様に、深く御礼申し上げます。

　弊社は、1972年に日本初の国際エクスプレスサービスを立ち上げて以来、グローバル物流業界の最前線で、お客様のビジネスの成長を支え続けてまいりました。創業当初の数人から、現在では従業員数は2000人近くまで増え、またお客様の数は数万社にまで拡大し、今日に至ります。私共の成長の礎は、何よりもお客様の信頼とご支援によるものであり、心から感謝申し上げます。

　物流は、企業の運営のみならず、社会の基盤そのものであり、「命を繋ぐインフラ」としての役割を果たしています。これまで、東日本大震災、コロナ禍、そして近年の不安定な国際情勢など、多くの試練に直面しましたが、その度に「必要なものを必要な場所にお届けする」ことこそが、私共物流業界の社会的責任であり、企業価値であることを再認識してきました。弊社は、この責任を胸に、常に安全かつ確実な輸送を提供し、産業の発展と社会の安定に貢献してきました。

　今回の受賞は、まさにお客様の声を真摯に受け止め、全社一丸となってサービスと応対品質の向上に取り組んできた結果だと確信しています。特に、新たに構築したデジタルプラットフォームにより、10倍以上に増加したお客様からのフィードバックに対し、迅速かつ的確な改善アクションを実現したことが、大きな成果として評価されました。この取り組みにより、顧客満足度の向上だけでなく、社員一人ひとりのモチベーションも高まり、組織全体として一層の成長を遂げることができました。

　しかし、国際情勢や経営環境が急速に変化する中、物流業界に求められるサービスの水準は日々進化しています。弊社は、これらの変化を的確に捉え、常に「お客様の期待を超える」サービスを提供し続けるため、従業員全員が高い感度を持ち、柔軟に対応してまいります。そして、グローバルな物流業界の進化をリードし、お客様の信頼に応えられるよう努力を惜しまない所存です。

　この度の受賞を励みに、今後とも一層のサービス向上に取り組んでまいります。

VOC収集チャネル拡大モデル

ＤＨＬジャパン株式会社

■ ＤＨＬの概要

　ＤＨＬは、ドイツ・ボンに本社を持つ、世界有数のロジスティクスグループです。グループ各部門が提供するサービスは他の追随を許さない広範囲なポートフォリオを構成しており、国内および国際小包配送から、eコマースの商品配送、フルフィルメントサービス、国際エクスプレス、陸上・航空・海上輸送、産業別サプライチェーンマネジメントにまでおよびます。世界220以上の国・地域で39万5千人の従業員が人々とビジネスを確実につなぎ、グローバルでサステナブルな貿易の実現を可能にしています。テクノロジー、ライフサイエンスやヘルスケア、エンジニアリング、エネルギー、自動車、そして小売りなど多くの成長産業や市場向けにソリューションを提供し、「世界のロジスティクス企業」として位置づけられています。

会社概要	
社名	ＤＨＬジャパン株式会社
英文団体名	DHL Japan, Inc.
創立年月日	1979年8月
本社所在地	〒140-0002
	東京都品川区東品川1丁目37番8号
	電話 0120-39-2580
代表取締役	トニー　カーン
従業員数	約1,800人
事業内容	「ＤＨＬ」のブランドで書類から貨物までを、世界220以上の国・地域に、ドア・ツー・ドアで、安全・確実・スピーディに輸送する国際エクスプレスサービスを提供。その他、国際エクスプレスサービスに付随する物流業務の提供。
ＵＲＬ	https://www.dhl.com/discover/jp-jp
	https://mydhl.express.dhl/jp/ja/home.html

　ＤＨＬジャパンは、ＤＨＬグループのエクスプレス事業部門の日本法人です。

DHLのパーパスは「Connecting People, Improving Lives」です。

安全・確実・スピーディにお荷物をお届けすることで、「人と人とをつなぎ、生活の向上に貢献する」ことを目標としています。

DHLにはFOCUSという戦略があり、「やる気のある人材」の育成を起点とし、その循環的な成長を通じてビジネスを発展させています。まず「やる気のある人材」を育成することで、「優れたサービス品質」を提供し、その結果として「ロイヤリティの高いお客様」を増やします。これにより、さらなる「やる気のある人材」の育成へとつながり、企業の成長とパーパス「Connecting People, Improving Lives」の実現が加速します。この一連のプロセスを循環的に回すことが、DHLの戦略の柱となります。

このパーパスとFOCUS戦略を実現するために、欠かせないのがICCCという企業文化です。

ICCCとは、Insanely Customer Centric Cultureの頭文字を並べたもので、「超顧客中心主義」と表現しています。

ICCCは、「オーナーシップを持ち、問題を解決する」「サービス品質阻害要因を減らしていく」「顧客ロイヤリティとリテンションを向上する」「より多くの顧客接点における顧客体験を向上させる」ことを目的としており、全従業員が実践するべき企業文化の一つとして位置づけられています。

（アイ・トリプル・シー）　超顧客中心主義

■ 従来のVOC・評点収集の課題

従来のICCCの取組みでは、9つあるカスタマージャーニーのうちの5つである「集配」「通関」「追跡」「苦情」「支払」を対象に、電話による聞き取りでVOC・評点(NPS)を収集していました。そして、集積したVOCは3カ月ごとにまとめて配信され、各部門で改善策を検討し、改善アクションを実施していました。

この従来の方法には3つの課題がありました。

1つ目は、VOC収集量とカスタマージャーニーが限られているために、改善の機会が限定されていたこと。2つ目は、リアルタイムに改善活動ができず、同じ体験をされるお客様が発生していたこと。3つ目は、3か月分の情報量が多く、改善を求めるVOC・好意的VOCのいずれも見落としが発生していたことです。ICCC超顧客中心主義の理想に対して、ギャップが存在している状態でした。

そこで、「より多くのカスタマータッチポイントにおけるカスタマーエクスペリエンスを向上させる」という目的達成に向けて、2023年9月に新しいプラットフォーム「Medallia」を導入し、DHLジャパン全社を挙げて「ICCC+（アイ・トリプル・シー・プラス）」として新たなフローを構築・展開することになりました。

■ ICCC＋のフロー 4つの特徴

　ICCC＋のフローには4つの特徴があります。

　1つ目はVOC収集チャネルを拡大してVOC収集量を増加させたことです。従来のファーストコール電話チャネルに加えて、Eメール、SMS、ソーシャルメディア、ウェブサーベイ、デジタルアプリが新たなVOC収集チャネルとなりました。

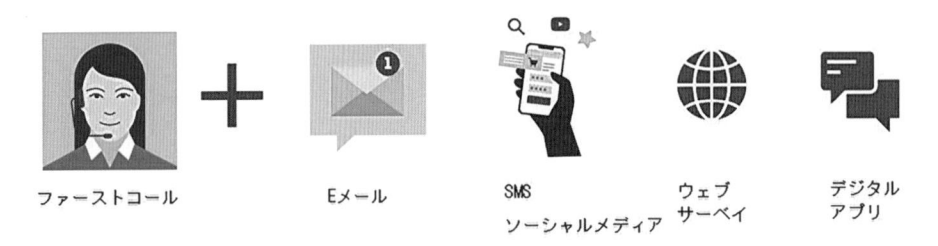

| ファーストコール | Eメール | SMS ソーシャルメディア | ウェブ サーベイ | デジタル アプリ |

　2つ目はVOC収集のカスタマージャーニーの拡大です。お客様が国際エクスプレスサービスの会社を検討する最初のカスタマージャーニーから、サービスが完了した後の問い合わせや問題解決まで、9つすべてのカスタマージャーニーでVOC・評点（NPS）を収集できるようになりました。

　3つ目はリアルタイムにVOCを確認できるようになったことです。「Medallia」の導入により、それぞれのVOC収集チャネルでお客様がご意見を入力すると同時に、VOCの内容が確認できるようになりました。フォローアップの指示が担当部門に送信され、その結果の記録まで一元管理ができるようになりました。

　4つ目は分析です。カスタマジャーニーごとの傾向やキーワードによる定量分析など様々な分析ができるようになりました

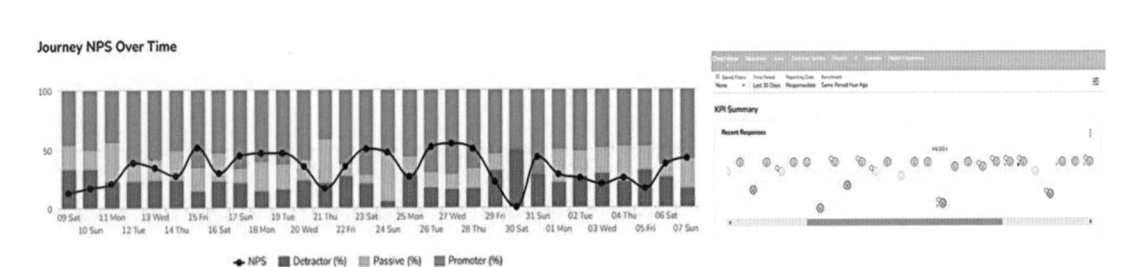

■ 定量分析からの改善事例

　定量分析に基づく改善事例を2つご紹介いたします。

　1つ目はFAQの充実に関する取り組みです。ＤＨＬのオンライン出荷管理ツール(MyDHL+)の操作に関して、一定数のVOC（顧客の声）から改善の要望があることが判明しました。そこで、VOCのキーワード分析を実施し、その結果をお客様FAQに反映させました。さらにＤＨＬデジタルアシスタント（チャットボット）を活用し、FAQへとナビゲートすることで、お客様自身による問題解決を促進しました。

◆　分析結果をお客様FAQに反映

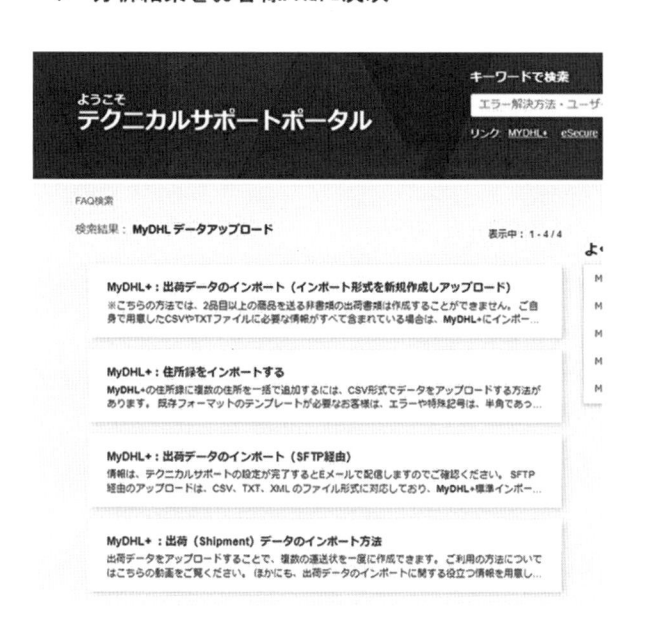

◆　DHLデジタルアシスタント（チャットボット）からFAQにナビゲート

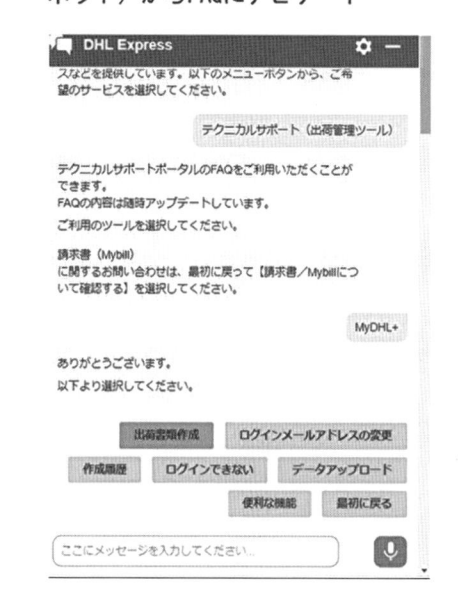

　2つ目は、全部門での応対マナー向上トレーニングの実施です。複数のカスタマージャーニーで応対品質のばらつきを指摘するVOCがあることがわかり、そうしたVOCを元にカスタマーサービス本部で応対マナー向上トレーニングを作成し、全部門で実施しました。

◆　VOCを元にカスタマーサービス本部で応対マナー向上トレーニングを作成

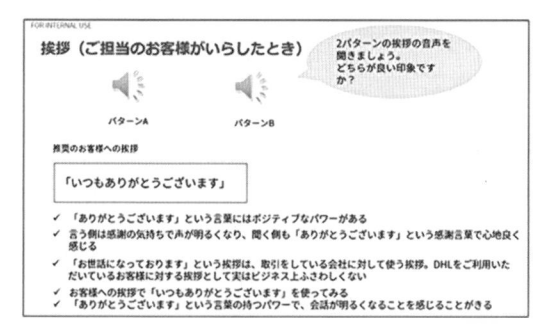

◆ 全カスタマータッチポイントでトレーニング実施

■ 迅速なアクション・オープンな情報伝達

　迅速な改善アクションとスタッフへのオープンな情報伝達も徹底しました。
　NPSターゲット値を全部門共通のKPIに設定し、各部門のICCC＋責任者が毎日全てのVOCを確認し、自部門に関連するVOCを抽出し、NPS結果とVOCを定期的に配信しました。もし要改善のVOCがあれば、セカンドコールでお客様にその時の状況確認を行います。そして改善策を決定し、実施・効果測定・検証を行い、新しいプロセスとして導入する、このようなPDCAを継続的に回していきました。
　さらに、好意的なVOCの内容や、改善を求めるVOCの内容、また問題に対してどのような改善アクションを取ったかが分かるログファイルを従業員に公開し、いつでも閲覧可能にしました。こうした迅速なアクションとオープンな情報伝達は、従業員が仕事への誇りや責任の意識を高めるうえでとても重要な取り組みでした。

1. NPSターゲット値を全部門共通のKPIとして設定

2. ICCC＋責任者が毎日全てのVOCを確認し、自部門に関連するVOCを抽出する

3. NPS結果とVOCを定期的に従業員に配信

4. 要改善のVOCに関して、お客様に事案の確認を行う

5. 改善策を立案し、決定する

6. 改善策を実行する

7. 効果測定を行い、効果を検証する

8. 新プロセス導入

PDCA

好意的なVOC、改善を求めるVOC、問題に対してどのような改善アクションをとったか、ログファイルを従業員に公開していつでも閲覧可能に

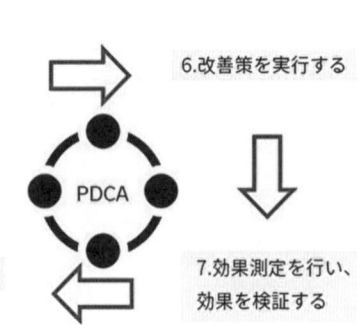

Thanks
お客様から頂いた感謝・お礼の言葉やメールを掲載しています。

Thanks Call Report＋ρ

※テンプレート使用時は、クリック後ダウンロードをしてから使用してください

改善の声
お客様から頂いた改善の声を掲載しています。

■ 成果　NPS・エンゲージメントの向上

　こうした取り組みを経て、NPSの向上、エンゲージメントの向上という2つの成果を達成することができました。NPSでは2023年12月対比で、2024年4月には5ポイント上昇となりました。

NPS向上：2023年12月からの各部門での改善開始以降、NPSは上方基調に。
2023年12月対比で、2024年4月は5ポイント上昇

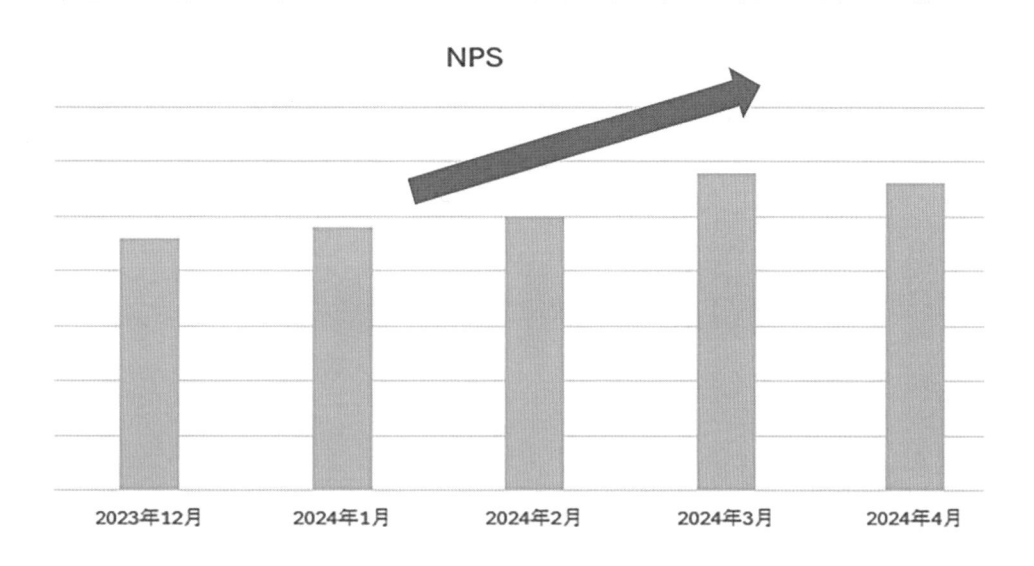

　エンゲージメント向上では、従業員は常にVOCと改善アクションの進捗を目にするようになり、仕事への責任感の向上、やりがいと充実感の増加が確認できました。
　カスタマーサービス本部で実施したアンケート調査では、「お客様からの好意的なVOCを確認でき、モチベーション・やりがい・充実感が向上し、お客様への応対品質の向上につながっている」という質問に対し、95%の従業員がYesと回答し、エンゲージメント向上への効果が確認できました。

■ 今後の展望

　今後の展望は、各部門でのVOC分析、改善活動を継続的にすすめていくとともに、Medallia プラットフォームの様々な分析機能を最大限に活用して、部門を超えた連携で、活発な改善活動を幅広く推進していくことです。ICCC超顧客中心主義を全従業員で実施し、ＤＨＬのパーパス「Connecting People, Improving Lives（人と人とをつなぎ、生活の向上に貢献する）」の実現に向けて取り組んでまいります。

■ 責任者コメント

ＤＨＬジャパン株式会社
First Choice ICCC Head
Julie Pearl Pacete-Alejo

Gathering customer feedback plays a pivotal role in a company's success, serving as a direct channel to understand customer needs, expectations, and pain points. Feedback provides actionable insights to improve products, refine services, and enhance the customer experience.

At DHL Express Japan, we treat customer feedback as more than a tool for improvement-it's the cornerstone of sustainable growth. Aligning our purpose with our customers' evolving needs is our priority, and being awarded the Best Practice for VOC Collection Expansion Model by CRM affirms our commitment to customer centricity.

The introduction of enhanced tools for feedback collection enables us to actively listen and act on customer input with personalized solutions. This approach fosters innovation, eliminates pain points, uncovers hidden needs, and cultivates a truly customer-centric culture.

■ 担当者コメント

ＤＨＬジャパン株式会社
カスタマーサービス本部
CSディベロップメント
河口　朱美

　この度は栄誉ある「CRM ベストプラクティス賞」を頂戴し、心より感謝申し上げます。
　ICCC＋のフローを導入したことで、従来よりも多くのお客様の声をタイムリーに確認することができるようになり、すべてのカスタマージャーニーで必要な改善が行われ、お客様満足の向上につながっていることを実感しております。
　このようにお客様の声を真摯に受け止めて、より良いサービスをめざして改善を継続していくためには、一人ひとりのポジティブなマインドセットが欠かせません。ICCC+の取り組みとともに、ポジティブマインドセットの醸成をすすめながら、超顧客中心主義の実践にむけてこれからも尽力してまいります。

株式会社東名

Best Practice
of Customer Relationship Management

VOCを事業展開の軸に置くモデル

　私たち株式会社東名は、光回線インターネットをはじめ、オフィスや店舗の通信インフラ構築を主たる事業とし、中小企業や個人事業主の皆様の様々な経営課題解決のお手伝いをしています。

　これまで、目まぐるしく変化を続けニーズが多様化・複雑化していく時代の中で、「お客様にとって最適なソリューションをご提案し、課題を解決へ導いていく」という姿勢を一貫し、積極的にサービスの幅を拡大してまいりました。

　これから、更なるニーズの多様化と細分化の時代を迎えようとしています。
　インターネットをはじめとする通信のみならず、電力・ガス・水に至るまで「ライフライン」のすべてを東名にお任せいただき、お客様へ大きな満足をご提供すること。

　そこで何より重要となるのが、お客様との信頼関係です。確かな提案力・課題解決能力のみならず、保守やメンテナンスなどの真摯な対応で厚い信頼関係を築き、いつまでもお客様の頼れるパートナーであり続けるべく、情報化社会の一端を担う次世代カンパニーを目指します。

　私たちは時代の変化を俊敏にとらえ、皆様の見えない力となり、見える成果と価値をご提供する存在として、より多くのお客様へ感動と満足をお届けすることで、企業価値を創出するべく邁進してまいります。

株式会社東名
執行役員　人事部長
登山　賢士

　この度は、「2024 CRMベストプラクティス賞」という栄誉ある賞を賜りまして、誠にありがとうございます。弊社のCRM活動をご評価いただきましたことを、心より御礼申し上げます。関係者一同も大変喜んでおり、今後弊社におけるCRM活動の推進という意味でも励みになります。

　当社において、CRM活動は一部門の問題ではなく、カスタマー部門を中心として営業部門、バックヤード部門と協力し全社一丸となって取り組むべき大きな課題・テーマとして捉えており、これまでも部署間の連携を通じて様々な施策を実施してまいりました。

　その中でも、私どもカスタマー部門においては「ひとりでも多くのtoumeiファンをつくる」という事業部ミッションを掲げ、従業員体験（EX）の向上と顧客体験（CX）の向上を両立させながら、より良いサービス体制づくりの中心部署となるべく業務に励んでまいりました。

　なぜ、お客様との関係性構築に注力してきたかというと、弊社が提供している光回線インターネットや、電力自由化における電力サービスに関してはインフラサービスであるという特性上、他社との差別化に工夫が必要な業界であると認識している為、顧客体験の向上を通した関係性づくりが、サービスの強みになると考えた為です。

　そこで、単にサービスの提供者とユーザー様という関係を超えて、互いの事業を理解し共に応援し合いながら長期的かつ友好的な関係作りを行う事で、契約関係という関係性以上の深いつながりを持つ事が出来れば、インフラサービスの中でもお客様にとって「価値のある選ばれるサービス」としてより多くのお客様のお役に立てると考えています。

　今回の受賞をきっかけに、社内においても改めてCRM活動への注目が集まっておりますので、全社一丸となって様々な方面からお客様のお困り事を解消しながらより良いサービス作りを行ってまいります。

VOCを事業展開の軸に置くモデル
株式会社東名

■ 事業概要

当社グループは設立以来、一貫して中小企業・個人事業主向けに通信インフラおよび関連サービスを提供しております。ビジネスは、基幹となる通信インフラの整備なくしては始まりません。現在は中小企業を支えるインターネット回線「オフィス光119」と電力小売事業「オフィスでんき119」の 主要サービスを軸に「オフィス・店舗周りの課題を解決するサービス」を幅広く提供しております。

オフィス光119事業：光コラボレーション「オフィス光119」は、ＮＴＴが提供している光回線の速度・品質はそのままに、お客さまのニーズに合わせて高い付加価値を与え、リーズナブルにご利用いただけるサービスです。

会社概要	
社名	株式会社東名
英文団体名	TOUMEI CO.,LTD
創立年月日	1997年12月12日
本社所在地	〒510-0001
	三重県四日市市八田二丁目1番39号
	電話 059-330-2151
代表取締役会長	山本 文彦
代表取締役社長	日比野 直人
従業員数	512人
事業内容	オフィス光119事業、オフィスでんき119
	事業・オフィスソリューション事業
URL	https://www.toumei.co.jp/

オフィスでんき119事業：電力小売販売「オフィスでんき119」は一般送配電事業者の送配電網を利用して電力を供給するため、品質はそのままに安心してご利用いただけるサービスです。

インターネットに接続される情報端末機器の販売をはじめ、エコロジー商材の提供やWebサイト制作、機器トラブルからコスト削減のお手伝いまでワンストップで対応しています。

| ビジネスモデル

■ 当社と顧客中心主義の関係

　全体売上の内、ストック売上比率が89.9%を占めている為、自社顧客の「属性・痛点（ペイン）を理解し、解消を通して満足度を向上させること」がサービス・企業へのロイヤリティ醸成へ繋がり当社の成長に繋がります。

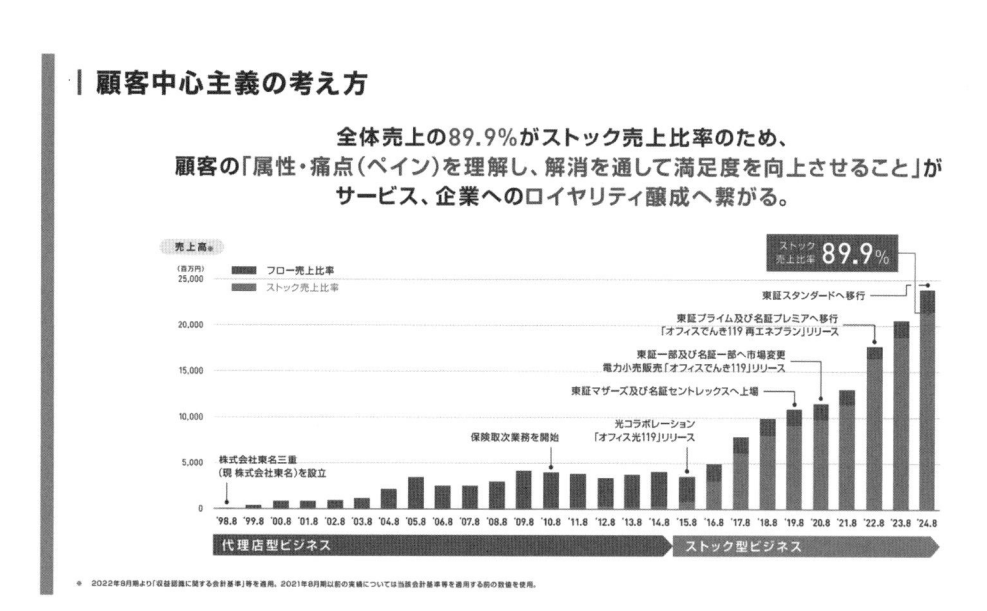

❘ 顧客中心主義の考え方

全体売上の89.9%がストック売上比率のため、
顧客の「属性・痛点（ペイン）を理解し、解消を通して満足度を向上させること」が
サービス、企業へのロイヤリティ醸成へ繋がる。

＊ 2022年8月期より「収益認識に関する会計基準」等を適用。2021年8月期以前の実績については当該会計基準等を適用する前の数値を使用。

■ 当社サービス提供のターゲットと顧客理解

　日本全国の中小企業を対象とし、各専任者がおらずに「業務改善やトラブル解消が進まない」という課題に対して弊社が様々な支援を行うことで、「お客様が本業に専念できる環境の構築」を目指しております。

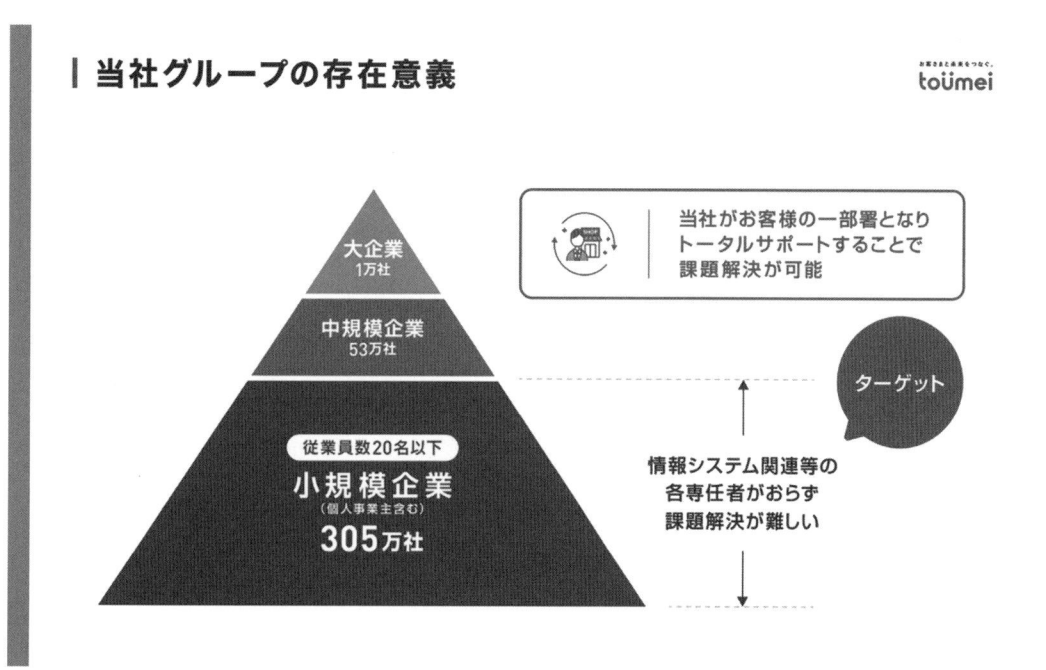

❘ 当社グループの存在意義

toümei

自社の光回線サービスである「オフィス光119」は、ビジネスに安心して使える光回線として主にオフィス・店舗での利用を中心にご利用いただいております。

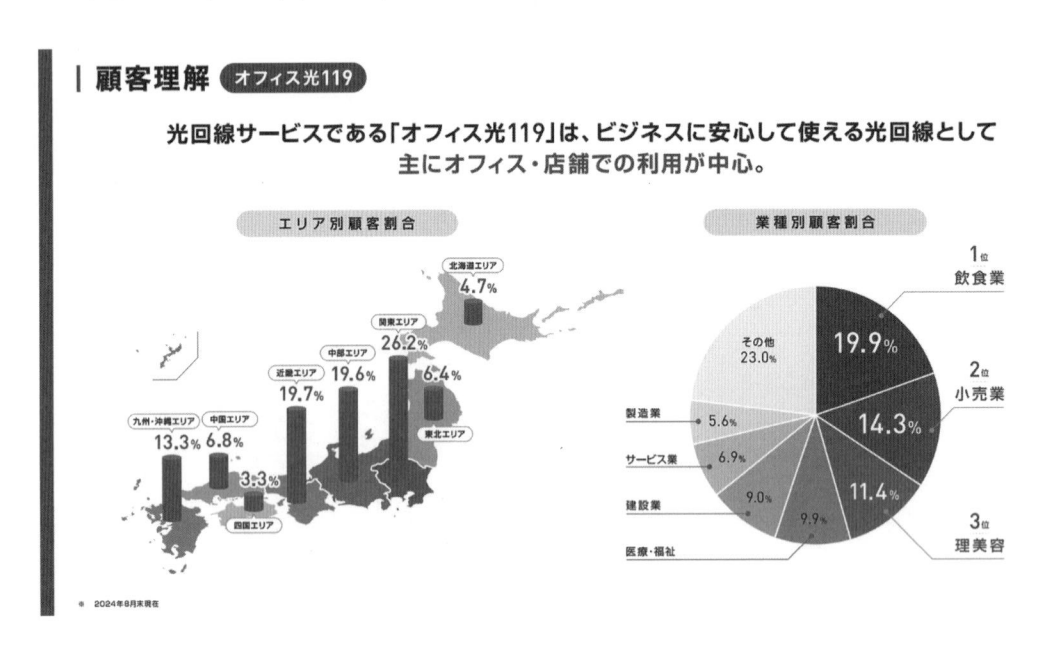

電力自由化サービスである「オフィスでんき119」に関しても、光回線同様に全国様々な業種のお客様にご利用いただいております。

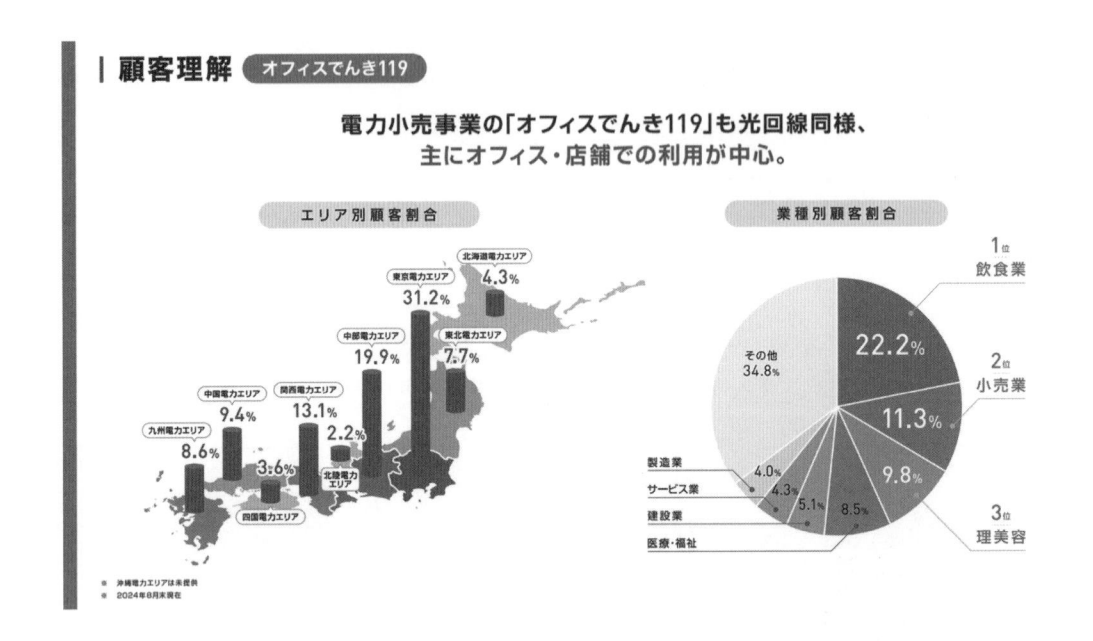

■ 当社におけるCRM活動の軸と顧客体験の向上施策

　顧客を理解し、痛点（ペイン）に対して適切な改善を行い顧客満足度を上げていく為に、当社ではサービスを利用する中での顧客体験（CX）の改善に着目して各施策を実行しております。

｜顧客痛点の理解と顧客体験向上施策 ①

顧客を理解し痛点（ペイン）に対して適切な改善をおこなうことで顧客満足度を向上させ、サービスを利用する中での顧客体験（CX）の改善に着目して各施策を実行。

| 顧客の声に耳を傾け痛点を解消 | 顧客体験（CX）の改善・向上 | 結果的にLTVの最大化 |

■ WEB明細サイト改修による請求処理の痛点解消

　当社顧客は中小企業が大半を占める為、複数拠点を契約いただいた際は請求のWEB明細が各契約ごとに個別に発行されており、管理・処理が煩雑だった。結果として、どこの拠点がどの請求か、IDはどれかといった請求に関する問合せがコールセンタの入電件数増加に繋がっておりました。

　そこで、個別に発行されているIDを１つのIDで管理できるように変更するために、当社のWEB明細サイトを大幅改修し、コールセンタへの問い合わせが多い項目・手続きに関しても顧客自身がWEBで手続き可能なUIを採用したことで、より迅速な対応が出来るようなりました。

　結果として、2023年6月〜2024年3月までの期間で請求関連問合せを中心に、コンタクトセンタへの着信件数の総数を大幅に減少させることに成功いたしました。

　また、副産物として1顧客あたりへの対応時間を確保することで顧客に対して当社の自社商材を提案する機会を増やすことができ、結果として総合窓口への入電者に対するアップセル・クロスセルの成果が対象期間で113.9%増加させることに繋がりました。

具体策①：WEB料金明細サイトの改修

具体策①：WEB料金明細サイトの改修

月間の問い合わせ総数を18,661件→10,000件_※まで削減。
1顧客あたりへの対応時間を確保したことで
アップセル・クロスセルの実績についても同時に113.9％と向上。

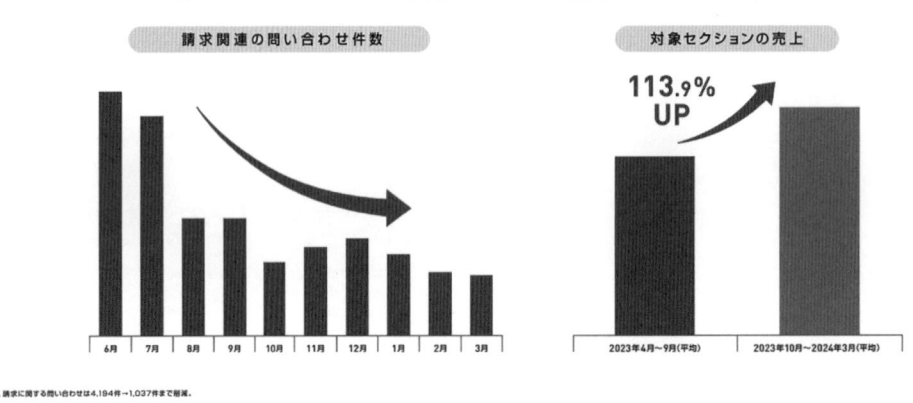

※　内、請求に関する問い合わせは4,194件→1,037件まで削減。

■ VoCを反映させた「痛点の解消に繋がる商材」の開発

　オフィス光119はＮＴＴ東・西日本のフレッツ光を卸受け、光コラボレーション事業として運営をしている為、ＮＴＴの光回線自体に障害が発生してしまった際は復旧までインターネット回線が繋がらない状態になり「顧客の業務に支障が出てしまう」という痛点を抱えていた。結果として、当社サービスへの不満に繋がってしまうことを防げずにおりました。

　そこで、当社が提供している光回線に何かしらの障害が発生して通信が途切れた際でもインターネットが途切れずに業務支障を発生させない為の商材を提供開始した。「オフィスあんしんコネクト119」のサービスに含まれる機器を設置することで、クラウドSIMの機能を用いて自動的に最も電波の強いモバイル通信で接続されるサービスをリリースいたしました。

｜具体策 ② : 痛点解消のサービスリリース

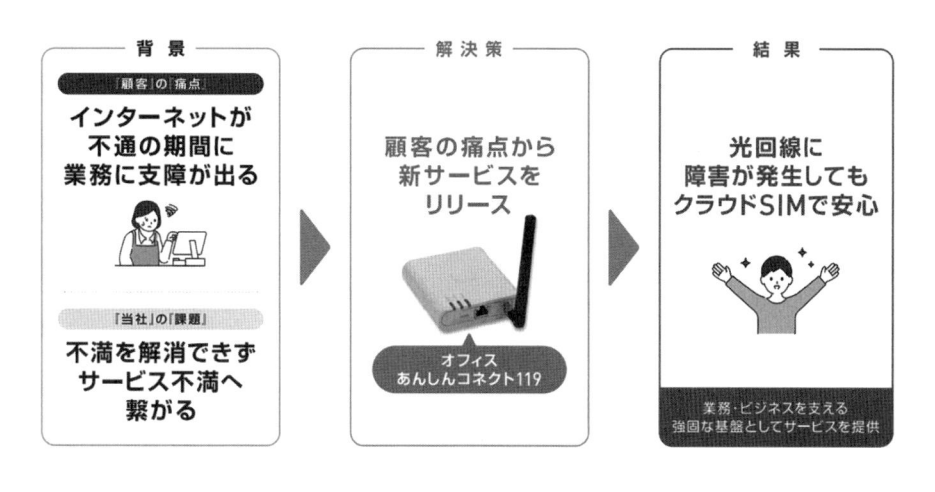

　結果として、導入企業からの光回線サービス解約は現在発生しておりませんが、サービスリリースから日が浅い為、引き続き契約者数を増加させながらサービス導入後の満足度・光回線のサービス継続率に関しても経過を追いながら実証してまいります。

■ アフターフォローコールによる解約率の低減

　弊社のオフィスでんき119ご契約者様においても、昨今の電力卸市場の不安定さの煽りを受けて、一般消費者に比べて契約件数・契約容量・使用量が多いため、契約見直しをした方が良いのではないか？という不安も継続しておりました。結果として、電気代高騰に対する不安が要因（痛点・ペイン）となり、オフィスでんき119の解約数・対保有解約率も増加傾向にありました。

　そこで、「電気代が高くなっており不安」という顧客の不安・ペインを解消する為に、アフターフォロー専属チームを発足させ、当社オフィスでんき119顧客全体に対して電力市場の卸価格動向や、国の施策である「激変緩和措置の実施」について１件ずつ丁寧に説明を行い、不安を解消する為の架電を実施いたしました。

　全体のうち、使用量・契約容量が多い顧客から架電を開始し、2023年4月〜2024年3月までの期間で合計24,081件、不安解消に繋がるアフターフォローの架電を実施いたしました。結果として「電気代が高くなっており不安」という不安・ペインを解消することができ、当社オフィスでんき119のサービス解約数・対保有解約率を低減する事に成功した。昨対の同四半期比で1.62%→1.17%と、昨対72%の解約率で抑える事が出来ました。

| 具体策 ③：リテンションフォローコールの実施

「電気代が高くなった」という不安・ペインを解消することで
「オフィスでんき119」のサービス解約数・対保有解約率を低減する事に成功。
昨対比で 1.78% → 1.17% と対保有解約率解約率も改善。

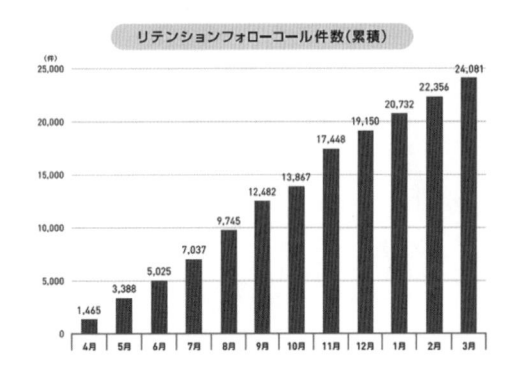

リテンションフォローコール件数（累積）

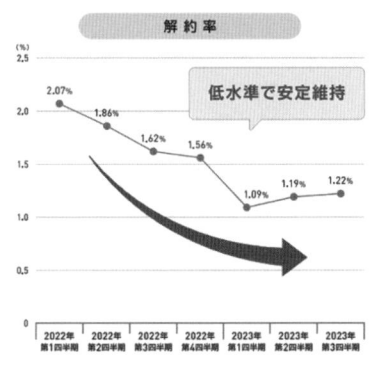

解 約 率

低水準で安定維持

■ 現状の課題と今後の展望

前述のとおり、お客様の課題になりうる項目について一つずつ対応を行っている状況ではありますが、今一度、弊社サービスのご利用者様に対しての顧客理解を深める必要があるという課題感を持っております。

今一度お客様の声をアンケートとして定期的に回収し、「何にお困りであるのか」を具体的にすることで、痛点の解像度を上げて施策を検討してまいります。また、拾い上げた痛点に関してアフターフォローコールを行うことで、より具体的な顧客体験の向上が出来ると考えております。

今後は、より一層顧客理解を深めつつ、サービス品質を改善しながら、お客様から選ばれ続けるサービス・企業を目指して、日々業務に取り組んでまいります。

| 顧客体験の向上に向けた今後の展望

改善POINT 01

**痛点を理解し
発生を防ぐ**

定期的な満足度調査を実施し
顧客の声・想いを数値化するとともに
カスタマージャーニーの
全体像を作成

改善POINT 02

**定期接触で
痛点を拾い上げ解消**

顧客からの需要に応じて
オフライン接点やデジタルチャネル
（WEBサイト・チャット・公式LINE）
を充実

改善POINT 03

**応対時の
顧客満足度向上**

コールセンターの業務改善を
おこない
応対品質を向上させるために
デジタル化を推進

■ 責任者コメント

株式会社東名
CR部
部長
川瀬　和宏

　この度、栄えある「2024　CRMベストプラクティス賞」を受賞することができ、カスタマーリレーション部の社員一同、大変うれしく思っております。今回が初の受賞となりましたが、次回も連続受賞ができるよう顧客中心主義を基点とした取り組みを継続していき、中小企業のお客様のお困り事を解決し続けられるよう取組んでまいります。

　現在、私は当社サービスをご利用中のお客様からの問い合わせを受けるコンタクトセンターと、サービスの解約を検討されているお客様に対して適切な提案を行い、長期的な継続利用を促進する部署て業務に従事しておりますので、引き続きお客様対応の第一線にてCRM活動を推進いたします。

■ 担当者コメント

株式会社東名
CR部
チームリーダー
髙橋　美帆

　この度は、このような栄えある賞をいただき、誠にありがとうございます。当社の受電センターでは、お客様からの痛点・お困り事の問い合わせを減らすために、さまざまな対策を考え、実行してまいりました。その過程で多くの失敗や困難がありましたが、今回の受賞を通じて、これまでの努力と成果が認められたと感じ、大変嬉しく思っております。

　今回表彰された企業の方々を拝見し共通しているのは、「お客様満足度はもちろんのこと、従業員満足度を大切にしていること」だと感じました。私たちも引き続きお客様満足度と従業員満足度の両方を大切にし、共に良好な関係構築をしていけるように、邁進してまいります。

トラスコ中山株式会社

Best Practice
of Customer Relationship Management

MRO製品の即納システムモデル

　当社は「人や社会のお役に立ててこそ事業であり、企業である」という企業理念のもと、事業活動を進めています。日本のモノづくりのお役に立つことが、私たちの一番の目的であり、使命です。「がんばれ！！日本のモノづくり」をコーポレートメッセージに掲げ、プロツールをモノづくり現場に供給する企業として、在庫、物流、カタログ・メディア、デジタルを活用し、サプライチェーン全体の利便性向上に努めています。

　この度受賞した「2024　CRMベストプラクティス賞」では、当社の取組みについて次のとおりご評価いただきました。CRM活動を通じて顧客の声を反映する姿勢は、顧客との信頼関係を深める重要な要素である。調達リードタイムゼロ、適正在庫維持というユーザーニーズに明確に応えている、置き薬の工具版サービス「MROストッカー」を導入し実績を残している。卸売業である同社が直接最終顧客と接点を持つことができ、過剰在庫を防ぎ、在庫管理や発送業務削減による脱炭素効果にも貢献することで企業の社会価値向上につながっている。

　本稿では、その取組みの内容をご紹介します。

トラスコ中山株式会社
上席執行役員 営業本部 本部長
山本　雅史

　この度は、「2024 CRMベストプラクティス賞」並びに「大星賞」という名誉ある賞を賜り、大変光栄に感じております。選考委員の皆様、一般社団法人 ＣＲＭ協議会関係者の皆々様に深く感謝申し上げます。

　弊社は1959年に機械工具卸売業 中山機工商会として創業しました。機械工具卸売業界の最後発企業として誕生し、業界最後発であるがゆえに、業界の枠にとらわれない商品構成を目指し、取扱商品、在庫アイテム数の拡大を進めてまいりました。
　弊社の取扱品であるプロツールは、モノづくり現場において副資材という立ち位置であり、製品に直接使われない消耗品や備品を指します。製品には直接使われませんが、必要な時に必要なモノが届かなければ、生産進捗に影響を与える存在です。弊社は、モノづくり現場に「必要なモノを」「必要な時に」「必要なだけ」お届けできるよう、在庫、物流、カタログ・メディア、デジタルを活用し、プロツールのサプライチェーン全体の利便性向上に努めています。

　今回の受賞では、2020年よりサービスを開始した、置き薬ならぬ置き工具「MROストッカー」をご評価いただきました。「MROストッカー」は日本で長年親しまれているビジネスモデル「置き薬」の工具版です。購買プロセスの短縮、在庫管理業務の軽減、納品頻度の削減といったメリットによりMRO商材調達の課題解決につながるサービスとして、モノづくり現場の効率化に貢献しています。

　私たちを取り巻く環境は、昨日までの常識がある日を境に非常識になることもあります。しかし、ビジネスの世界において商売の原理原則は不変であり、お客様にとって便利で助かる会社であり続けたいと考えています。そのような環境の中で、商品、物流、カタログ・メディア、デジタルを活用し、いつの時代もお役に立ち続ける企業を目指し、今回の受賞を励みに、これからも取り組んでまいります。

MRO製品の即納システムモデル

トラスコ中山株式会社

■ 事業概要

「人や社会のお役に立ててこそ事業であり、企業である」を企業のこころざしとし、日本のモノづくりのお役に立つことを使命としています。

「がんばれ!!日本のモノづくり」を企業メッセージとして掲げ、プロツール（工場用副資材）の供給を通じてモノづくり現場の利便性向上を図ることを考え、事業運営を行っています。必要な時に必要なものを必要なだけお届けすべく、全国28か所の物流拠点と61万種類に及ぶ豊富な在庫を持ち、即納体制を強化しています。また、お客様の利便性を追求した取組みを行ったことが評価され、DXグランプリ2020を受賞、2020年から３年連続DX銘柄に選定、継続してDXに取り組んでいる企業として、2023年には「DXプラチナ企業2023-2025」に選定されました。

会社概要	
社名	トラスコ株式会社
英文団体名	TRUSCO NAKAYAMA CORPORATION
創立年月日	1959年5月15日
本社所在地	〒105-0004
	東京都港区新橋四丁目28番1号
	トラスコフィオリートビル
	電話 03-3433-9830
代表取締役	中山　哲也
従業員数	約3,000人
事業内容	工場用副資材（プロツール）の卸売業及び
	自社ブランドTRUSCOの企画開発を行う
URL	https://www.trusco.co.jp/

■ 取扱商材

工場や建設現場といったモノづくり現場でプロに必要とされる作業工具、測定工具、切削工具をはじめ、あらゆる工場用副資材（プロツール）を取揃え、在庫保有することで、日本のモノづくり現場の即納ニーズに的確にお応えする体制を整えています。

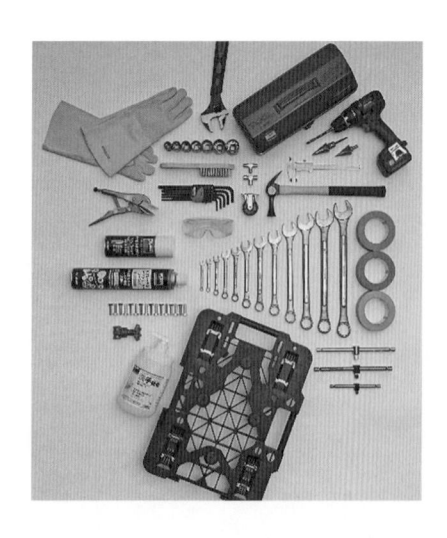

取扱商品の売上高と構成比

		構成比	売上高		
1	切削工具	3.1%	83億24百万円 (+8.0%)	切削工具 穴あけ工具 ネジきり工具	切削工具／チップ／ネジきり工具
2	生産加工用品	7.4%	197億31百万円 (+10.1%)	測定計測 メカトロニクス 工作機工具、など	ノギス／はかり／三次元測定機
3	工事用品	11.6%	310億84百万円 (+9.7%)	油圧工具 溶接用品 土木建築、など	投光器／発電機／溶接面
4	作業用品	19.2%	513億85百万円 (+9.9%)	切断用品 研削・研磨用品 化学製品、など	切断砥石／研磨用品／切削油
5	ハンドツール	16.9%	450億67百万円 (+12.2%)	電動工具用品 空圧工具用品 手作業工具、など	ドライバー／ハンマー／ペンチ
6	環境安全用品	18.0%	480億85百万円 (+8.2%)	保護具、安全用品 環境改善用品 冷暖房用品、など	スポットエアコン／安全靴／作業用手袋
7	物流保管用品	10.4%	278億23百万円 (+2.7%)	荷役用品 運搬用品 コンテナ、など	コンテナ／コンベア／運搬台車
8	研究管理用品	4.0%	106億82百万円 (+3.6%)	ツールワゴン 保管・管理用品 作業台、など	キャビネット／作業台／ワゴン
9	オフィス住設用品	8.6%	231億11百万円 (+8.4%)	清掃用品 オフィス雑貨 OA事務用機器、など	事務用デスク／オフィス備品／業務用掃除機
10	その他	0.8%	21億80百万円 (+21.6%)		

■ ビジネスフロー

　当社は、プロツールを仕入先様から仕入れ、機械工具商様やネット通販企業様、ホームセンター様などの販売店様（小売業）へ販売する卸売業です。卸（問屋）に徹し、プロツールを日本中のモノづくり現場へ、早くスムーズに、確実にお届けするために販売店様・仕入先様及びユーザー様の利便性を向上させる独自のビジネスモデルを構築しています。販売店様、仕入先様は当社の持つ在庫・物流をはじめとした経営資源をお客様の特性や業態に適した方法でビジネスに活用することができます。当社1社とお取引をするだけで仕入先様は5,600社を超える販売店様へ販売することができるだけでなく、商品データ連携や、在庫保有、カタログ掲載など幅広い販売支援サービスを受けることができます。販売店様は3,600社を超える仕入先様の商品を一元調達できるだけでなく、即日配送、ユーザー様直送サービスなどの機能を活用でき、自社のビジネスを拡大することができます。

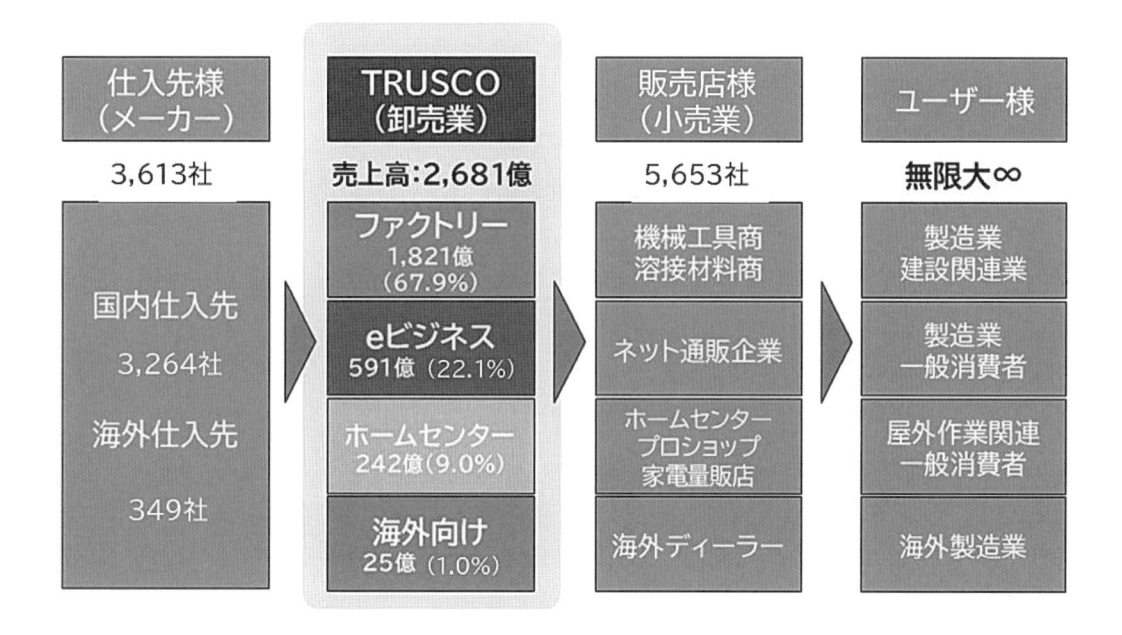

■ 事業戦略

① 　在庫戦略
　　当社では、お客様に「トラスコならある」と常に思っていただくため、独自の発想から生まれた在庫哲学「中山式在庫の方程式」があります。
　　在庫哲学「中山式在庫の方程式」の基、同機能、類似品や出荷頻度の低いロングテール商品、管理や配送が難しい「物流難品（ぶつりゅうなんぴん）」も在庫化を進めてきました。その結果、現在の在庫アイテム数は61万アイテムを超えています。また、当社では「ご注文のうちどれだけ在庫から出荷できたか」を表す在庫出荷率がサービスの最大のバロメーターと考えており、在庫出荷率は92.1%（2023年12月末時点）となっています。

▌中山式在庫の方程式

「在庫はあると売れる」	売れているから在庫を置くのではなく、お客様が必要とするであろう商品を先行して在庫しているからこそご注文をいただけると考えます。

「在庫出荷率を重視」	「ご注文のうちどれだけ在庫から出荷できたか」を表す在庫出荷率がサービスの最大のバロメーターと考えています。
「在庫は成長のエネルギー」	ネット通販企業様との取引拡大や、受注処理にかかる手間の軽減による従業員の残業削減など、企業成長の原動力になっています。

② カタログ・メディア戦略

　当社では、モノづくり現場で必要とされるあらゆるプロツールを掲載している、モノづくり大辞典「トラスコ　オレンジブック」を毎年発刊しています。また、価格や全国の在庫照会が可能な工場・作業現場のプロツール総合サイト「トラスコ　オレンジブック.Com」には440万アイテムを超える商品を掲載しています。モノづくり現場で求められるカタログ・メディアは時代とともに多様化しています。オンラインではない現場や品番不明商品の検索など状況は様々です。当社はどのような状況でも対応できるように、最も利便性の高いツールの提供を目指しています。

製造現場にて圧倒的知名度を誇る紙カタログとWEBサイト

③ 物流戦略

　当社は、国内拠点89か所、うち物流センター28か所に61万アイテムを超える在庫アイテムを保有しています。日本全国への事業所展開により、地場のモノづくりニーズに営業と物流でお応えしています。また、近年は人手不足による業務効率化を背景に、卸（問屋）である当社から、製造現場のユーザー様へ商品を直送する「ユーチョク」（ユーザー様直送）の対応も行っており、即納ニーズにお応えしています。

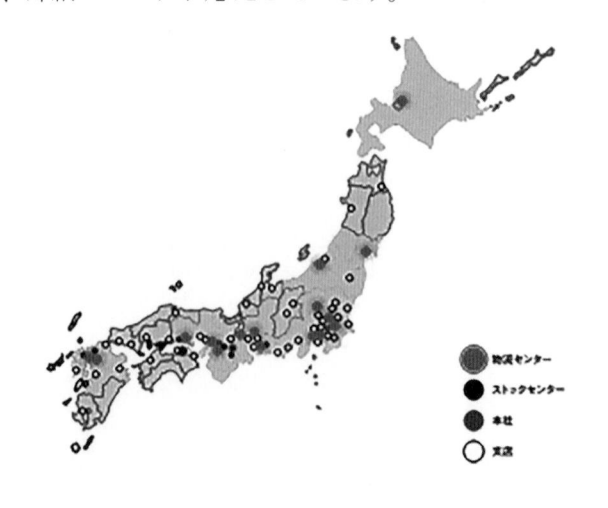

■ 置き薬ならぬ置き工具「MROストッカー」概要

　「MROストッカー」は、日本で長年親しまれているビジネスモデル「置き薬」の工具版サービスです。ユーザー様の敷地内に当社の資産として商品を設置し、モノづくり現場に必要な商品がすぐに利用できる、究極の即納を実現します。「MROストッカー」導入により、緊急で必要なMRO商材の在庫不足による急ぎの注文が減るため、無駄な配送作業や梱包資材の削減につながり、脱炭素社会の実現に貢献できる調達手段を提供できます。

　「MROストッカー」の導入により、以下の3つの"0"（ゼロ）を実現します。

① 常備品の在庫管理・棚卸が不要になり、必要な商品を委託いただくことで管理コスト0円

② 都度発注している商品を定番ストックしていただくことで納期0分

③ 部署間での重複発注など不必要な発注が無くなることで、ムダ買い0個

専用アプリで商品の購入が可能

　当社が約3,600社の仕入先様から仕入れた商品の中からユーザー様と「MROストッカー」に在庫する商品を選定します。ユーザー様は購入した商品をそのままご使用いただけるため、究極の即納「リードタイム0」を実現することができます。また、購入データは自動的にシステム連携され補充分の商品は自動的に販売店様（小売業）に納品され、販売店様の手によって「MROストッカー」に補充されます。

　そのため、ユーザー様は在庫管理・発注業務が不要となり、必要な時に必要な商品を購入することができるようになります。さらに、当社の資産として商品を設置していることから、年に1回、当社が棚卸を実施し在庫数の確認を行っています。これによりユーザー様は棚卸資産管理業務からも解放されます。

■ 間接材調達の課題

　製造現場のユーザー様の調達商材は直接製品生産につながる原材料や部品の「直接材」と、直接製品に使われない消耗品や備品の「間接材」があります。「直接材」は、製品に直接使われるため仕組化して厳密に管理している会社が多い一方、当社取扱品である「間接材」は種類や用途が多岐に渡り、コストの全体像や重要性が認識しにくいといった特徴があります。また、間接材は調達額が少ないにもかかわらず、細かいものが多く、手間がかかっています。

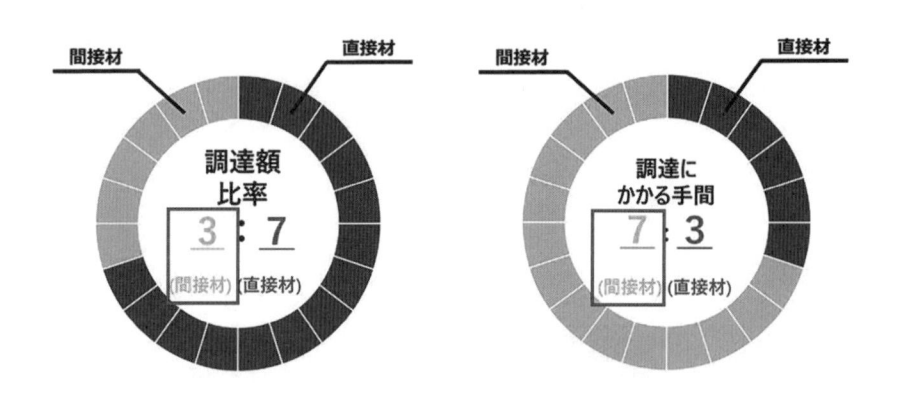

<課題①>購買プロセスコストの発生

　一般的に、購買プロセスには要求〜発注〜納品〜決済と16工程のプロセスが発生します。種類や用途が多岐に渡る「間接材」も都度16工程の購買プロセスが発生し、人件費に換算すると、1回の発注で約2,500円と商品価格以外にも見えないコストが発生しています。

<課題②>外部環境の変化

　近年、物流2024年問題、政治的リスク、自然災害の多発といった外部環境の変化によるサプライチェーンの乱れにより、安定的な供給が保証できなくなっています。当社の取扱品である「間接材」も欠品することにより生産ラインの停止など生産計画を遅延させる一要因になりうるため、安定供給の要望が高まっています。

<課題③>在庫管理コストの発生

　外部環境の変化に対しては、各製造現場で在庫を持つことが解決策になりますが、在庫購入の支払、在庫補充の手間、棚卸といった在庫を持つことによるコストが発生します。

■ 取組み内容・結果

　置き薬ならぬ置き工具「MROストッカー」は、間接材調達における課題解決サービスとして、2020年よりサービスを開始しました。製造現場のユーザー様よりご指定の販売店様（小売業）を通して、工場内の「MROストッカー」に、ユーザー様が希望される消耗品を当社の在庫として置かせていただきます。ユーザー様はご利用時に専用アプリで商品のバーコードをスキャンいただくだけで、すぐに商品をご利用いただけます。

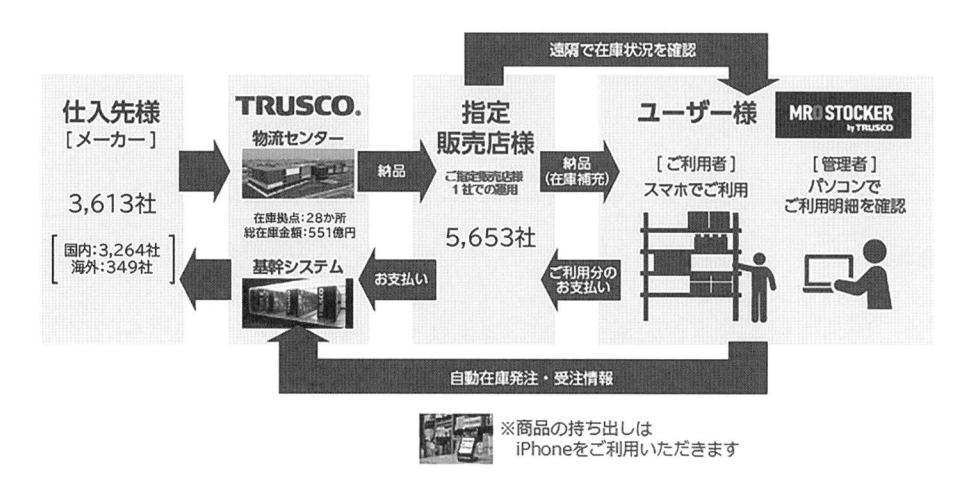

　導入件数は、1,414件（2024年12月末時点）となり、多種多様な製造現場でご利用いただいております。2025年の導入件数は1,600件、年間売上高は8億円を見込んでいます。

〈導入事例〉

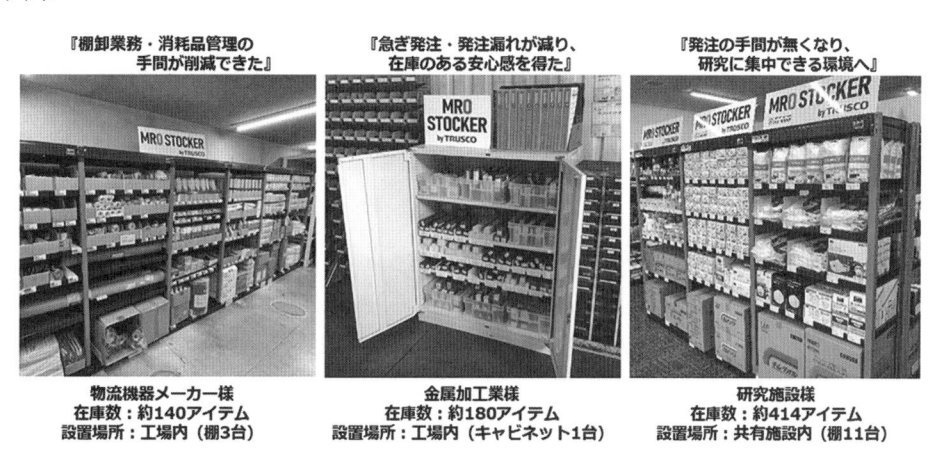

　卸売業である当社は、これまで直接ユーザー様と接点がなく、ユーザー様の声は販売店様（小売業）経由でしか得ることができませんでした。しかし、「MROストッカー」を推進することで、ユーザー様と直接繋がることができるため、リアルなご要望をお伺いすることができます。また、新規商材の取扱いや自社ブランドTRUSCOの企画開発など売上高以上のポジティブな効果が会社全体に生まれています。

ユーザー名	業種	事例
A社 （お困りごとの相談事例）	自動車部品製造	別作の切削工具で運用がうまくいっていない相談を頂く 切替提案を行い、MROストッカーで運用
B社 （ユーザーの声をシステムに反映）	鉄道事業者	鉄道車両整備に必要な消耗品の購買データを取得し、 実験段階から関与が出来た。 予実管理機能の要望を頂き、現在改修中。
C社 （新しい試み・会社対会社の繋がり）	貴金属製造	購買システムとの併用の要望を頂き、新しい試みを行った。 TV番組の出演もオファーし、会社対会社の取組へ発展。
D社 （ユーザーの声を仕入・商品に反映）	工作機械製造	MROストッカーだけでなく、 工場全体の消耗品集約プロジェクトが進行中 新しい仕入先開拓や新商品開発も進んでいる
F社 （ユーザーの経営課題解決に貢献）	車両製造 メンテナンス	先方の経営課題であった『在庫圧縮』のニーズに合致し、 消耗品集約が進む
G社 （異業種へのアプローチに活用）	医療機関	販売店の異業種に対しての新規開拓ツール として、MROストッカーが貢献した

■ 今後の展望

　これまで、「MROストッカー」の導入は製造業等のモノづくり現場が中心でしたが、今後は異業種（医療機関など）のユーザー様へも導入を進めてまいります。当社取扱商品には製造業に限らず、様々な業種で使用される間接材が多数含まれます。そして、間接材の調達において、在庫管理や発注に手間をかけたくない、使いたいときにすぐに使いたいというニーズはどの業種でも、共通のものとなっており、それらを実現する手段として「MROストッカー」を展開していきます。

　また、卸売業である当社は、今までは販売店様（小売業）への営業活動中心でしたが、「MROストッカー」をきっかけとしユーザー様との接点が増加しました。直接、ユーザー様と繋がることで、ユーザー様はどんなことを実現したいのか、どんなことで困っているのかという情報がダイレクトに我々の耳に入ってくるようになってきました。そのようなお声をもとに、新たな仕入先様の開拓や取扱商品の拡大、そして、次のユーザー様の課題を解決するサービスの構築を進めていきます。さらに、自社ブランドTRUSCOの開発においても、「MROストッカー」のサービスを活用することによりユーザー様からのお声をもとにブラッシュアップを継続的に行っていきます。

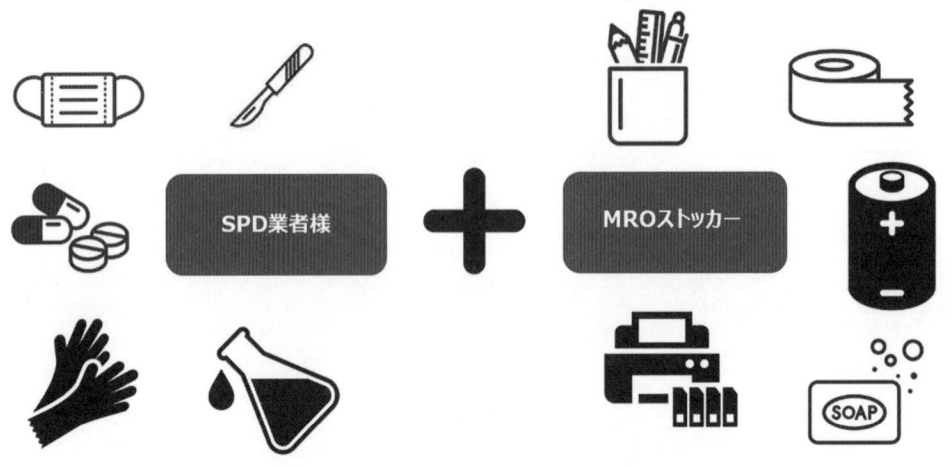

医療現場でのMROストッカー

SPD業者様＋MROストッカーで医療現場の消耗品を網羅可能

■ 責任者コメント

トラスコ中山株式会社
営業企画部
MROストッカー推進課
課長
上園　宏一

　私は「MROストッカー」サービスのコンセプトしか決まっていない構想段階から携わっており、サービスイン前から数えると、もう6年以上もこのサービスの開発と推進の仕事をしています。振り返ると、業界初のITを活用した置き薬モデルということでサービスをスタートさせましたが、当初はなかなか受け入れられず、足踏み状態で進まなかった時期もありました。しかしながら、全国のセールスの力を借り、リリースしてから5年で、ようやく1,400件のモノづくり現場で使って頂けるようなサービスまでに成長してまいりました。

　そうした中、今回「2024 CRMベストプラクティス賞」並びに「大星賞」という、顧客との好事例として表彰頂いた事を大変嬉しく思っております。今後は「MROストッカー」という顧客接点を存分に活用し、自社の営業の「当たり前」を変革。そして、最終顧客の声を聴き、トラスコ中山のサービスへ反映させることで、モノづくり現場の効率化に継続的に貢献してまいります。

■ 担当者コメント

トラスコ中山株式会社
営業企画部
MROストッカー推進課
主任
植木　美加

　私は、「MROストッカー」の推進部署としてサービスに関わる業務に約3年携わっています。

　活動の中で、備品の調達や在庫管理に対して課題を持たれている企業様が多くいらっしゃり、「MROストッカー」を通じてお客様の業務効率化に貢献出来ることにやりがいを感じておりました。今回「2024 CRMベストプラクティス賞」を「MROストッカー」にいただき、よりこのサービスをお客様の業務効率化の一役を担う仕組みにしていきたいと思っています。

　まだまだ軌道に乗り始めたばかりのサービスですので、「MROストッカー」を利用するユーザー様が不便に思うことや、「こうだったらいいのに」と望むことが多くあります。引き続き、利用者の声を大切に、「MROストッカー」がより日本のモノづくりに貢献できるように取り組んでいきます。

中日本高速道路株式会社

Best Practice
of Customer Relationship Management

計画通行止めによる快適利用モデル

　当社の企業理念には「安全を何よりも優先し、安心・快適な高速道路空間を24時間365日お届けする」を、そして、当社の基本姿勢の第一には「お客さま起点で考える」を掲げ、電話やメール等で寄せられる「お客さまの声」をサービスの充実や改善に活用しています。2023年度に受付けたお問合わせやご意見、ご要望、お褒めの総数は約34万件に上りました。これら一つひとつに真摯に向き合うとともに、顧客満足度調査やSNSの分析などからもお客さまのニーズを把握し、より安全で快適な高速道路空間の提供に努めております。

　この度受賞した「2024 CRMベストプラクティス賞」では、当社の取組みについて次のとおりご評価いただきました。
　"高速道路という重要な社会基盤を支える同社は、「お客さま起点で考える」を企業理念に掲げ、ステークホルダーの期待に応えることを基本姿勢としている。名二環集中工事では顧客の声（交通規制の周知不足、予期せぬ渋滞への苦情）に対し、車線規制の替わりにあえて昼夜連続の通行止め方式を採用して問題を解決している。これは、快適な利用環境の提供と安全性・利便性を向上させるうえで地域との連携を図る大掛かりな施策であり、実現へのご苦労が窺える。また、交通規制情報を多様なメディア（SNSを含む）を駆使して周知不足の解消に努めた点は、利用顧客への配慮が為された称賛される事例である。"

　本稿では、その取り組みの内容をご紹介します。

中日本高速道路株式会社
執行役員 名古屋支社長
前川　利聡

　この度は、輝かしく栄えある「2024 CRMベストプラクティス賞」を賜り、誠に光栄に思います。選考委員の皆様、また一般社団法人 ＣＲＭ協議会関係者の皆様へ心から御礼申し上げます。

　弊社は2005年10月に分割民営化された日本道路公団の業務の一部を承継し設立され、高速道路の建設及び管理運営（営業延長約2,183km）の他、サービスエリア事業（サービスエリア数205カ所）など、関連する様々な事業を行っています。高速道路は、人々の生活に深く根ざし、永く将来にわたり我が国の文化・産業の発展に寄与する重要な社会基盤であると考えています。「安全を何よりも優先し、安心・快適な高速道路空間を24時間・365日お届けする」という企業理念の更なる高みを目指し、「お客さま起点で考える」ことを基本姿勢の第一に掲げて、安全性と利便性、サービスの向上に努めております。

　今回の受賞では、従来の車線規制方式による集中工事から昼夜連続の通行止め方式を採用することで、集中工事におけるお客さまの声への対応をご評価いただきました。弊社では、高速道路ネットワークを健全な状態で次世代に引き継ぐために、高速道路リニューアルプロジェクトによる老朽化対策を進めております。今回の取組では、SNSを含む多様なメディアを活用しながらお客さまへの情報提供の徹底に務めることで、従来の交通規制方式を改善することができました。当社のサービスに対するお客さまの声は様々ですが、社員一人ひとりがお客さまの声に対して真摯に向き合い、日々の地道な取組みとPDCAの繰り返しが今回の受賞に繋がったことを大変嬉しく思います。

　経営環境は刻一刻と変わり先行きも不透明な時代の中、期待されるサービスやその水準も変化します。その様な状況をしっかり捉え、社員一人ひとりが感度を高めるとともに、時代に即して進化し続ける姿勢が大事だと考えています。今回の受賞を励みに、これからも「お客さまの声」一つひとつを大切にし、サービスの充実や改善に活用することで、安全で安心・快適な高速道路空間をお届けできるように取り組んでまいります。

計画通行止めによる快適利用モデル

中日本高速道路株式会社

■ 事業概要

　当社は、2005年10月に分割民営化された日本道路公団の業務の一部を承継し、他の高速道路会社及び独立行政法人日本高速道路保有・債務返済機構とともに設立されました。高速道路の新設、改築、維持、修繕その他の管理を効率的に行うこと等により、道路交通の円滑化を図り、もって国民経済の健全な発展と国民生活向上に寄与することを目的としています。

会社概要	
社名	中日本高速道路株式会社
英文団体名	Central Nippon Expressway Co.,Ltd
創立年月日	2005年10月1日
本社所在地	〒460-0003
	愛知県名古屋市中区錦2-18-19
	電話 052-222-1620
代表取締役	縄田　正
従業員数	約2,300人
事業内容	高速道路の新設、改築、維持、修繕など
URL	https://www.c-nexco.co.jp

■ 企業理念・私たちの役割

　私たちは、安全を何よりも優先し、安心・快適な高速道路空間を24時間365日お届けするとともに、高速道路ネットワークの効果を、次世代に繋がる新たな価値へ拡げることにより、地域の活性化と暮らしの向上、日本の社会・経済の成長、世界の持続可能な発展に貢献し続けます。

■ 私たちの基本姿勢

　私たちは、「6つの基本姿勢」の実践を通じてNEXCO中日本グループの企業価値を高め、ステークホルダーの皆さまの期待に応えます。

1　お客さま起点で考える　　2　現場に立って考え行動する
3　経験と知見を結集する　　4　効率性を追求する
5　時代に即して進化し続ける　6　社会の課題と向き合う

■ CRM活動について

　当社では、「お客さま起点で考える」の基本姿勢を徹底するため、苦情対応についての品質マネジメントの国際規格であるISO10002に適合した規定を定め、お客さま対応のシステムを構築し、定めた規定を遵守し、次に掲げる事項を約束し、お客さまのお申し出に迅速・適切・誠実に応対することを宣言します。

〈中日本高速道路株式会社お客さま応対方針〉
1　会社全体でお客さま応対に積極的に取り組みます。
2　お客さま応対プロセスの手順を明確化することで効率的なお客さま応対に取り組みます。
3　お客さまからのご意見・ご要望を、サービスおよび品質並びにお客さま応対プロセスの改善に活用します。
4　お客さま応対プロセスの維持及び改善のために社内の整備や社員等の研修の充実を図ります。
5　関係法令を遵守します。
6　お客さま応対の結果について、積極的に公開します。

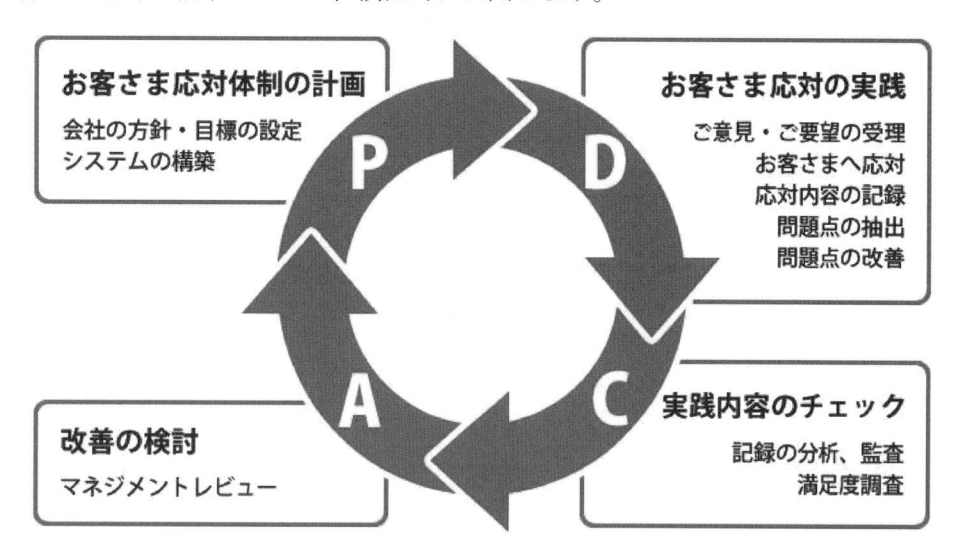

図1　ISO10002のPDCAサイクル

■ お客さまの声の応対について

　当社はお客さまの窓口としてフリーダイヤルのコールセンターを24時間365日運営しており、応対記録をシステムでデータベース化し、下図のとおり事業施策に反映させています。
　※2023年度に受付したお客さまの声は約34万件です。

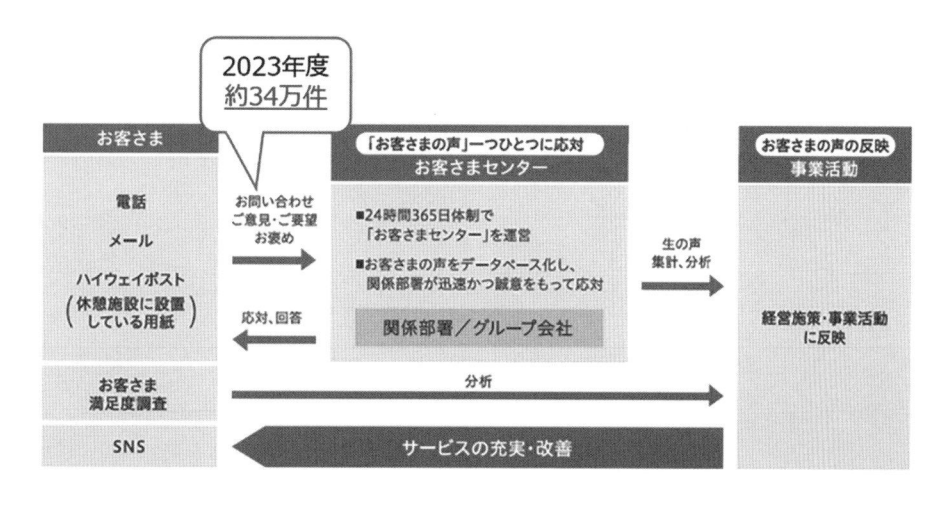

図2　お客さまの応対システム

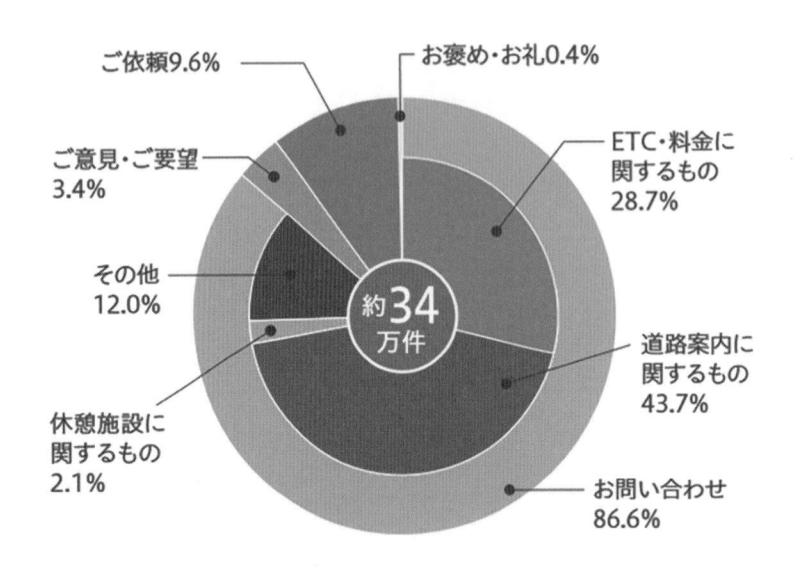

図3 お客さまの声の内訳（2023年度）

■ 新たな集中工事の規制方式の実現の取り組みについて

　当社では高速道路に必要な補修改良工事を短期間に集中させ、交通規制の回数を減らして渋滞の削減を図るなど、お客さまへの影響を最小限にする施策を実施しながら集中工事を実施しています。これまでの集中工事では昼夜連続・車線規制方式を採用してきましたが、名古屋第二環状自動車道（名二環）における工事では高速道路ネットワークを活用した迂回を強く推奨することでお客さまや渋滞等の社会に与える影響を更に小さくできると考え、2023年の集中工事から以下の効果を狙って昼夜連続・通行止め方式を導入しました。

① 効率的な施工による工事期間の短縮
② 車線規制に伴う交通事故発生リスクの低減
③ お客さまや作業員の安全性向上
④ 交通事故による予期せぬ通行止めやお客さま車両が長時間停滞することを回避

図4 昼夜連続・車線規制による工事状況
（2022年度名二環集中工事）

図5 昼夜連続・通行止めによる工事状況
（2023年度名二環集中工事）

■ 実現するために注力した点

① 広報活動

　初の昼夜連続・通行止め方式での集中工事でお客さまが混乱することを避けるため、多様な広報手段を駆使して広報活動を実施しました。名二環集中工事の専用ウェブサイトを公開し、交通規制計画や迂回路の道路状況などお客さまに必要な情報を日々更新して提供するとともに、他の媒体でもテレビCM、ポスター、リーフレット、インターネット広告、X（旧ツイッター）などで工事日時・場所・迂回路などをお知らせしました。X（旧ツイッター）では、工事中の迂回路の所要時間の提供や、通行止め区間内で実施している工事状況を写真で発信し、お客さまに事業へのご理解を訴えました。

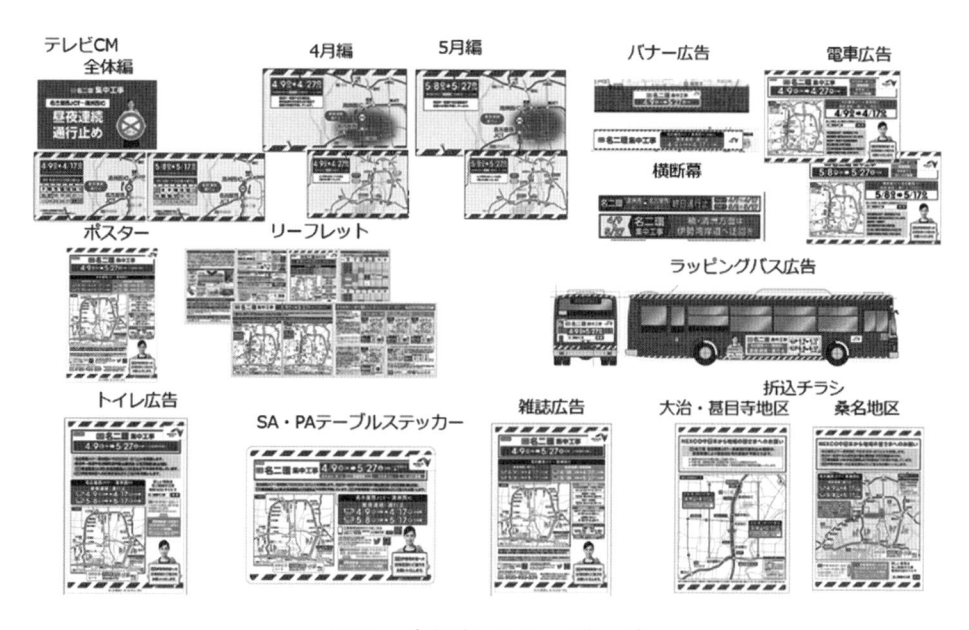

図6　広報物イメージ一覧

図7　Xによる情報発信

② 推奨ルートへの迂回促進

　所定の迂回路をご利用いただいた場合には、工事区間を直通走行した場合の通行料金よりも高くならないよう通行料金の調整を実施しました。また、主たる迂回路となる並行国道や名古屋高速道路へ交通が集中することを回避するために、推奨迂回路の走行を条件としたスマホアプリを活用した迂回キャンペーンの実施や、専用ウェブサイトおよびXでの所要時間案内など実施することで、交通の分散を図りました。

図8　通行料金の調整及び迂回キャンペーン

③ 高速道路の近隣住人の安全対策

　集中工事期間中には、高速道路をご利用されるお客さまだけではなく、周辺にお住まいのみなさまへのご迷惑を最小限とするための取組も実施しました。通行止め区間を迂回した車両が並行する国道から生活道路へと流入することが想定されたため、工事期間中には立て看板や交通誘導員を集中的に配置し、生活道路への流入抑制を図りました。

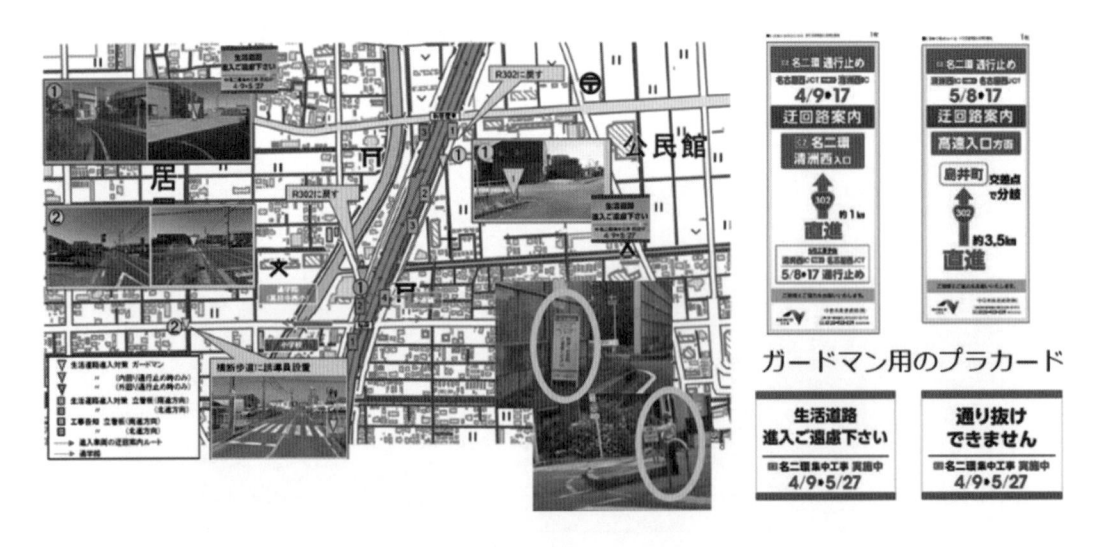

図9　立て看板・交通誘導員　配置計画（一部抜粋）

■ 活動の成果

① お客さまの声の反応

　図10に集中工事に関するご意見（苦情）の推移を示します。車線規制方式で実施した2022年度と比較して、昼夜連続・通行止め方式で実施した2023年度、2024年度は、交通規制・作業内容に関するご意見（苦情）の件数が減少していることが見て取れます。また、事前広報や料金制度に関するご意見（苦情）は初めて通行止めを実施した2023年度増加していますが、2024年度には減少しています。なお、2023年度、2024年度ともに沿線にお住いの方々からの迂回車両に対する苦情はありませんでした。

　図11に集中工事に関するお問合せ件数の推移を示します。初めて昼夜連続・通行止めを実施した2023年度は渋滞予測・道路規制予定や道路状況についてのお問い合わせが増加しておりますが、2024年度は全体的にお問い合せ件数が減少していることが見て取れます。この結果からも2年目の昼夜連続・通行止めであったこと、各種媒体で工事広報を継続して実施したことからお問い合わせ件数が減る結果につながったと読み取れます。

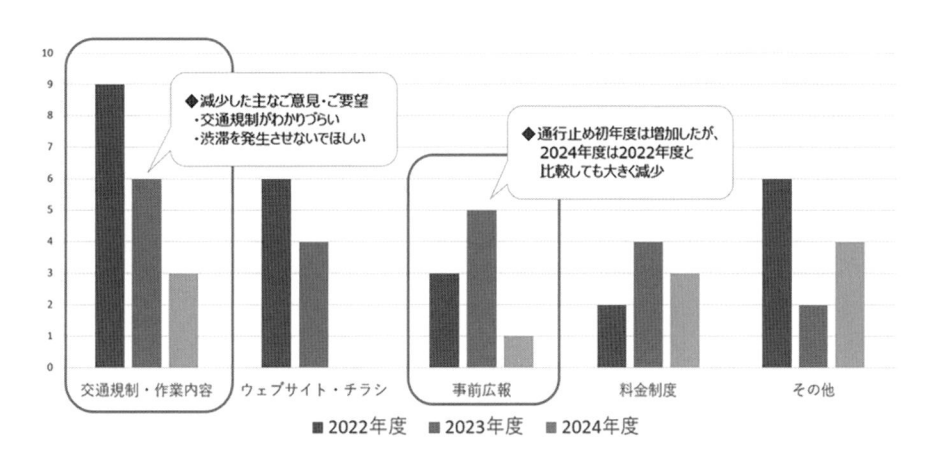

図10　集中工事に関するご意見（苦情）の推移

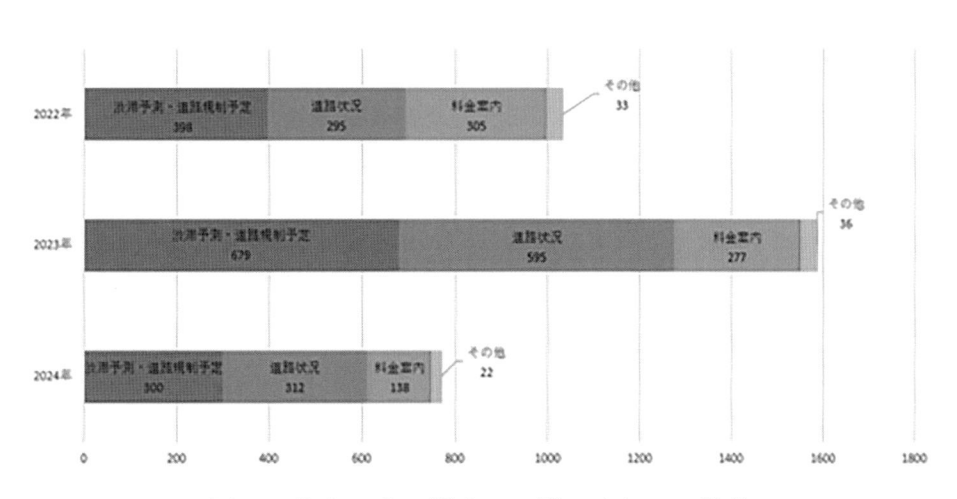

図11　集中工事に関するお問い合わせの推移

② 工事後のアンケート調査

　図12に2023年度の工事終了後に実施したウェブアンケート調査結果を示します。図は、通行止めの認知度を示しています。8割のお客さまが通行止めを認知しており、特に業務で利用されるお客さまは9割近い方が通行止めを認知していたことが見て取れます。

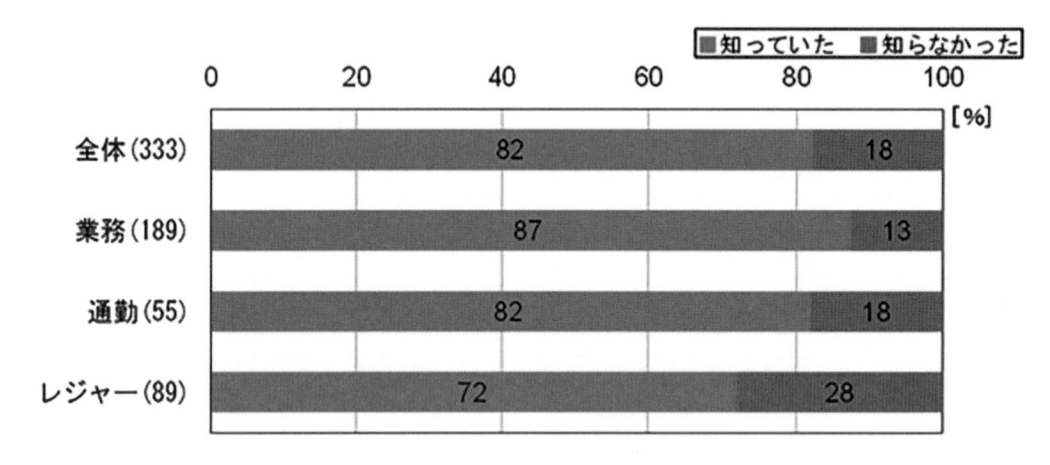

図12　通行止め認知率（工事期間内の名二環利用予定者（利用者含む））

③ Xによる情報発信への反応

　図13に名二環集中工事期間中のXによる情報発信のリポスト（拡散）回数を示します。当社の発信回数は合計85回でしたが、リポスト（拡散）回数は1,405回とXを活用した情報発信が有効であると読み取れます。

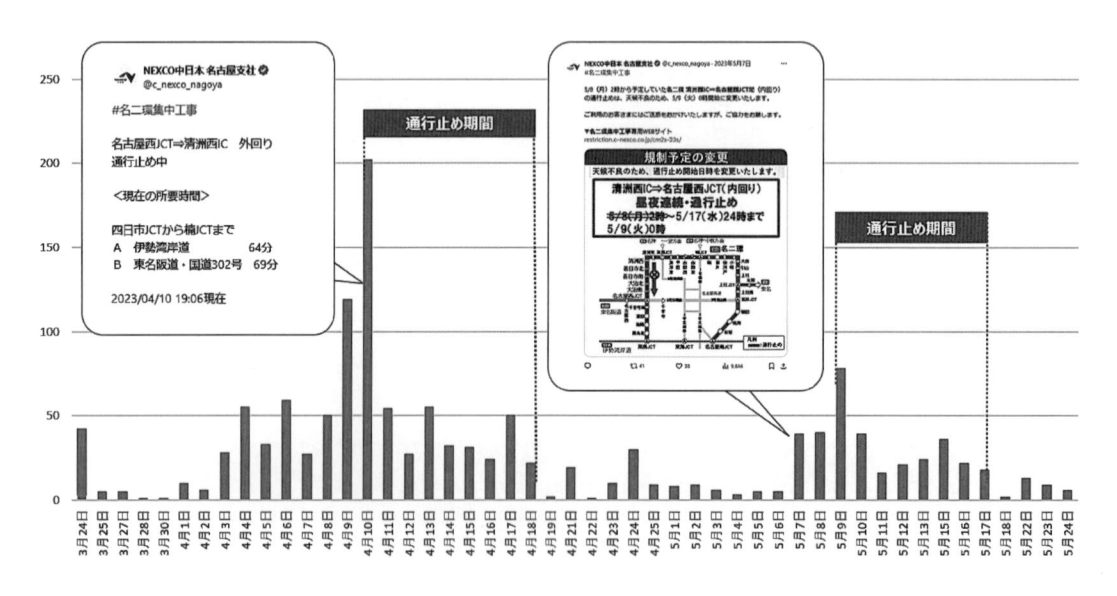

図13　名二環集中工事 Xによる情報発信のリポスト（拡散）回数（日別）

　図14に2022年度と2023年度の渋滞量の比較を示します。渋滞量は渋滞の規模を示す指標であり、昼夜連続・通行止めで実施した2023年度の渋滞量は2022年度と比較して約7割減少しており、渋滞が減少したことが読み取れます。また、図15に工事期間中の交通事故件数の比較を示しています。交通事故の件数も4件減少したことが見て取れます。

　図16に規制日数の削減効果の試算結果を示します。図は2022年度の昼夜連続・車線規制で実施した施工数量を2023年度の通行止めの施工実績を踏まえて試算した結果を示しています。通行止め方式は、車線規制と比較して効率的な施工が可能となることから、規制日数が約3割削減できると試算されます。

　また、工事に従事する作業員の方からも「安全に作業することができた」などのご意見をいただくことができました。

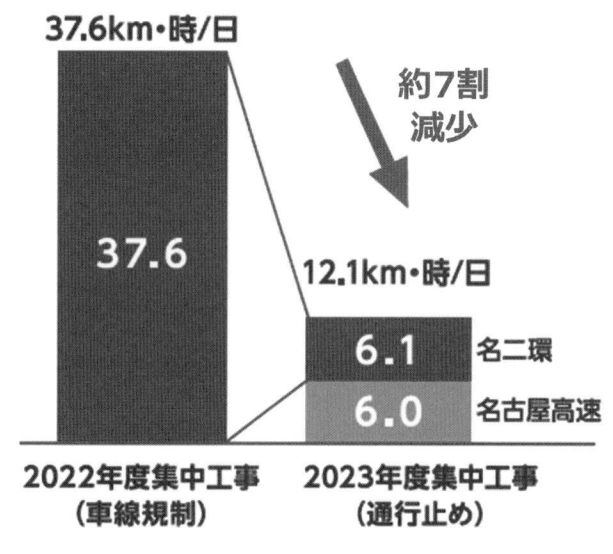

図14　1日あたりの渋滞量の比較

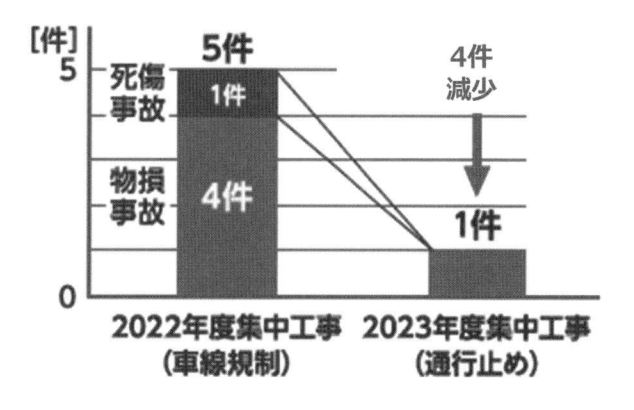

図15　交通事故の発生件数
（NEXCO中日本調べ）

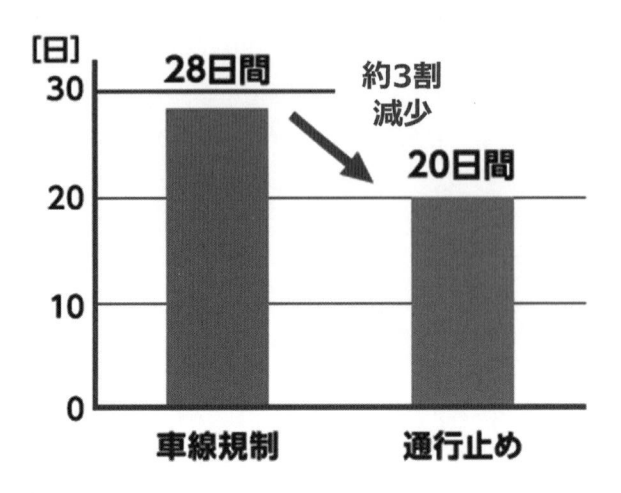

図16　規制日数の削減効果の試算

■ 責任者コメント

中日本高速道路株式会社
名古屋支社
保全・サービス事業部
企画統括課
課長
山邉　恵太

　このたび、「2024 CRMベストプラクティス賞」を受賞できましたことを、大変嬉しく思います。今回の受賞は、お客さまからのご意見を積極的に取り入れながら、集中工事やリニューアル工事といった大規模工事を円滑に進めるための計画策定や実施に取り組んできた成果が評価されたものです。当社では、高速道路をご利用いただくお客さまに、安全で安心・快適な道路空間を提供することを最優先に考えております。一方で、工事による渋滞など一時的なご不便をおかけする場合もあることを真摯に受け止め、少しでもご負担を軽減できるよう努めてまいりました。その中で、お客さまの声を反映した改善を繰り返すことが、今回の受賞に繋がったと考えております。今後も、さらなる改善と工夫を重ね、お客さまに信頼いただける高速道路を提供できるよう引き続き取り組んでまいりますので、どうぞよろしくお願いいたします。

■ 担当者コメント

中日本高速道路株式会社
名古屋支社
保全・サービス事業部
企画統括課
課長代理
立松　和憲

　このたび、「2024 CRMベストプラクティス賞」を受賞できましたことを、大変光栄に思います。私は、これまで3年間にわたり、集中工事やリニューアル工事などの大規模工事における実施時期や規制方法、広報計画の策定に携わってまいりました。その中で、お客さまからのご意見をもとに改善を重ねながら取り組んできた成果が、今回の受賞につながったと感じており、うれしく思っております。

　高速道路の工事は、渋滞などでお客さまにご不便をおかけすることもありますが、安全な高速道路を維持するためには欠かせないものです。これからも、お客さまのご理解とご協力をいただきながら、いただいたご意見を反映し、さらなる改善に努めてまいります。そして、安全で安心、快適な高速道路空間をお届けできるよう、引き続き取り組んでまいります。

株式会社ビジョン
CLT（カスタマーロイヤリティチーム）

Best Practice
of Customer Relationship Management

VOC活用休眠顧客活性化モデル

　弊社ではすべての顧客を一元的にサポートするCLT（カスタマーロイヤリティチーム）を設置しています。

　情報通信サービス事業におけるCLTのCRM活動は、2011年の発足よりスタートし、全事業の顧客サポートを集約し営業部門の生産性を高めることと、顧客LTVの向上を目的として取り組んでまいりました。2020年に、それまで事業部ごとに個別最適化が進んでいた各データベースを統合したことで、顧客軸でデータの可視化ができる状態となりました。

　データベースを活用し顧客コミュニケーションを活性化させるために、「誰に、どのようなコミュニケーションをとるべきか？」の分析を進める中で、従来の体制では十分にカバーできていない顧客層がありました。この顧客層を休眠顧客（＝取引開始から3年以上経過した顧客）と定義し、休眠顧客に対する効果的なコミュニケーションを模索し、実施しました。

　VOCを効率的に参照するために、音声テキスト化エンジンやAIなど、新しいテクノロジーも取り入れています。

　成果として、休眠顧客からの追加オーダーのご連絡件数は約4倍となり、1入電あたりの生産性は約2倍となりました。

株式会社ビジョン
代表取締役会長兼CEO
佐野　健一

　この度は、栄誉ある「2024 CRMベストプラクティス賞」を賜り、誠にありがとうございます。通算13度目の受賞となり、私どもの継続的なCRMの取り組みを「継続賞」として高くご評価いただけましたことを大変嬉しく思っております。改めて、厳正なる審査をしてくださった選考委員の皆様、また一般社団法人　ＣＲＭ協議会関係者の皆様へ心より御礼申し上げます。

　株式会社ビジョンは創業以来、情報通信サービス事業をベースに事業活動をする中で、お客様がお困りの声を聴取し、海外用Wi-Fiルーターレンタルサービス「グローバルWiFi®」をはじめとした新たなサービスの開発・提供に努めてまいりました。また、サービスの開発・提供を通じて寄せられたお客様の声に徹底的に耳を傾け分析し、サービスに反映させる意思決定プロセスを迅速に行い、よりお客様の要望に沿ったサービス改善・商品開発・プラン開発に全社をあげて取り組んでおります。

　今回は、祖業である情報通信サービス事業において、「法人顧客」向けのコミュニケーションを適切化・多様化することでお客様とのコミュニケーションを再活性化し、業績向上に寄与した弊社の総合お客様サポートデスク「CLT」の取り組みについてご評価いただきました。お客様ニーズを的確に捉え、顧客ペインポイントを解消するべく仲間たちが真摯に取り組んできたことが、今回の受賞につながったものと大変嬉しく思っております。
　この取り組みにより、希薄化していたお客様とのコミュニケーションが再活性化し、顧客のニーズを把握、適切なタイミングでコンテンツをお届けすることでニーズを拾い、結果として業績につなげることができております。

　これからもお客様に寄り添ったCRMの理念を軸に、引き続きお客様との継続的な関係維持とその深化に努めるとともに、サービス品質の向上、お客様目線での事業経営に注力してまいります。
　そして、改善・挑戦を繰り返し進化を続け、お客様に選ばれ喜んでいただけるサービスを作り提供していけるよう、従業員一同精進してまいります。

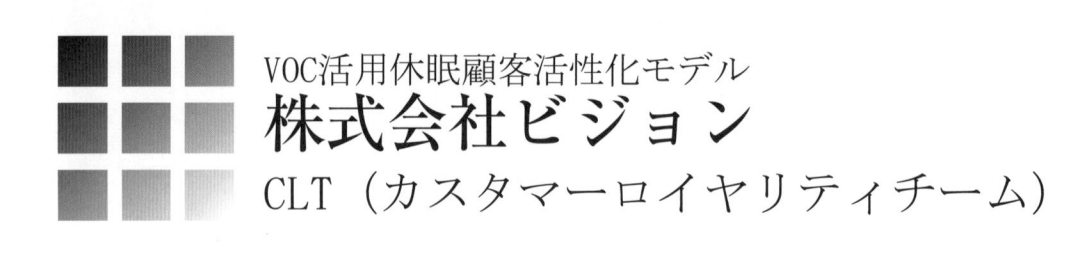

VOC活用休眠顧客活性化モデル
株式会社ビジョン
CLT（カスタマーロイヤリティチーム）

■ 事業概要

　株式会社ビジョンは「世の中の情報通信産業革命に貢献します。」を経営理念とし、創業来28年間、情報通信サービスのディストリビューターとして活動してまいりました。

　1995年静岡県富士宮市にて創業、在日南米人向け国際電話割引サービスの取次から事業を開始し、以降情報通信サービスに特化。回線・機器の取次販売、インターネット広告事業を展開してきました。またそれらサービスの顧客に対し、一元的かつ包括的なお客様サポートをおこなうCLT（カスタマーロイヤリティーチーム）を佐賀に開設し、CRM活動の柱のひとつとして現在も運営しております。

　2012年２月に、『世界中いつでもどこでも快適インターネット環境に』をスローガンに、海外向けWi-Fiルーターレンタルサービス「グローバルWiFi®」事業を開始。また、2022年12月には、旅行好きのグローバルWiFiユーザーに親和性のある宿泊施設をオープン。全室富士山ビュー、各棟に露天風呂やサウナを完備した完全プライベートグランピング「ビジョングランピングリゾート山中湖」を山梨県山中湖村で運営しています。

会社概要	
社名	**株式会社ビジョン**
英文団体名	Vision Inc.
創立年月日	1995年6月1日
本社所在地	〒160-0022
	東京都新宿区新宿6-27-30
	新宿イーストサイドスクエア8階
代表取締役会長CEO	佐野　健一
代表取締役社長COO	大田　健司
従業員数	国内：844名
	海外：95名
	※2024年9月末現在
事業内容	1. グローバルWiFi事業
	海外事業
	国内事業
	2. 情報通信サービス事業
	固定通信事業
	移動体通信事業
	ブロードバンド事業
	OA機器販売事業
	インターネットメディア事業
	3. その他
URL	https://www.vision-net.co.jp/

　これらサービスの多くはお客様の声を形にすることで生まれたサービスであり、各事業部とCLTが連携し、お客様の声をもとしたサービス改善のサイクルが働いています。

■ 今回の取り組みの背景と目的

　情報通信サービス事業におけるCRMの取り組みは、全社顧客のサポートを一元的かつ包括的に担う「CLT（カスタマーロイヤリティチーム）」と営業部門とで相互に連携しおこなっています。

　グローバルWiFi事業（海外用のWi-Fiルーターレンタルサービスの「グローバルWiFi®」が中心）のような単一商材と異なり、情報通信サービスの中にはさまざまなサービス群が混在しています。それぞれのサービスごとに顧客データベースが存在し、受注情報やその後のサポートの動態がそれぞれのデータベースに紐づいて管理されていました。2020年にデータベースを統合し、サービス軸だけでなく顧客軸での情報活用が可能となったことで、顧客ごとのLTVが可視化されました。これを活用し、LTVの高低やコミュニケーション量の多少によって顧客を分類し、セグメントごとにコミュニケーションの最適化を図り、LTVとCLTにおける生産性を向上させることを目的として取り組みました。

■ データ活用からわかったこと（ターゲット顧客「Who」の整理とKPI設計）

　顧客との取引開始から、営業部門やCLTにおいて「弊社から顧客へ」の定期的なコミュニケーションサイクルを設計しているものの、3年が経過すると弊社から顧客へのコミュニケーション量が減り、以降は顧客から弊社へ問合せいただくプル型のコミュニケーションが中心となります。

　このことからまず、顧客によってコミュニケーション濃度にグラデーションが生じているものとして調査しました。

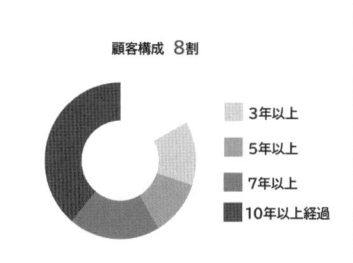

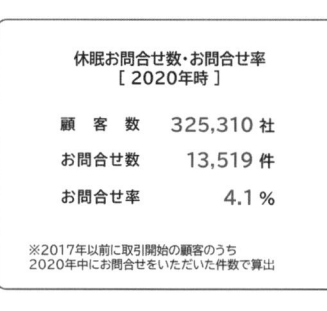

休眠お問合せ数・お問合せ率
[2020年時]

顧　客　数	325,310 社
お問合せ数	13,519 件
お問合せ率	4.1 %

※2017年以前に取引開始の顧客のうち
2020年中にお問合せをいただいた件数で算出

休眠リピート受注
[2020年時]

顧　客　数	7,254 社
リピート率	2.23 %

※2017年以前の取引開始の顧客の2018-2020年中の追加受注の数で集計/※OA等のリース更新を含めず

　2020年時、顧客全体の8割を占める「3年以上経過している顧客グループ」からのプル型のコミュニケーションは、約32万社に対して13,519件（問合せ率：4.1%）でした。また、同グループの中で、直近3年以内にリピート受注のある顧客は7,254社（リピート率：2.23%）となっていました。

　このことに着目し、取引開始から3年以上経過した顧客を「休眠顧客」と定義し、コミュニケーション不足によって生じうる、顧客と弊社の双方のペインについて仮説立てをしました。

・顧客のペイン
　弊社との契約認識が薄れ、お困りゴトの相談先が不明なのではないか？
　社内担当者の代替わりで、そもそも弊社のことを認知されていないのではないか？

・弊社のペイン
　サポートが行き届かないことで接点が希薄化し、リピート機会を逃しているのではないか？

このような仮説から、休眠顧客からの「問合せ率」と「リピート率」をKPIとし、コミュニケーションの再活性化を図る取り組みを開始しました。

■ コミュニケーションの整理（なぜ、なにを、どのように？）

　ターゲット顧客（Who）の整理と取り組みの方向性が定まったため、次に、適切に届けるべき情報（What）の把握と、それをどのように効率的に届けるか（How）の手段の整理をし、何を目的として取り組むか（Why）を決めました。

① 相互ペインの解消
　前項で仮説立てした、顧客と弊社双方のペインが解消されることを目的としました。

② 適切に届けるべき情報の把握
　適切に届けるべき情報はなにか？ここではテクノロジーを活用し、実際に寄せられた顧客の声（VOC）を参考にしました。音声テキスト化ツールのAmi Voice、CTIのBIZTEL、ならびに自社開発のAI要約ツールを駆使し、顧客セグメントごとのお困りゴトの傾向分析をしました。類似したセグメントの顧客の中では潜在的に同様のお困りゴトが生じていると仮定し、これを届けるべき情報としました。

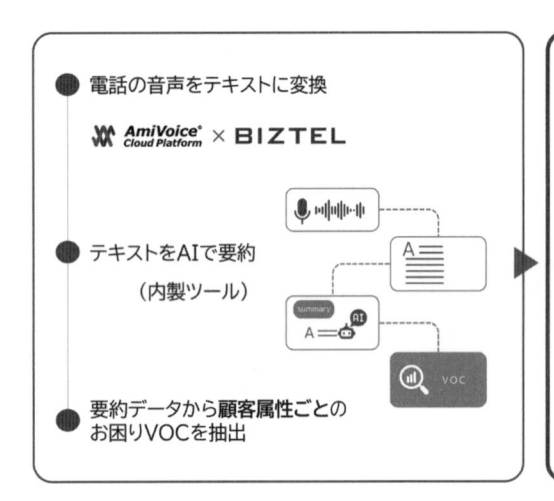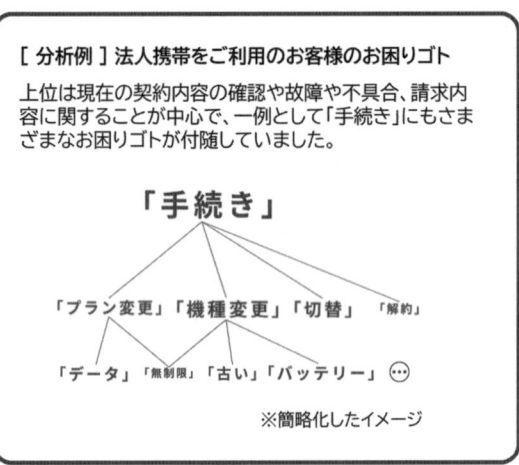

③ 多数の顧客との効率的なコミュニケーションの実現
　CLTにおける従来の顧客コミュニケーションの手段は、電話と1to1メールが中心でした。より多くの顧客との継続的かつ多面的なコミュニケーションを実現するために、メール配信ツールを用いた一括配信とセグメント配信、LINEを用いた一括配信とセグメント配信、ショートメールによるコミュニケーションを追加し、そのほか、顧客に閲覧してもらうためのFAQサイトを拡充するなど、コミュニケーション手段の拡張と、量の拡大を図りました。
　従来のコミュニケーションサイクルの中で希薄になる期間を補う取り組みとして、②のVOC分析からピックアップした"お困りゴト"に当てはまる顧客を抽出し、休眠顧客を中心に業態や導入商材ごとに分類したコミュニケーションをメール・LINEで実施しました。
　細かくセグメント分けした小規模な情報発信を、回数を増やして実施した結果、コミュニケーションの総量は、電話のみの頃と比べ50倍超となりました。（下図）

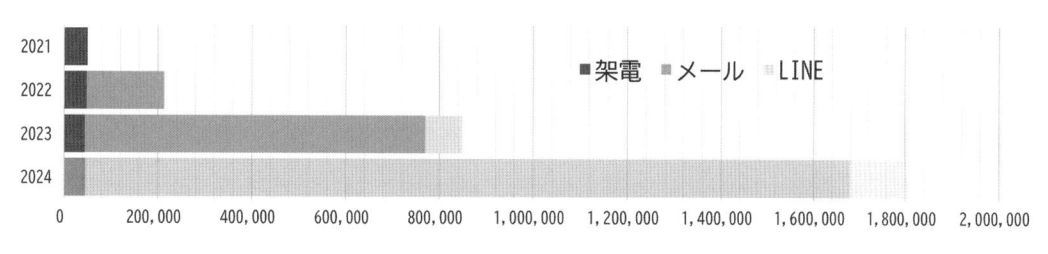

顧客とのプッシュコミュニケーション量の推移（コンタクト手段ごと）

■架電 ■メール ■LINE

※2024年は1-6月実績に基づく予測　　※架電＝担当者とお話しできた件数をカウント、メール・LINE＝開封された件数をカウント

※副次効果

②で、VOC分析を目的として導入した音声テキスト化とAI要約により、電話応対にかかる一連の作業時間軽減にもつながりました。

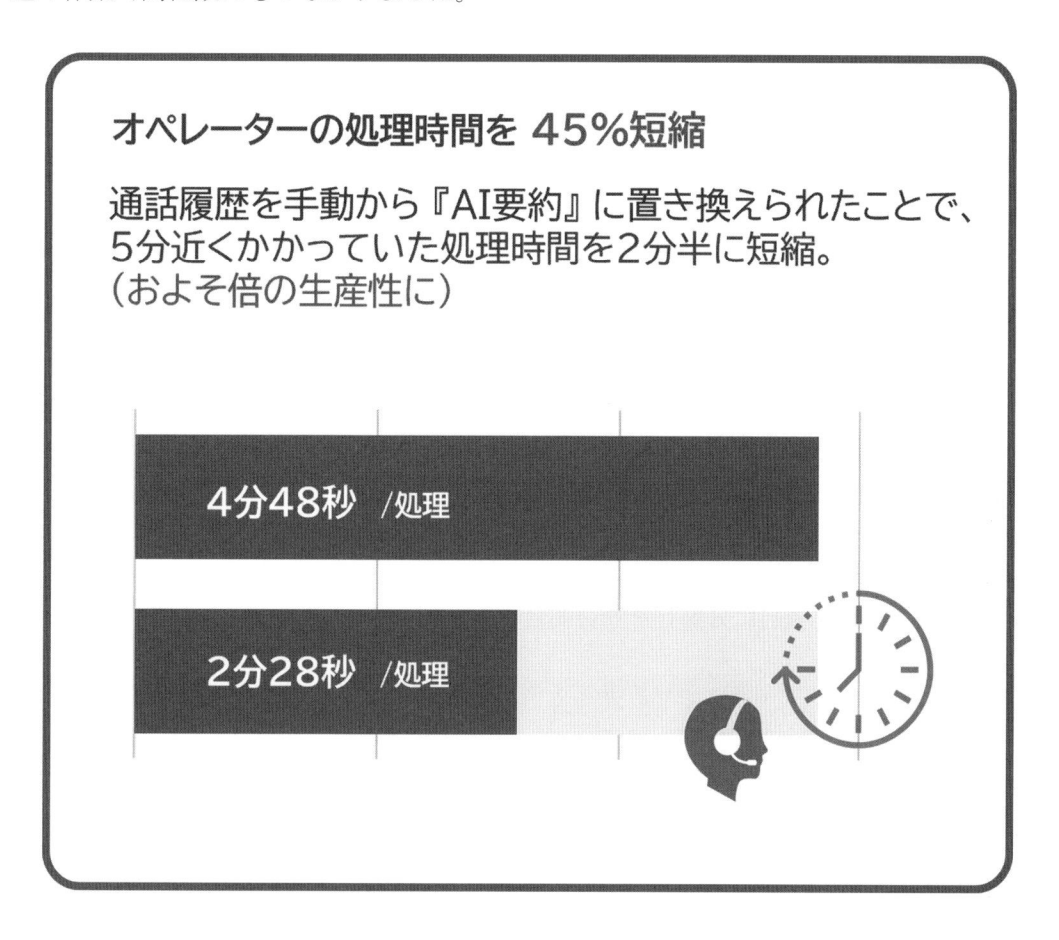

オペレーターの処理時間を 45％短縮

通話履歴を手動から『AI要約』に置き換えられたことで、
5分近くかかっていた処理時間を2分半に短縮。
（およそ倍の生産性に）

4分48秒 /処理

2分28秒 /処理

■ 取り組みの成果 1：KPIの変化

KPIとしていた「問合せ率」と「リピート率」がどのように変化したのか？分母となる休眠顧客の数は、2024年現在、約39万社となり顧客全体の９割以上となりました。その中で顧客から（プル型で）問合せをいただいた件数は30,728件あり、問合せ率は7.8%となる見込みです。取り組み以前の問合せ率（4.1%）から、3.7ポイントの増加がみられます。

■ 休眠顧客の保有と問合せ率の推移

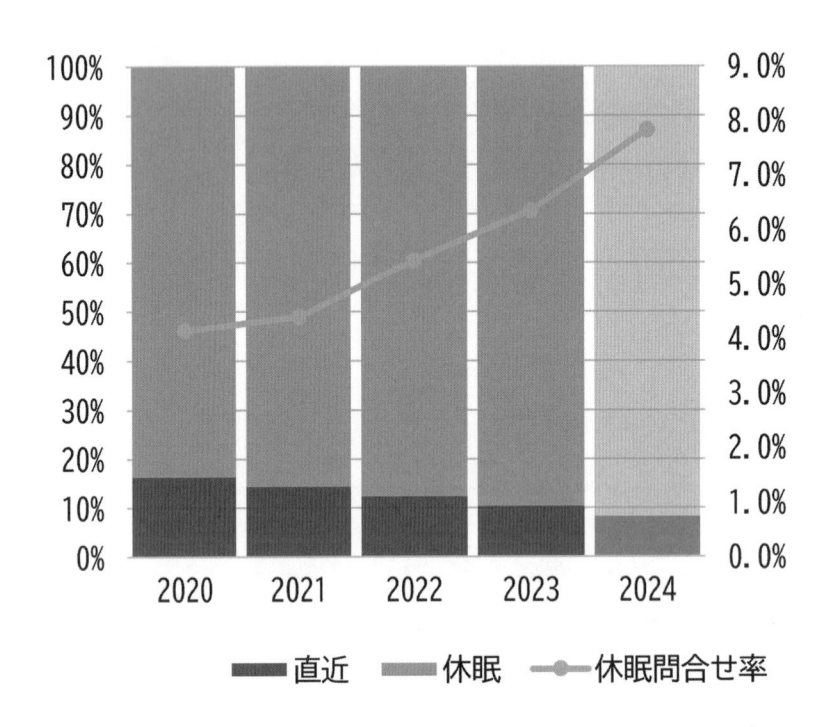

また、もうひとつのKPIである「リピート率」は、約39万社の分母に対して12,648社からのリピート受注が生まれ、3.23%となる見込みです。取り組み以前のリピート率(2.23%)から、1ポイントの増加がみられます。

・問合せ率：4.1%（2020年時）→7.8%（2024年見込み）
・リピート率：2.23%（2020年時）→3.23%（2024年見込み）

■ 取り組みの成果2：独自に分類した顧客問合せの変化

コミュニケーションの不足により、顧客と弊社双方にペインが発生していないか？という仮説のもと、独自に分類した顧客からの問合せ数の推移を集計することにしました。問合せの内容に応じて、その問合せが「お困りゴト」に関するご連絡だったか、「追加ニーズ」に関するご連絡だったかを分類し、それぞれの増減を取り組みの指標とするためです。

休眠顧客を中心とした顧客へのコミュニケーションを拡充、拡張、拡大（届けるべき方へ適切な情報発信を、適切な手段、頻度で）したことで、休眠顧客を中心とする顧客からの問合せ（プル型コミュニケーション）の量は、お困りゴトで約2倍に、追加ニーズで約4倍に増加しました（下図）。

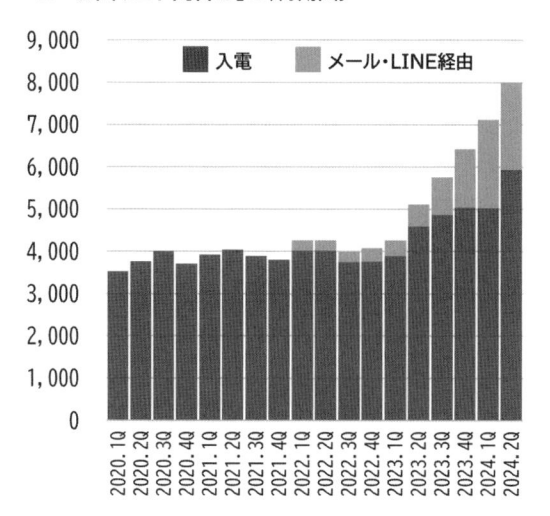

■「お困りゴト問合せ」の件数推移

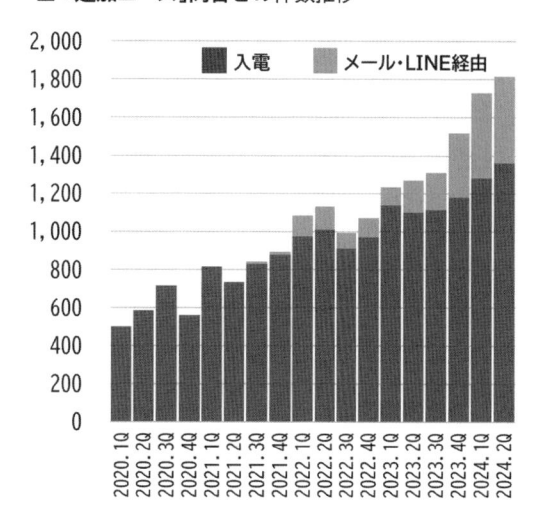

■「追加ニーズ」問合せの件数推移

　この変化によって、潜在的な休眠顧客のお困りゴトを顕在化し、それを解消することで弊社との継続的なコミュニケーションに寄与し、リピート受注の増加にもつながりました。施策の本格的な開始の前後で、CLTへの問合せを起因としたインバウンド売上（プル型コミュニケーションによる売上）は純増しつつも、CRM施策に起因する売上の占める割合は開始当初の約6倍となりました（下図）。

・CRM施策の売上占有率：4%（2022年時）→24%（2024年見込み）

■ リピート顧客のインバウンド売上推移

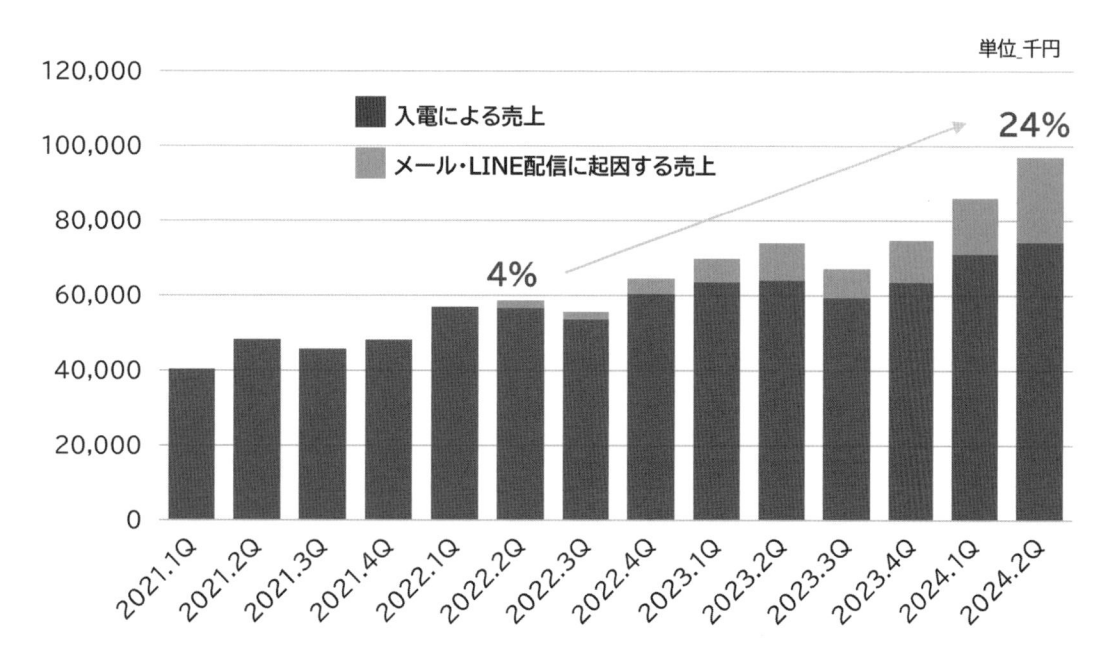

また、追加ニーズの問合せ量が増えたことにより、CLTの生産性の指標である「１入電あたり」の価値（入電に起因する売上÷入電数）は、入電数が増加傾向に推移する中でも約２倍となりました（下図）。

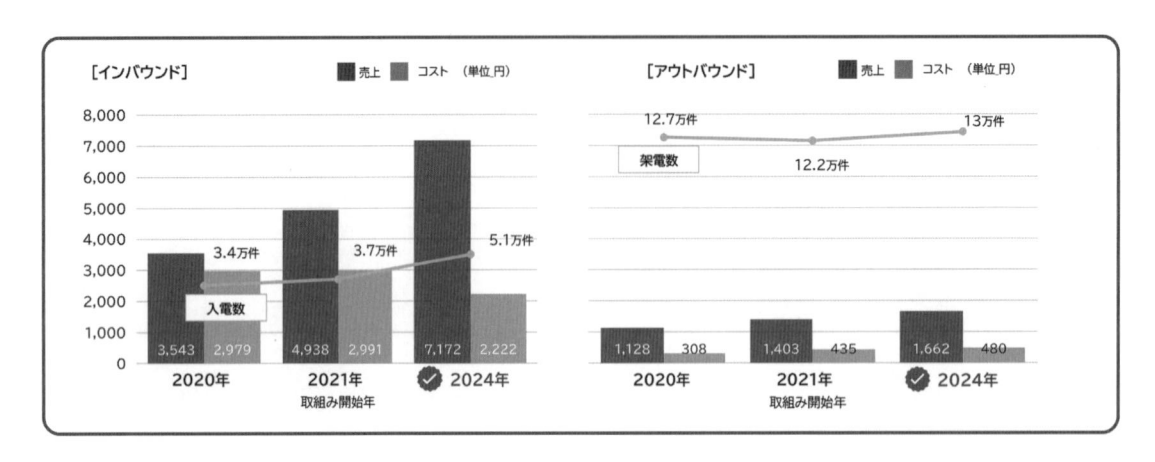

　今回の施策による一定の成果は、サービスごとに個別最適化が進み、特化することで連携がとれづらくなっていたデータを統合し、その中で顧客軸から読み取れたデータの活用から生まれた１つの例です。ただ、コミュニケーションバランスの最適解に到達できている状態になく、まだ多分に改善の余地があるものと考えています。

　弊社の情報通信サービス事業におけるCRMの最大の目的は「顧客に任せていただける存在となる」ことです。既存データのさらなる活用と、新しいテクノロジーの吟味検討を続け、今よりさらに顧客の状態を可視化し、仮説の粒度を高めることで、より多くの顧客から「ビジョンに任せている」と言っていただける関係構築をしていくべく、引き続きCRM活動にまい進してまいります。

■ 責任者コメント

株式会社ビジョン
CLT（カスタマーロイヤリティチーム）
統轄
五十嵐　准一

　この度は栄えある賞を賜りましてありがとうございます。
　また、この賞を継続して受賞出来ているのは、従業員をはじめとした関わる全ての方の努力のおかげであると思っております。
　改めて感謝申し上げます。
　我々、株式会社ビジョンのコールセンターは、単純なカスタマーセンターとして役割以外に、ビジョンを「信頼」してもらい、ビジョンに「愛着」をもってもらえるよう、当たり前の事＋αをおこなう事をスローガンとして掲げています。
　CLT（Customer Loyalty Team）という名称がついているのも、そのためです。
　今回の受賞では、AIを活用した取り組みが含まれております。AIなどの技術革新を融合する事により、さらに＋αの満足を得ていただけるサービスを提供できると思っております。
　今後も、顧客ニーズの移り変わりを正確に捉え、＋αの顧客満足度とは何かを追求してまいります。

■ 担当者コメント

株式会社ビジョン
CLT（カスタマーロイヤリティチーム）
CRM担当　課長
野村　朋広

　この度は「CRMベストプラクティス賞」、ならびに「継続賞」の授賞誠にありがとうございます。これまでグローバルWiFi事業におけるCRM事例のご報告が中心となっておりましたが、今回は情報通信サービス事業でのCRMの取り組みと一定の成果をご報告でき嬉しく思います。顧客軸での統合データベースの構築が起点となって、情報通信サービス事業におけるCRM活動も全社的に加速しています。一方で、サービスが多岐に渡ることや、顧客が法人主体（担当者が複数存在する）であることから、導入サービスが多い顧客ほど、コミュニケーションの量と質の最適解を得ることが難しくもあります。しっかりと顧客の声を見聞きし、よりよい関係構築ができるよう、引き続きCRM活動にまい進してまいります。

株式会社フォーラムエイト

Best Practice
of Customer Relationship Management

ボトムアップ型CRM統合推進モデル

　経営理念である「先進性、社会性、協調性」のもと、グローバル事業を行う当社は、CXの向上を重要施策としてとらえています。顧客ニーズの多様化に迅速に対応するために、社員一人一人が顧客視点に立つこと、それぞれが主体的にCX向上活動を推進することを全社戦略としています。

　10年連続受賞となる本年は、CRM統括組織の発足と全社横断的なCX向上の推進を行うため、これまで部門別に取り組んできた活動を点検し、全社横断的に推進した取り組みが、「ボトムアップ型CRM統合推進モデル」として評価されました。

　社員一人一人にCRMの意識が浸透し、その実践を通して、顧客満足度向上こそが利益につながることを常に意識した業務体制の強化を実現しています。

株式会社フォーラムエイト
代表取締役社長
伊藤　裕二

　この度は、「2024 CRMベストプラクティス賞」を受賞する栄誉にあずかり、誠にありがとうございます。一般社団法人 ＣＲＭ協議会の皆様には日頃より多大なるご指導を賜り、心より御礼申し上げます。

　当社は、2015年にシステム営業グループが「高度技術と顧客ニーズの融合モデル」で「CRMベストプラクティス賞」を受賞して以来、営業、事務、開発、人事・総務、海外営業、地域営業、社長秘書室、テストチーム、パブリッシングチームなど、主管部署を毎年変更しながら活動を継続してまいりました。

　本年は、CRM統括組織を発足させ、全社横断的なCX（顧客体験）向上を推進するため、これまで部門別に取り組んできた活動を点検し、一体的に推進した取り組みが、「ボトムアップ型CRM統合推進モデル」として評価され、「ベストプラクティス賞」を10年連続、「継続賞」を７年連続で受賞することができました。この成果は、社員一人ひとりにCRMの意識が浸透し、実践を通じて「顧客満足度向上が利益につながる」という考えを共有した結果だと考えています。

　当社の活動の基盤には、自社開発のパッケージソフトウェア・システムを活用し、潜在的な顧客ニーズを引き出すといった、常に新しい製品・サービスを追求する体制があります。さらに、開発部門では、基準改定に伴う新製品の迅速な開発・リリースや、多くの要望に対する迅速なアクションと高い対応率を維持していることも挙げられます。

　また、当社は早くから既存製品のクラウド提供を進めており、今後もその展開を拡大していきます。さらに、テーマとして重要なAIについては、F8-AI Manga meをリリースしましたが、３つの開発体制を考えています。まずは、F8-AI UC Supportとして共通、個別のUC-1、Road Shadeも含めた製品Helpとサポート、そして設計支援情報も視野に入れた開発を進め、製品・サービスの提供を通じて、経済的価値と社会の持続可能性の両立を目指して取り組んでまいります。

　今後とも、一般社団法人 ＣＲＭ協議会の皆様のご支援・ご指導を賜りますようお願い申し上げます。

ボトムアップ型CRM統合推進モデル
株式会社フォーラムエイト

■ 事業概要

　先進性、社会性、協調性を理念とし、ソフトウェアパッケージ開発技術を基盤として、都市インフラ構造物設計を支援する先進的なソフトウェア・技術サービスを提供しています。安全安心に関わる技術への社会的な要請が高まる中で、ソフトウェア開発とそのサービス技術により、社会に安全安心をもたらすことを使命として活動しています。

■ ソリューション

　当社は、VR、Web、Design、FEMの4つの主要事業を柱として展開しています。

　「VR」は、道路事業・公共事業の設計協議、合意形成を支援するVRシミュレーションソフトウェアとして2000年にリリース、以来、

会社概要	
社名	**株式会社フォーラムエイト**
英文団体名	FORUM8 Co., Ltd.
創立年月日	1987年5月23日
本社所在地	〒108-6021
	東京都港区港南2-15-1
	電話 03-6894-1888
代表取締役	伊藤　裕二
従業員数	242名（2024年9月30日現在）
事業内容	ソフトウェア開発・販売・サポート
	技術サービス、受託開発
URL	https://www.forum8.co.jp/

土木建設業に限らず、あらゆる都市問題を仮想空間で実証、近年は自動運転などの先端的な研究システム、医療、エンターテインメント、各種訓練・技術伝承など、様々な産業で使用されています。

　「Web」は、当社ラインナップ製品のクラウド化を従来から展開しておりますが、クラウド技術とVR技術を融合したF8VPSの提供、NFTの提供なども行っています。Web4.0では、AI（人工知能）、IoT（モノのインターネット）、ブロックチェーン、メタバース、デジタルツイン、XR（拡張現実）などの技術を包括していますが、当社では、これらの技術を活用したソフトウェア、サービス、開発環境の提供を通じて、さらなるCX向上に取り組んでまいります。

　「Design」は、100種を超えるインフラ向けCADのラインナップとなり、設計計算、数量計算、調表作成、図面作成を一貫して行える専門性の高いソフトウェアです。近年では、建設業の生産性向上を図るため、BIM/CIM規格に対応した3Dモデルの作成にご好評いただいております。

　「FEM」は解析ソフトウェアシリーズで、構造・建築物の耐震性評価、津波・浸水氾濫、液状化などの地盤問題など、「国土強靱化」を安全かつ、経済的に実現するための検討を、汎用的かつ、高度な数値解析により支援いたします。

■ CRM活動の取組み

　当社では「先進性、社会性、協調性」という経営理念のもと、社員一人一人がお客様視点に立ったCX（顧客経験価値）向上を意識した活動を全社的に推進してきています。

　ソフトウェア開発により社会に安全安心をもたらすことを使命とし、お客様の事業開発・研究開発パートナーとして、顧客ニーズを先取りした高品質な製品提供を継続することを、CX向上における最重要課題としています。

　このような会社方針、および、これまでのCRM活動の実績を踏まえて、各部門・部署において取り組んできた活動を点検し、全社横断的にCX向上に取り組むこととし推進しています。

　あらゆる活動について、情報共有を強化、常に顧客の立場に立った最善の対応策を検討し具現化することで、CX向上のさらなる挑戦に取り組むこととしています。

　当社は今まで、「顧客データベースシステム」を通じて、顧客満足度向上に取り組んできています。過去の一般社団法人　ＣＲＭ協議会報告におきましては、営業、インストラクタ、開発、人事・総務、海外営業、地域営業、社長秘書室、開発テスト、広報パブリッシングという各部門・部署におけるCRMの取り組みを報告してきました。しかしながら、各部署間共通の「顧客データベースシステム」や「保守管理データベースシステム」を使用しているものの、部署間において把握している情報の差異、情報量の差、重要度の認識の差など課題がありました。そこで、全社横断的に更なる顧客満足度向上を目指して、統括組織を中心に取り組むこととしています。

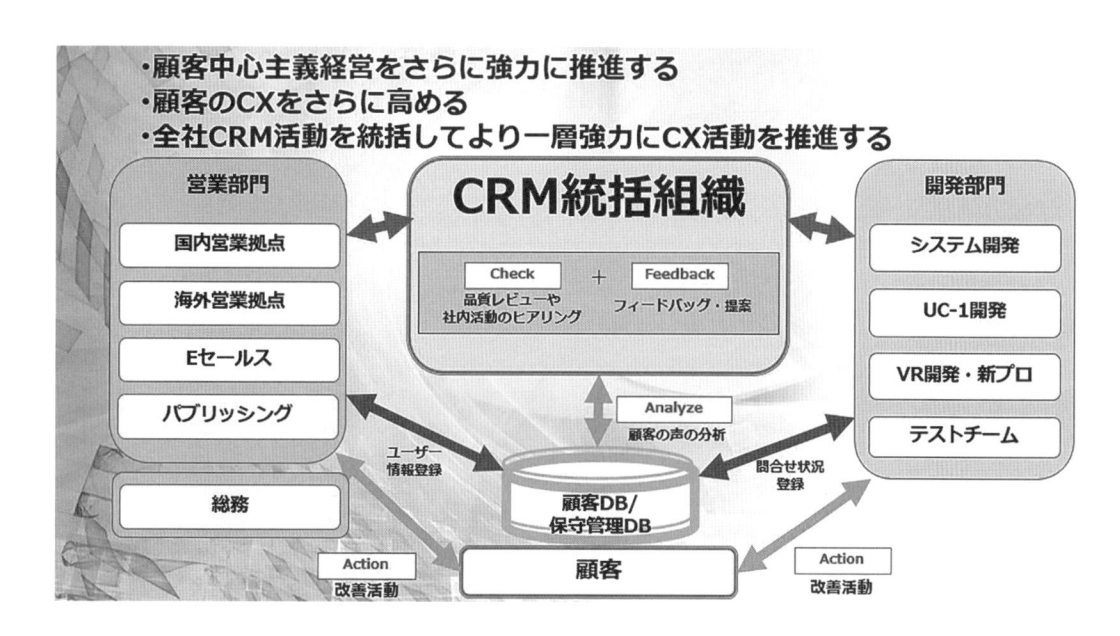

■　この組織のミッション

　CRM統括組織として、次の活動を中心に推進することとしました。
　（１）過去の「CRMベストプラクティス賞」を通じて取り上げた課題への対応
　（２）各種品質レビューを通して現状把握とCX分析
　（３）分析結果から改善要求・改善策の提案、製品とサービス改善につなげCX向上を行う

■ これまで部門別に取り組んできたCRM活動の成果の点検

　これまで部門別に取り組んできたCRM活動の成果の点検として、以下を主な点検項目としています。
　（１）ユーザ数の伸び
　（２）全製品のライセンス数の伸び
　（３）全製品およびサービスの売上の推移
　（４）問合せ、要望、不具合の内容分析と課題の抽出
　（５）ユーザ要望アンケートの実施結果の総点検

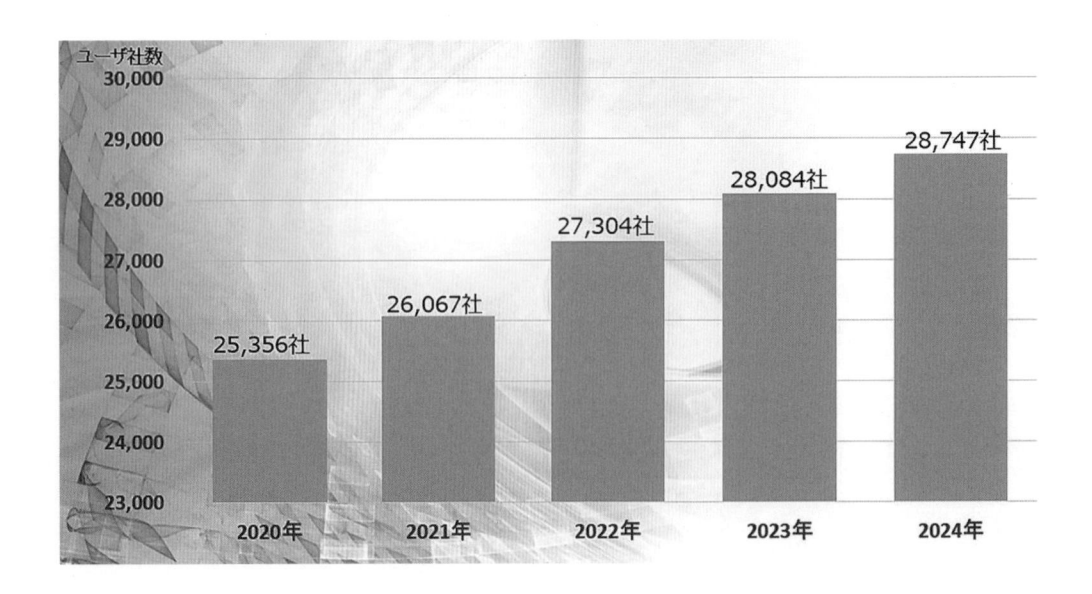

主な点検項目：

・ユーザ数の伸び

・全製品のライセンス数の伸び

・全製品およびサービスの売上の推移

・問合せ、要望、不具合の内容分析と課題の抽出

・ユーザ要望アンケートの実施結果の総点検

■ ユーザ数の伸び

　ユーザ数は2024年 7 月時点で 28,747社。毎年堅調な件数の伸びがあり顧客満足の効果の表れと確信しています。

■ 主要3製品（売上トップ3）のユーザ数の伸び

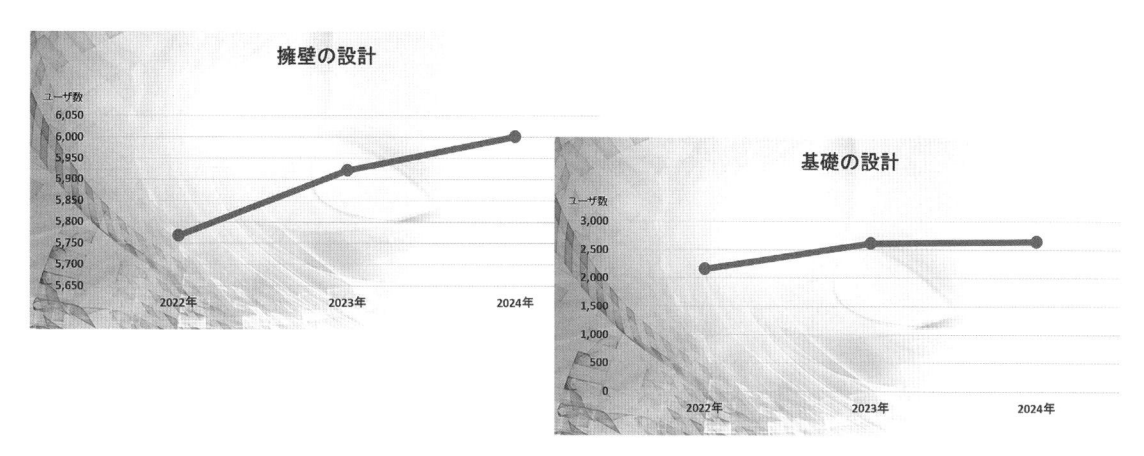

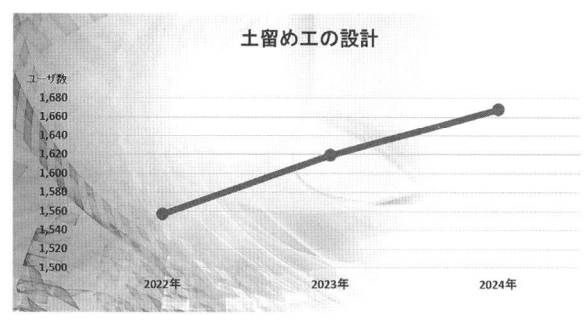

■ 全製品のライセンス数の伸び

　全製品のライセンス数は2024年7月時点で 50,397ライセンス。毎年堅調なライセンス数の伸びがあり、こちらも顧客満足の効果の表れと確信しています。

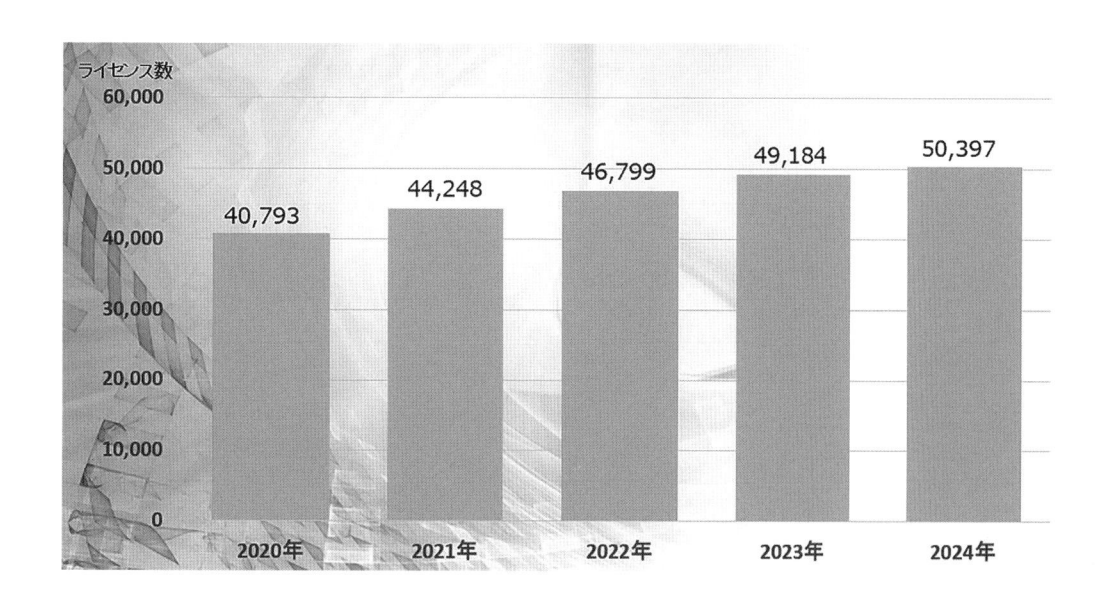

■ 全製品およびサービスの売上の推移

　全製品およびサービスの売上の推移は、2020年40億、2022年50億を超え、堅調に伸びています。

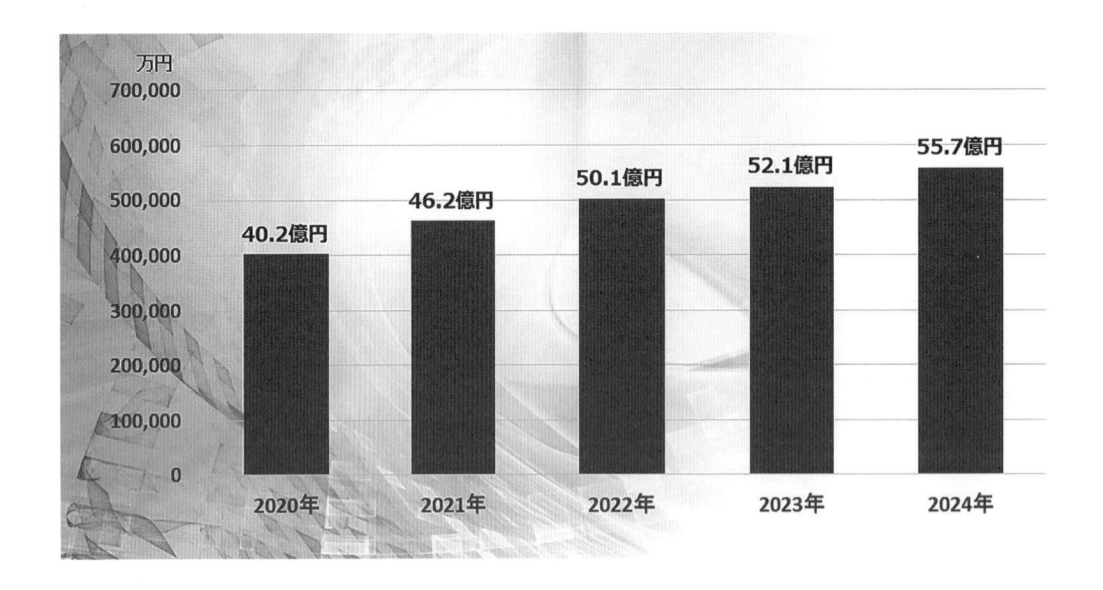

■ 問合せ、要望、不具合の内容分析と課題の抽出

　保守管理データベースで取扱う、問合せ、要望、不具合の傾向を示しています。
　・問合せ数は、各年度ごとでは減少傾向が見られます。
　・要望数は、各年度ごとでは増減があるものの減少傾向が見られます。
　・不具合数は、各年度ごとでは減少傾向が見られます。
　これらの内容分析をさらに進め、課題を抽出し推進します。

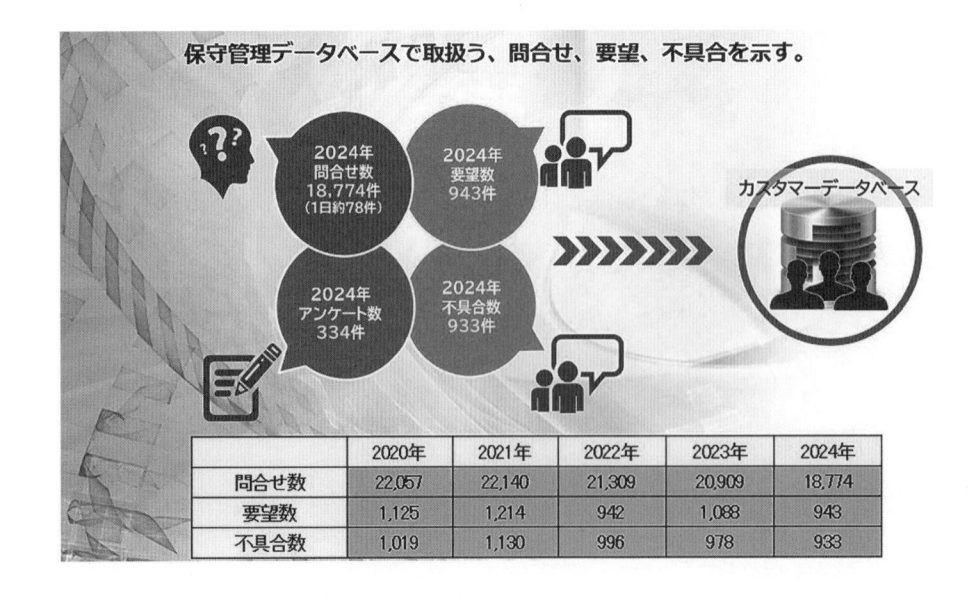

	2020年	2021年	2022年	2023年	2024年
問合せ数	22,057	22,140	21,309	20,909	18,774
要望数	1,125	1,214	942	1,088	943
不具合数	1,019	1,130	996	978	933

■ ユーザ要望アンケート実施結果の総点検

アンケートのご要望はカスタマーデータベースに登録し、製品およびサービスへの改善材料として活用。

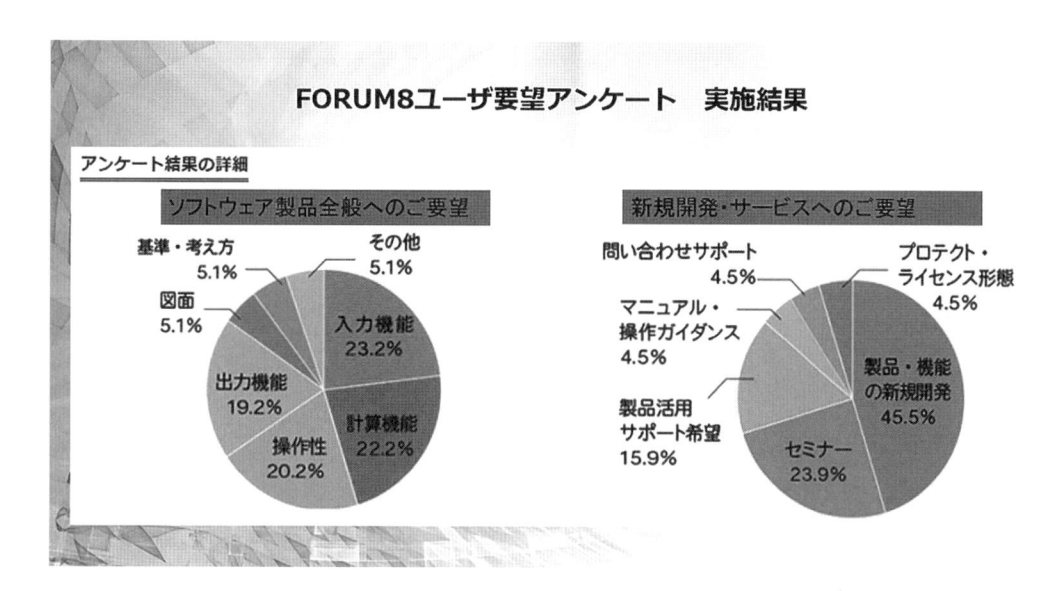

ソフトウェア製品および技術サービスに関してのアンケートについて（隔年ごと実施）、および、ホームページおよび広報等に関してのアンケートについて（隔年ごと実施）の結果からは、全般的には、肯定的意見が増加傾向にあり、否定的意見は減少傾向を見せています。これらも顧客満足の効果の表れと確信しています。

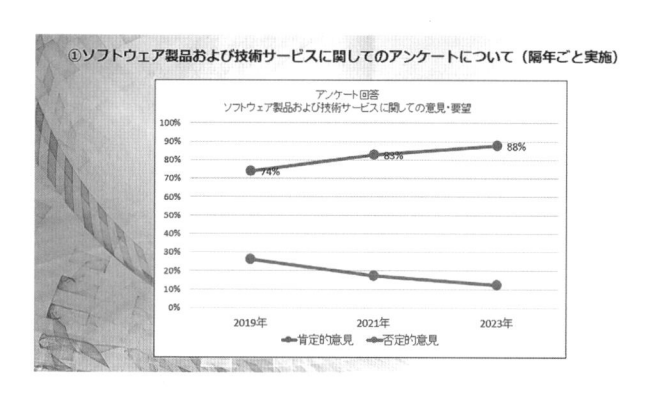

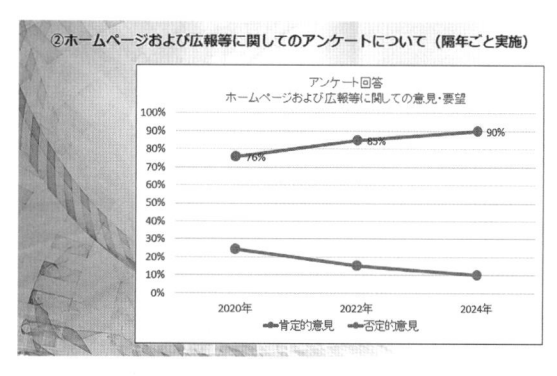

■ 今後のCX向上への取り組み

・CRM評価レビュー会議の開催
　社内の各部署が集まり、顧客から収集した問い合わせ、要望、不具合指摘などの情報を共有する場です。この会議を通じて、重要な情報を選別し、組織全体で取り組む課題を明確にします。

・情報共有と問題の分析
　顧客ニーズや問題の根本原因を分析します。このプロセスでは、データ分析や専門的な知見を活用し、適切な対応策を検討します。問題の背景を深く理解することで、実効性の高い解決策を導き出します。

・対応策の実施と継続的な改善
　優先順位に基づき、対応策を実行します。その後、施策の効果を評価し、必要に応じてプロセスを改善します。この継続的な改善活動により、顧客満足度の向上を実現します。

・組織間連携の強化
　社内各部署が連携し、顧客フィードバックに迅速かつ効果的に対応します。この取り組みにより、組織全体のパフォーマンスが向上し、顧客中心のアプローチをさらに強化します。

・CX向上への取り組み
　これら一連のプロセスを通じて、顧客満足度を向上させるだけでなく、全社的なCX（顧客体験）の向上を推進します。顧客との信頼関係を築きながら、持続的な成長を目指します。

■ CRM統括組織の活動推進による期待効果

・最新情報の共有
　各部署によるデータの迅速な登録を促進し、常に最新の情報を共有可能にします。

・部署間のデータ整合性の確保
　データ間の矛盾をチェックし、必要に応じて修正を行うことで、一貫性を保ちます。

・部署間連携の促進
　収集した追加情報を他部署と積極的に共有し、効率的な情報展開を図ります。

・各部署への改善指導と意識向上
　顧客満足度の結果やクレームをもとに、各部署への指導を行い、重要度の認識を高めます。

・顧客満足度の向上と顧客基盤の拡大
　これらの取り組みにより、顧客満足度の向上と新規顧客の獲得につなげます。

■ 責任者コメント

株式会社フォーラムエイト
執行役員
システム開発マネージャ
岡木　勇

　この度は、「2024 CRMベストプラクティス賞」、「継続賞」を賜り、誠にありがとうございます。当社は従来、主管部署を変えて「CRMベストプラクティス賞」に挑戦し、全社的なCRM活動の推進に努めてまいりました。

　2015年にシステム営業グループが「高度技術と顧客ニーズの融合モデル」で同賞を受賞して以来、インストラクタ部門(2016年)、開発部門(2017年)、人事・総務部門(2018年)、海外営業部門(2019年)、地方営業部門(2020年)、社長秘書室(2021年)、開発テスト部門(2022年)、広報パブリッシング部門(2023年) と、10回連続で受賞させていただきました。

　今年度はCRM統括組織を発足させ、全社横断的に更なる顧客満足度向上を目指して、統括組織を中心に取り組むこととし、また、この取り組みが評価され、「ボトムアップ型CRM統合推進モデル」を受賞する栄誉を賜りましたこと、大変光栄に存じます。

　今後も、顧客満足度向上に寄与する取り組みを積極的に推進してまいります。引き続き、皆さまのご指導とご支援を賜りますよう、よろしくお願い申し上げます。

■ 担当者コメント

株式会社フォーラムエイト
システム開発Group TESTチーム
小池　綺野

　この度は、「2024 CRMベストプラクティス賞」、「継続賞」を賜り、誠にありがとうございます。本年で10年連続の受賞、「継続賞」は7年連続となりました。

　全社横断的に更なる顧客満足度向上を目指してのCX向上に向けた活動の中で課題も見えてまいりました。全社で対応するにあたり、CRMアンケート活動などをベースに推進、および、適切なCRM活動プロセスを通して、「顧客中心主義」の経営の強化に努めてまいります。引き続き、ご指導ご鞭撻のほどよろしくお願いいたします。

富士通株式会社

Best Practice
of Customer Relationship Management

富士通は、「イノベーションによって社会に信頼をもたらし、世界をより持続可能にしていく」ことを企業パーパスとして定め、すべての企業活動を、このパーパス実現のための活動として取り組んでいます。お客様のビジネス成長と社会課題の解決に挑むソリューションである「Fujitsu Uvance」を通じて、私たちは、人々が豊かで安心して生活できる世界の実現を目指し、地球や社会によりよいインパクトを与えていきます。そのためにサステナビリティ・トランスフォーメーションに取り組み、ビジネスを加速し、人々が直面する社会課題に真摯に向き合います。多様な価値を信頼でつなぎ、変化に適応するしなやかさをもたらすことで、誰もが夢に向かって前進できるサステナブルな世界をつくっていきます。

当社がお客様・社会に貢献し続けていくためには、不確実な時代における様々な難題を乗り越えていくべく富士通自身の変革が不可欠であり、全社を挙げた変革施策を実行しています。この度受賞した「2024 CRMベストプラクティス賞」では、こうした全社変革の中核施策の1つである、グローバルでのCRM基盤およびお客様接点マネジメントの変革施策である「OneCRM」に対してご評価を頂きました。

本稿では、その取り組みの内容をご紹介します。

富士通株式会社
CEO室
SVP、CDPO補佐
東　大祐

　この度は、「2024 CRMベストプラクティス賞」を賜り、誠にありがとうございます。選考委員の皆様、また、一般社団法人　ＣＲＭ協議会関係者の皆様へ心より御礼申し上げます。

　当社は2020年以降、グローバルでのデジタルトランスフォーメーションを推進してきました。外部環境の変化が激しい時代において、社員一人ひとりの自律性を高め、スピーディな経営判断を行っていくことが重要であり、そのための人事施策、事業・技術ポートフォリオ、テクノロジー強化、組織風土、そして、お客様接点変革などあらゆる領域での変革施策を実行してきました。そして、経営・業務基盤全体を、グローバルに標準化された業務プロセスとシステムへ移行する大規模な変革を進めており、効率性の追求とともに、質の高い全社共通のデータをもとにしたデータ駆動型の経営基盤の構築も進めています（OneFujitsuプログラム）。

　今回の事例は、OneFujitsuプログラムにおける重点領域の1つであり、かつ、当社における「顧客中心主義」を具現化する中心的な位置付けである「OneCRM」の取組みに関するものです。お客様接点情報をグローバルに標準化されたデジタル基盤上に集約し全社で共有可能とすることで、社内の関係部門が一体となってお客様提供価値の最大化を実現していくための基盤です。試行錯誤も含めて、変革に纏わる様々な課題を解決しながら進めてきている中で、今回、「CRMベストプラクティス賞」という評価を頂けたことを大変嬉しく思います。

　今後も「顧客中心主義」を起点とし、OneCRMの拡大浸透と成熟化を進め、富士通グループ全体でお客様、社会の発展に貢献してまいります。

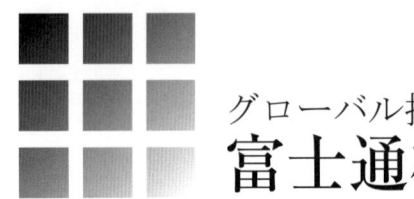

グローバル推進OneCRMモデル
富士通株式会社

■ 事業概要

　富士通グループは日本を含む世界の各地域で事業を展開し、グローバルにデジタルサービスを提供しています。

　私たちのパーパスは、イノベーションによって社会に信頼をもたらし、世界をより持続可能にしていくことです。パーパスとは社会における企業の存在意義を意味します。世界中の富士通社員が力を合わせて何のために日々の仕事をするのかを表すFujitsu Wayを構成する３要素の１つです。これから富士通が果たしていくべき役割は何かを考え、私たちのパーパスを定めました。富士通は今、すべての企業活動をこのパーパス実現のための活動として取り組んでいます。

会社概要	
社名	富士通株式会社
英文団体名	Fujitsu Limited
創立年月日	1935年6月20日
本社所在地	〒211-8588
	神奈川県川崎市中原上小田中4-1-1
	電話 044-777-1111
代表取締役	時田　隆仁
従業員数	約124,000人（2024年3月末現在）
事業内容	サービスソリューション、
	ハードウェアソリューション、
	ユビキタスソリューション、
	デバイスソリューション
URL	http://www.fujitsu.com

　デジタルサービスによってネットポジティブを実現するテクノロジーカンパニーになる。私たちはパーパスの実現に向けてこのビジョンを共有し、テクノロジーとイノベーションによって社会全体へのインパクトをプラスにすることで、パーパスの達成を目指します。

　1935年に日本で創立して以来、当社は技術力を発揮し、常に革新を追求してきました。世界をリードするDXパートナーとして、信頼できるテクノロジー・サービス、ソリューション、製品を幅広く提供して、お客様のDX実現を支援します。

　同時に、私たちは国連の持続可能な開発目標（SDGs）への貢献に向けて、デジタルの力によって業種間の垣根を越えたエコシステムの形成をリードし、共感していただけるステークホルダーの皆様とスケールある価値創造に踏み出していきたいと考えます。

■ 顧客戦略とFujitsu Uvance

富士通では、パーパスの実現に向けて中期計画における重点戦略として顧客戦略（カスタマサクセス戦略）を定めています。経営指標の１つとして「顧客満足度」を掲げ顧客満足度向上のためにお客様接点を強化し、得られた情報を社内で共有しお客様課題解決のための提案に繋げています。当社の強みは広範な顧客基盤と、自社でテクノロジー Capabilityを保有していることです。さらに、昨今の当社自身の変革実践のノウハウは、DXを推進するあらゆる企業に対してリアリティの高いリファレンスを提供するものであり強力な差異化となります。これら、広範な顧客基盤、テクノロジー、実践知を活かした協業的アプローチによって新たな顧客価値創造を追求しています。

また、顧客のグローバル展開レベル、企業規模、当社取引規模などの観点からセグメントを定めた顧客ポートフォリオを定義し、セグメント毎の戦略策定と実行を進めています。顧客ポートフォリオは定期的に見直しを行い常に最適なセグメントを維持しています。戦略の実行進捗については、データによる指標モニタリングとともに定期的な事業戦略討議によって継続議論を行っています。

「Fujitsu Uvance」は、お客様のビジネス成長と社会課題の解決に挑むソリューションです。富士通が長年培ってきたテクノロジーと、さまざまな業種の知見を融合させ、業種間で分断されたプロセスやデータをつなぎます。企業や組織のクロスインダストリーの協力を活性化させて、これまでにない解決策やインサイトを導き出します。

このつなげる仕組み、業種横断のソリューションやサービスを通じて、お客様とともにサステナビリティ・トランスフォーメーション（SX）の実現に取り組みます。

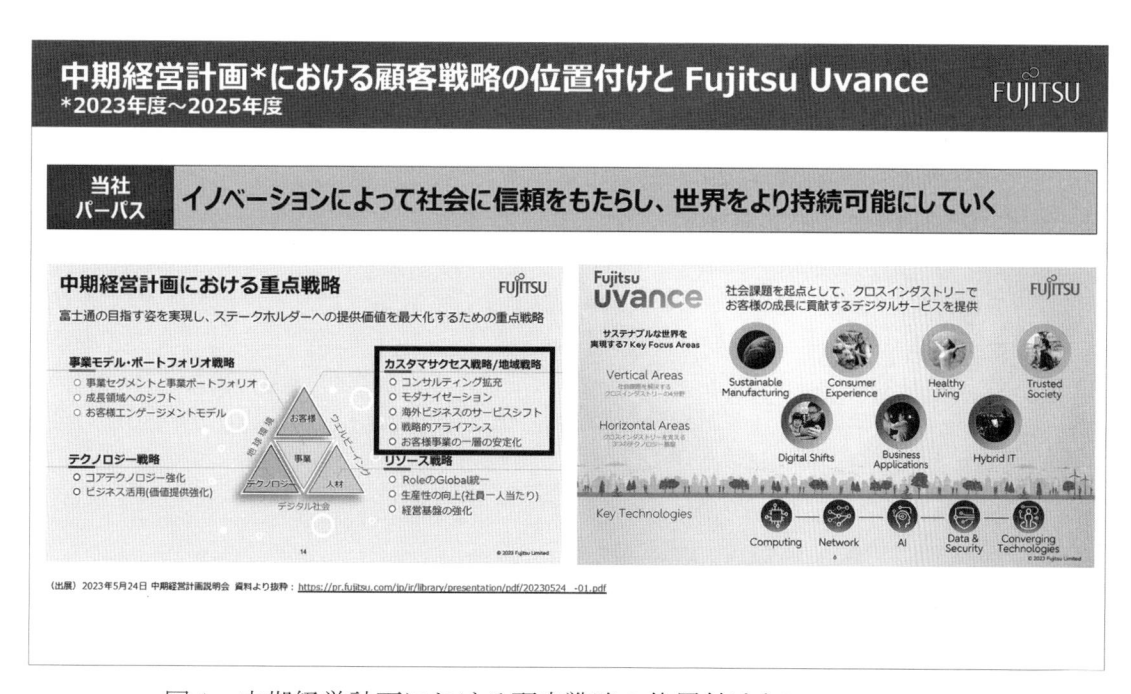

図1　中期経営計画における顧客戦略の位置付けとFujitsu Uvance

■ ビジネスモデルの変革

　富士通がOneCRMの取り組みを進めてきた大きな背景の一つには、ビジネスモデルの変化があります。これまでは、RFIやRFPを通してお客様の要件が明確に提示され、それに適したソリューションをご提案するビジネスを中心としてきましたが、現在ではお客様が最初から明確なお答えをもっていないケースも多く、オファリングと呼ばれるような提言・提案型のビジネスが増えてきました。

　このようなビジネスモデルの変化の中で、富士通としても商談の進捗状況を可視化し、迅速な経営判断につなげたり、関係者が能動的に商談の支援を行ったり、タイムリーに必要なアクション・対策を打てるようなマネジメント変革が必要とされるようになりました。

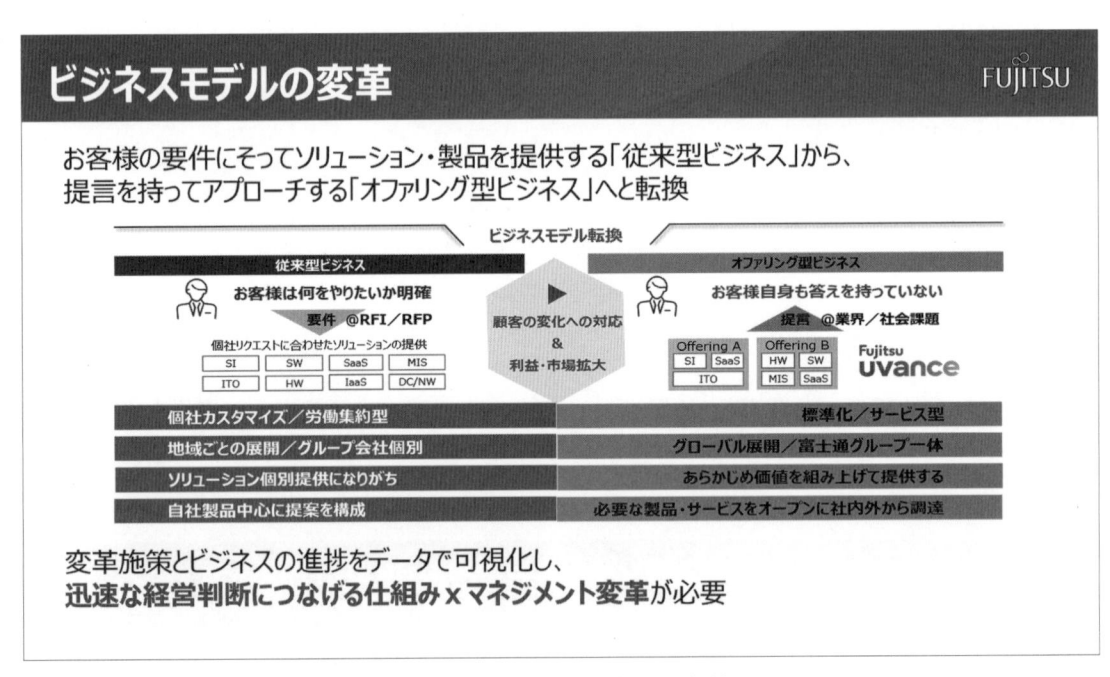

図2　ビジネスモデルの変革

　お客様の要件にそってソリューション・製品を提供する「従来型ビジネス」から、提言を持ってアプローチする「オファリング型ビジネス」へとグローバルに転換していくうえで、顧客や社会全体の課題・潮流に関する理解を深め、富士通全社のCapabilityを結集して課題解決に繋げることが不可欠です。各種変革施策とビジネスの進捗をデータで可視化し、「迅速な経営判断につなげる仕組み」x「マネジメント変革」が必要であり、OneCRMはそのための最重要施策の1つです。

■ OneCRMの概要

　こちらはOneCRMプロジェクトの全体像です。最優先で進めてきた商談パイプラインマネジメントを含め、全部で8つのカテゴリに分類しています。グローバルデータ基盤整備による商談管理のグローバル標準化を進めることに加え、インプットされたデータをもとにした受注予測、マーケティング活用など、さまざまな観点で推進をしています。

図3　OneCRM概要

■ OneFujitsu（OneCRM）推進体制

OneFujitsuプログラムの中で、OneCRMは主にマーケティング・Salesの領域を担っています。

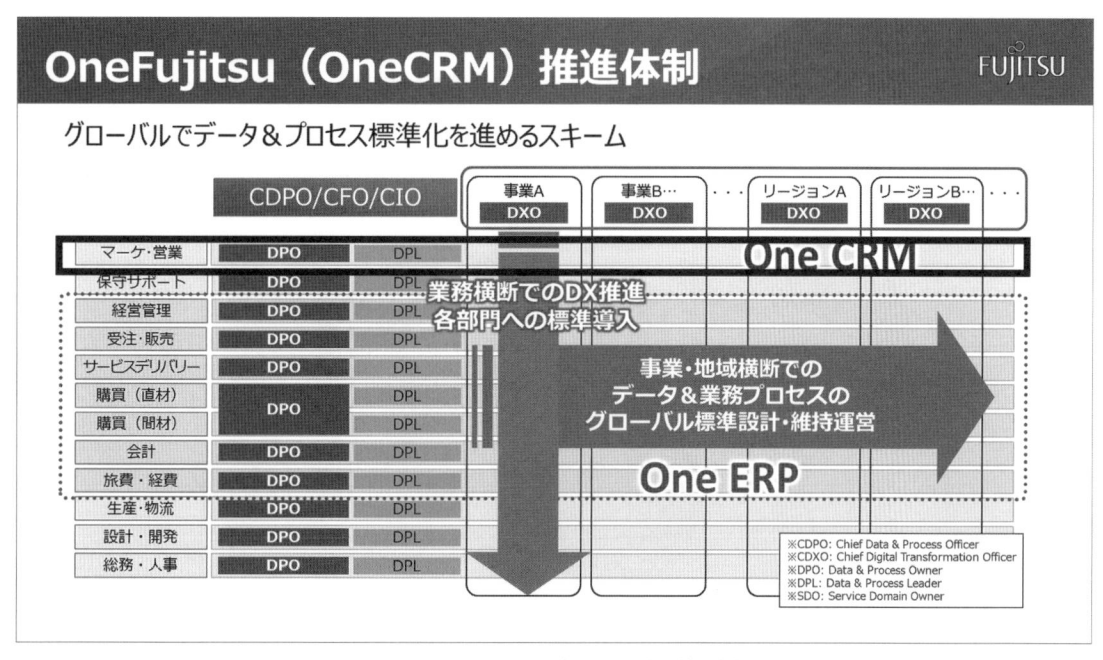

図4　OneFujitsu（OneCRM）推進体制

■ OneCRMの現在地

OneCRMプロジェクトが始まる以前は、各地域で独自ルールのもとCRM基盤（Salesforce）が使用されていた他、Salesforce以外の基盤を使用している部門もありました。こうした状況の中で、商談パイプラインの数字がどれだけ積みあがっているのかを見るだけでも、粒度や管理軸をそろえなおして数字を集計するような状況でした。商談情報の集約に大幅な時間がかかっておりスピーディな経営判断を行ううえでの課題となっていました。今では、OneCRMによって、グローバル全拠点の基盤がSalesforceで統一され、管理プロセスや定義のグローバル標準化の進展により、現在はグローバル全体の商談状況をリアルタイムに把握することが可能になりました。

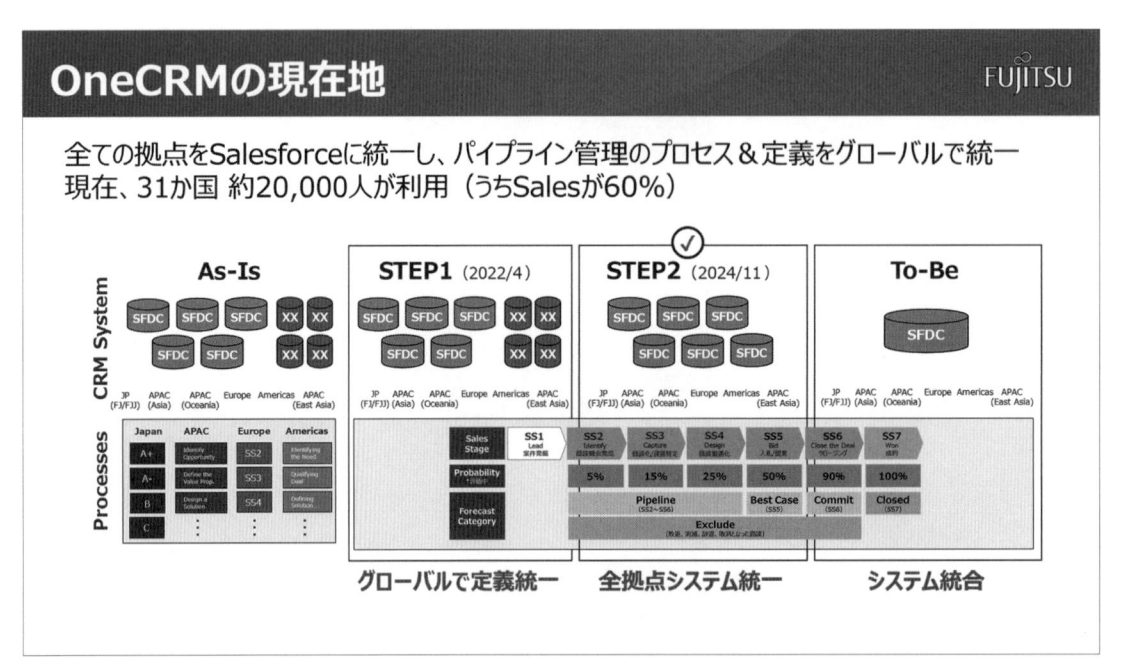

図 5　OneCRMの現在地

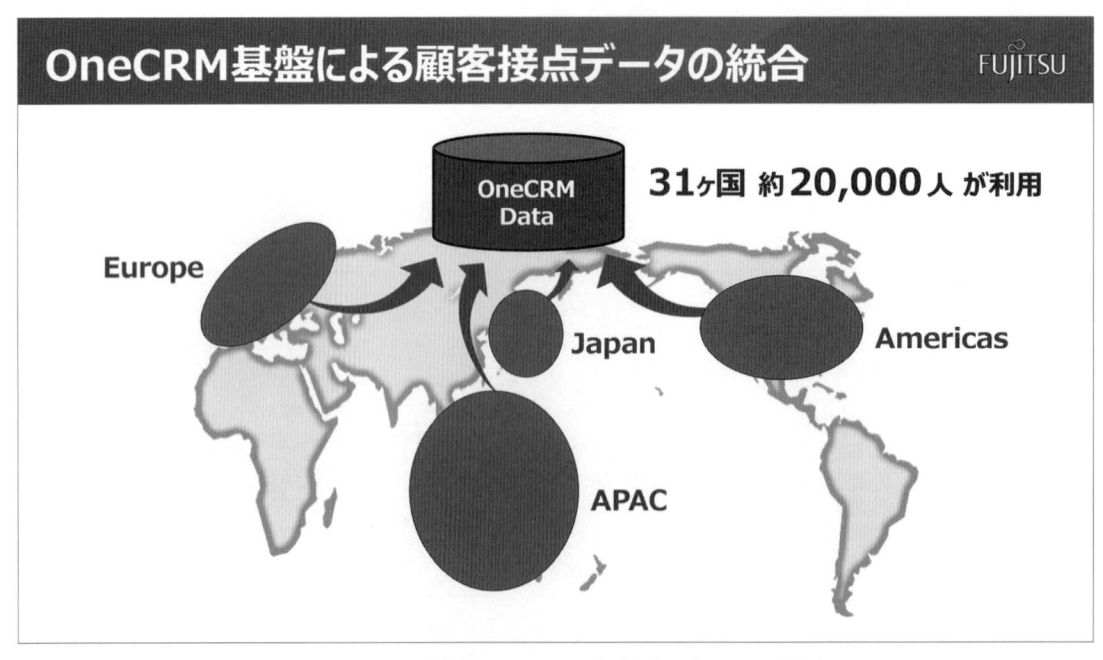

図 6　OneCRM基盤による顧客接点データの統合

商談管理プロセスとシステム基盤がグローバルで標準化されたことにより、共通項目で管理可能なグローバルなデータ基盤が実現しました。OneCRM基盤に蓄積された標準データを活用することにより、当社経営基盤を強化し、一層の顧客価値向上につなげていくことができます。各地域・部門にて登録されたお客様接点情報が全体集約され価値に転換されることで、施策が具体化され、各地域・部門へのベネフィットとして還元されていく基盤が整いました。

　グローバル全体での商談状況の一元管理を通して、各セグメントの事業規模やトレンド、対処すべき課題、今後の見通しがより正確に把握できるようになり、よりタイムリーな施策実行が可能となってきたことで財務パフォーマンスに対してもポジティブに作用しています。

　財務指標への貢献とともに、マネジメントを含む全社員の意識・行動変容の効果が確認できています。さらに、自社でのCRMの高度化の実践ノウハウに基づき、これから変革を進める顧客企業に対する支援も拡大しており、「顧客中心主義」と合わせて事業そのものの拡大にも寄与しています。

　リアルタイムに集積される顧客接点情報をもとに、顧客ポートフォリオ戦略の推進状況を効果的に把握できるようになり、各顧客セグメントにおける顧客価値向上施策の質とスピードが向上しています。こうした取り組みは、NPSスコアにも表れています。

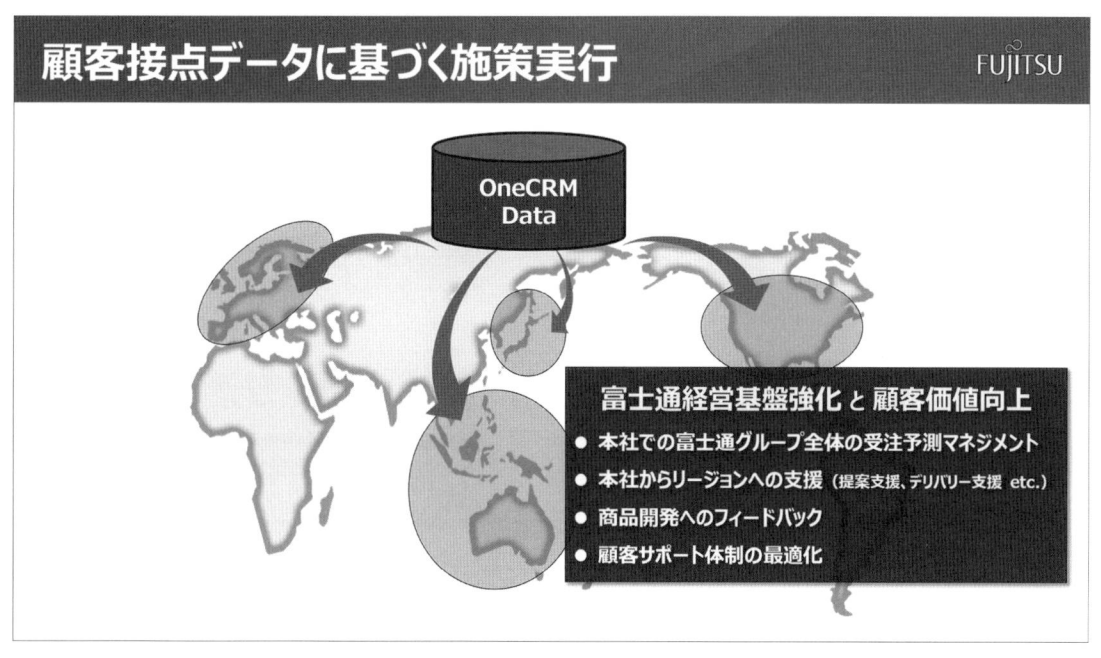

図 7　顧客接点データに基づく施策実行

次にカスタマー360の取り組みについてご紹介します。セールス部門が商談管理の為だけに使うツールではなく、関連部門も含めてOneCRMを使うことで、顧客価値向上や社内業務全体の効率化に向けて情報連携やデータの活用を進めています。

例えば、オファリング開発部門はグローバルな商談状況から需要動向の情報を得て、オファリング戦略へフィードバックすることが容易になってきており、当社業績へのポジティブな効果だけでなく、真の顧客課題に合致したオファリング提供にもつながっていくものです。また、これまでであれば関連部門との情報連携は会議が主体となっていた他、セールス部門が推進している商談の内容を把握するために個別のヒアリングが実施されていましたが、OneCRMのデータを活用しマネジメントダッシュボードなどで誰もが状況を参照するような仕組みを構築することで、そうしたやり取り・対応工数を削減しています。

こうした情報基盤の整備によって商談進捗状況がリアルタイムに把握できるようになったことで、必要なリソースの先行的な配備や、必要なマネジメントフォローがタイムリーに実行されるようになってきています。こうした施策によって、商談推進のスピードアップや顧客対応力の向上といった、セールス部門にとっての直接的なベネフィットにもつながっていきます。

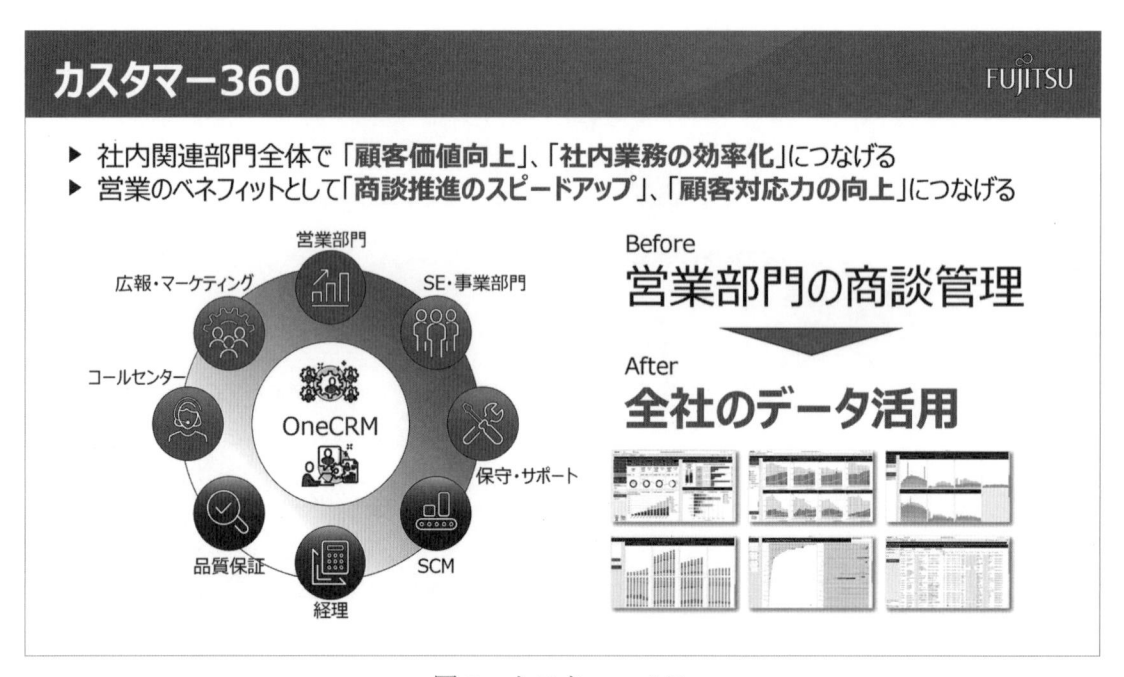

図8　カスタマー360

■ 取り組み事例

OneCRMにてグローバルに標準化されたプロセスで、商談状況がデータ化され、グローバル共通ダッシュボードを介して情報/インサイトが共有化されており、これらの情報が現場マネジメントで活用されており部門間連携も促進しています。

仮説提案型アプローチのための商品・サービス開発部門、および事業推進を支えるコーポレート部門（品質保証部門など）との連携は常態的に行われており、セールスからの提案支援要望を商品・サービス開発部門へ効果的に接続するための情報連携のプロセス/IT基盤が構築されています。OneCRMはこうした全社で顧客接点情報を活用するための基盤となっています。

商談管理の標準基盤としてのOneCRMに加え、各種商材に関する情報を集積したポータル基盤、商材の詳細理解を支援する問合せ基盤など、顧客課題解決に向けた推進基盤を整備しています。

サービス提供部門では専用のサービスデスクなどを設け、顧客からの問い合わせやニーズ等の情報を集積・管理しており、蓄積されたデータを分析し顧客対応の質を高めるための改善施策のサイクルを実行しています。また、商品開発部門では、OneCRMに集積される商談情報などを分析し、市場浸透状況などを把握し強化施策に繋げるサイクルを構築しています。

部門間連携・データ活用の取り組み事例　　FUJITSU

▶ 営業の商談パイプラインのデータを連携し、予測精度向上や施策トラッキングなどを実施
▶ 関連部門プロセスをOneCRMに組込・連動させて、連携業務を効率化

オファリングマネジメント
- 顧客ニーズの把握と商品開発への反映
- グローバルでの予実/見込の可視化
- 予測の精度向上

事業部門（商品）

PRMプロセス
- 商談検討会プロセスのOneCRM統合
- 報告/会議の見直し
- リスクスコアリング

品証部門

リソース計画
- 精度の高いリソース計画
- 営業とSEのベクトル合わせ（効率化）
- リソースのアロケーション

SE部門

財務分析
- グループ全体の財務予測（受注/売上）
- 数値変動要因の特定と改善策の立案

経理部門

図9　部門間連携・データ活用の取り組み事例

■ 実践知をお客様への提供価値へ

　業務プロセス/システム標準化、意識・行動変容のいずれにおいても、グローバルに12.4万人の従業員を擁する当社全体を変革していく過程では様々な課題の克服が必要でした。トップマネジメントのリーダーシップのもと、全社員参加型の部門実践の推進や取組みの共有、教育施策の展開、データ分析専門チームによるデータ可視化分析手法（AI適用含む）の開発など、様々な実践施策が当社のノウハウとなっています。当社規模でのグローバル標準化およびマネジメント変革の事例は業界でも少数であると認識しています。当社の実践ノウハウは、今後変革を進めるお客様に対する有用なリファレンスとなるものであり、Fujitsu Uvanceを通してお客様自身のDXを支援し当社の競争優位を強化することにもつながります。

　一層複雑化していく社会課題に対応し、顧客価値を最大化し続けていく為に、顧客・社会の課題をより解像度高く捉え、課題解決のための提案・商材開発等の精度、スピード、効率を追及し続けていくことが重要です。OneCRMで集積すべき情報粒度を高め、データ活用の拡大・深化を進める中で、「顧客中心主義」を根底におき、セールス部門のみならず全ての関係部門がより効果的に連携していくための仕組みと意識・行動変容の強化を追求していきます。

図10　実践知をお客様への価値提供へ

■ 責任者コメント

富士通株式会社
CEO室 データアナリティクスセンター
センター長
池田　栄次

　この度は、「2024　CRMベストプラクティス賞」を賜り、誠にありがとうございます。今回の受賞テーマである「OneCRM」は、当社がお客様・社会に貢献し続けていくための全社変革施策の中核をなす施策の1つです。試行錯誤も含めた挑戦の軌跡であり今後も一層の変革を推し進めていくものです。そうした取り組みに対して、ご評価頂けたことを大変嬉しく思います。

　高度化された情報基盤とマネジメントプロセスの便益を最大化するためには、それを活用する組織・個人の意識・行動の変容が欠かせないと考えています。「顧客中心主義」を根底におき、私たち自身の変革の過程で経験する課題や対処方法を重ね合わせながら、お客様・社会の課題に対して共感をベースに愚直に向き合い、課題解決・価値創出に貢献していきたいと思います。

株式会社ホンダオート三重

Best Practice
of Customer Relationship Management

　株式会社ホンダオート三重は、「顧客本位の経営」を経営理念の最初に掲げ、常に「お客様の視点に立った施策」を、業界の動きに先んじて一つ一つ着実に実行してまいりました。

　当社の経営理念の中の「顧客本位」「独自能力」を具現化させた「安心ネットワークシステム」は1999年から開始し26年が経ちました。出動実績は累計4,200件を超え、多くの人に感謝されてきました。またその出動実績をデータベース化しそれを分析した結果生まれた「年中無休営業」も「顧客中心主義」と「社員の働き方改革」というある意味で相反する事柄でしたが早くからITを経営に取り入れるなどをしたおかげでクリアすることが出きました。

　この度受賞した「2024 CRMベストプラクティス賞」において弊社の取組みについて次のとおり評価いただきました。

　M&Aにて事業会社を併合し、事業拡大分野として鈑金部門を吸収統合。販売から修理・メンテナンスを一貫して顧客に提供できる体制を構築した。会社の方針である「顧客中心主義経営」の具現化で磨き上げてきた。「安心ネットワークシステム」を全社に定着させるために、社是の創設・社員教育の徹底など改めて基本から徹底した。また利用した顧客に対する満足度をアンケートで回収する仕組みを改めて開始し、安心ネットワークシステムの完成度を評価する仕組みも構築し始めた。

　本稿ではその取り組み事例について紹介させていただきます。

株式会社ホンダオート三重
代表取締役社長
林口　朋一

　この度は、栄えある「2024 CRMベストプラクティス賞」並びに「継続賞」を賜り、誠にありがとうございます。

　私どもは、経営理念の第一に、「常にお客様の満足を追求し、何事もお客様第一に考え対処する」を掲げ、日々努力を重ねてまいりましたが、2012年及び、2017年〜2024年、と「CRMベストプラクティス賞」を9度受賞させていただきました。2019年には「大星賞」という名誉ある賞をいただきましたが、今回は8年連続受賞で、「継続賞」をいただけたことは私どもの活動が外部の方から一定の評価をいただいている証となり、大変喜ばしく、心から御礼申し上げます。

　弊社では、会社設立当初から、経営に関するデータを大切と考え、それらを蓄積し、その「データからの気付き」を戦略に反映させ、経営を行ってまいりました。ある時期から、それは「IT経営」という弊社の独自能力であることに気付き、今日に至っております。

　今回の受賞となりました「M&Aによるサービス向上モデル」は、弊社の特徴の「安心ネットワークシステム」の社員の理解度が満足のいく水準ではないことに気付いたことから始まりました。アウターであるお客様には説明してきましたがインナーの社員への説明が不足しておりました。

　また2022年にM&Aで子会社化した小川モータースの投資効果が2年経っても出ていませんでした。問題の一つ目として小川モータースの取得は「安心ネットワークシステム」のサービス地域拡大には効果がありましたが、日曜日定休日の体制であったために真の「安心ネットワークシステム」が発揮できていませんでした。二つ目として小川モータースの鈑金工場に能力があるのにも関わらず他の外注先と同じように一外注先として弊社が扱っておりました。

　これらを解決するために各種取り組みを行いました。

　乗用車ディーラーを取り巻く経営環境は、「百年に一度」と言われるほどの大変革の渦中にあります。経営環境が激変するなか、地域に密着した自動車ディーラーとしては、「同業他社とは差別化された顧客本位のサービスの提供」を行ってゆくことこそが肝要であると認識し、経営を行ってまいりました。

　今後も、「継続は力なり」をモットーに「CRMベストプラクティス賞」にチャレンジし、当社の独自能力を発揮しつつ、「顧客中心主義経営」を更に進化させて参る所存でございます。

　今後とも、なお一層のご指導・ご鞭撻をお願い申し上げます。

M&Aによるサービス向上モデル

株式会社ホンダオート三重

■ 会社概要

　弊社は、三重県津市の本店のほか、三重県の中勢・伊賀地区を中心として、新車販売拠点6、中古車販売拠点2、大型車サービス工場1、鈑金工場2、保険事務所1、新車納車整備センター1、管理本部1、合計14の事業所を持つホンダ系の自動車ディーラーです。

　また2022年5月には伊賀地区の自動車販売・修理会社を子会社化しました。

　弊社は、「顧客本位の経営」を経営理念の最初に掲げ、常に「お客さま」の視点に立った施策を、業界の動きに先んじて実行してきました。特に、創業以来48年、営業に必要なデータを地道に蓄積してまいりましたが、蓄積したデータは全社員が理解し易いようにグラフ化し、公開してきました。
（グラフ経営）

　このグラフ化された「データからの気付き」により、改革・改善をタイムリーに実行してきました。

　今回の受賞理由となりました「M&Aによるサービス向上モデル」もこのような弊社の独自能力の1つである「IT経営」を駆使して生まれたものです。

会社概要	
社名	株式会社ホンダオート三重
英文団体名	Honda Auto Mie
創立年月日	1977年3月18日
本社所在地	〒514-0817
	三重県津市藤方1680-1
	電話 059-225-7018
代表取締役	林口　朋一
従業員数	約140人（グループ計）
事業内容	ホンダ新車販売、中古車販売、
	自動車整備、鈑金塗装
	損害保険・生命保険代理店
	自動車リース・レンタル
	学習塾経営・不動産賃貸業
関連会社	（株）小川モータース
	三重県伊賀市
URL	https://dealer.honda.co.jp/hondacars-mienaka/

顧客中心主義経営への取り組み

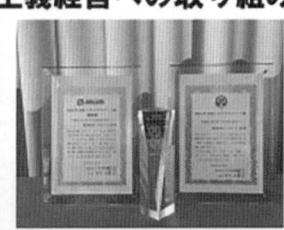

受賞年	受賞モデル
2012年	サービス強化による愛車保全モデル
2017年	作業プロセス共有による満足度向上モデル
2018年	鈑金修理情報・全社活用モデル
2019年	データ分析活用・働き方改革モデル　**大臣賞**
2020年	原点回帰（販売・保守）Webモデル（継続賞）
2021年	危機感共有、全社一丸CRMで突破モデル（継続賞）
2022年	安心安全サポート認知度向上モデル（継続賞）
2023年	年中無休顧客安心継続モデル（継続賞）
2024年	**M&Aによるサービス向上モデル（継続賞）**

Honda Cars 三重中

■ 弊社の経営理念

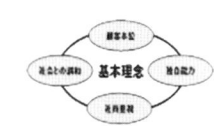

当社は2000年(平成12年)に
経営理念を制定した。

経営理念

常にお客様の満足を追及し、何事もお客様第一に考え対処する

他社との差別化を推進し、顧客から選ばれる店となる

社会と調和し、社会に貢献する

社員の自主的、自立的行動を促し、その為の環境を提供する

２０１２年よりCRMベストプラクィス賞に挑戦
し、顧客中心主義と独自能力の組み合わせで他社
との差別化を図った。

Honda Cars 三重中

■ 安心ネットワークシステム

経営理念の「顧客本位」「独自能力」から生み出されたものの一つが地域限定型ロードサービス「安心ネットワークシステム」です。これは「お客さまが事故・故障等で困っている時当社の商圏内であれば30分以内に駆けつけます」というものです。

お客さまからの一報があった場合、受付拠点が現場に一番近い拠点を割出し、出動指示を出します。出動指示を受けた拠点は他の業務に優先して出動します。

2019年からは情報伝達ツールを「LINE WORKS」に切替え、「お客さまの状況」や「現場の地図」を全社員に送信し共有を図るとともに、その後の対応結果をデータに蓄積しデータ分析を行っております。

安心ネットワークシステム（地域限定型ロードサービス）

（1999年より開始）

グリーンのエリア内で
30分以内の
到着を目指します！

朝日新聞に掲載されました。
1999年〜2024年11月**4,210**件の出動実績（'24/11/12現在）
平均到着時間　**18.2分**（JAF三重県平均　**36.4分**）

Honda Cars 三重中

安心ネットワークシステムの流れ

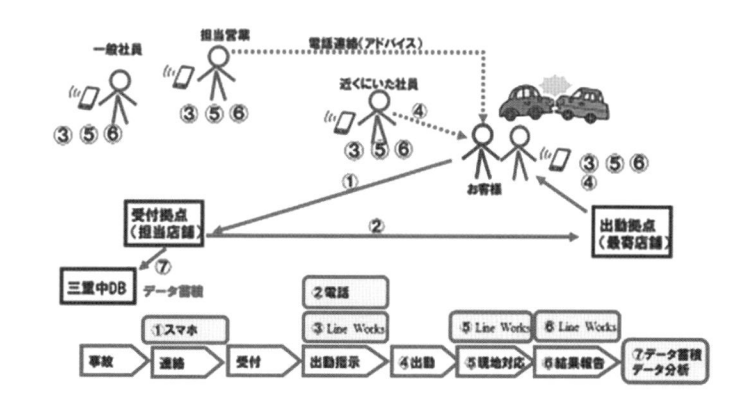

■ 年中無休営業

　もう一つの「顧客本位」「独自能力」は年中無休営業体制です。

　2002年当時　当社は「毎月第二月曜日・ゴールデンウイーク・お盆・年末年始」を店休日とし営業時間は「午前9時〜午後6時」としておりました。

　しかし「安心ネットワークシステム」のデータ分析を行ったところ「出動曜日は月曜日が多い」「出動時間帯は18時〜20時の時間帯が多い」事が分かりました。

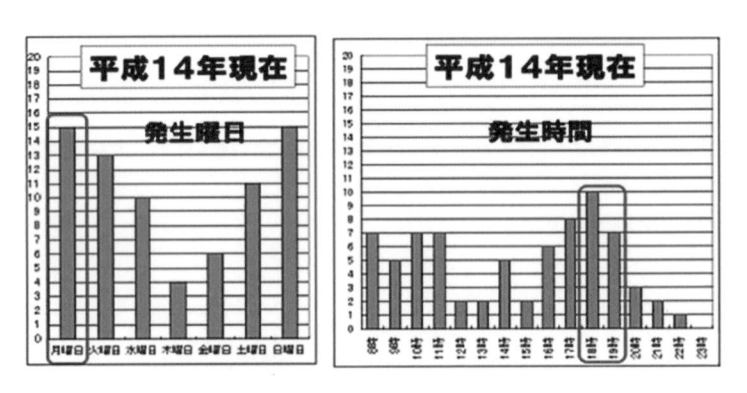

　そこで本当の「顧客本位」を実現するために「毎月第二月曜日・ゴールデンウイーク・お盆・年末年始」の休みを無くし、また営業時間も午前9時〜午後8時までとしました。

　こうして2002年4月から年中無休がスタートしました。

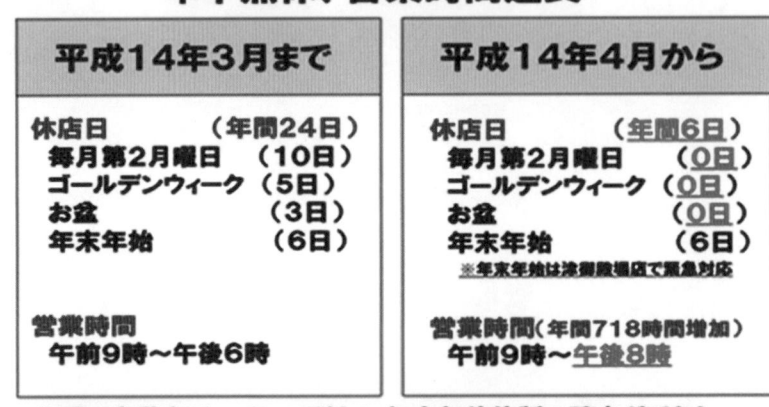

■ 働き方改革への対応

　2002年から17年間上記の体制を取っておりましたが、近年働き方改革が叫ばれ当社も営業時間の短縮を検討しました。

　当時自動車販売業界では10時始業が増えており、当社も10時始業を検討しました。しかしデータを分析したところ9時台の緊急出動が多いことから9時始業を継続することがお客さま本位につながると判断しました。一方19時台の緊急出動は1年間で3件しかなく就業時間

を1時間早めてもお客さま対応に及ぼす影響は少ないと判断し、20時迄としていた営業時間を19時までとしました。

「安心ネットワークのＤＢ化による気付き」

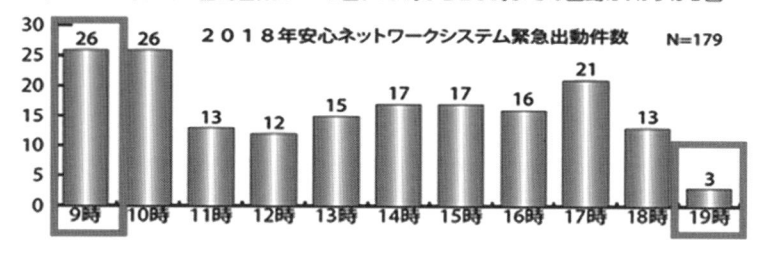

働き方改革が議論される中、このようなデータが出てきたため、20時までの営業を19時までに短縮した。

■（株）小川モータースのM&Aによる子会社化

2022年5月に創業70年の歴史を誇る（株）小川モータースをM&Aにより子会社化しました。

２２年５月　小川モータースをＭ＆Ａにより子会社化

安心ネットワークシステムの範囲が拡大した

■ 課題

　上記の通り当社は「安心ネットワークシステム」「年中無休営業」を経営の柱として取り組んできました。しかし課題も見えてきました。

　一つ目として「安心ネットワークシステム」を25年続けているのにもかかわらず社員の理解度がまだ満足のいく水準ではありませんでした。アウターであるお客様には説明をしてきましたがインナーの社員への説明が不足していました。

　二つ目としてM&Aで子会社化した小川モータースが2年経過しても投資効果が出てきていないことでした。それは小川モータースの取得は「安心ネットワークシステム」の地域拡大には効果はありましたが、日曜定休日体制であったため真の「安心ネットワークシステム」の効果が発揮できておりませんでした。また小川モータースの鈑金工場に能力があるのにも関わらず他の外注先同じように一外注先として扱っておりました。

三つ目として過去には自社鈑金工場を持っておりましたが諸事用で外注工場に頼っておりました。

■「和顔愛語　先意承問」を社是に

　「和顔愛語　先意承問」の言葉をポスターにして社員が目指す姿として全拠点に掲示しました。
　2024年8月にはスローガンとしていた「和顔愛語　先意承問」を「社是」として打ち出しました。

今年の社員接客スローガン
わがんあいご　せんいじょうもん
「和顔愛語　先意承問」

2024年度は「和顔愛語　先意承問」を合言葉にして頑張りますので、どうぞよろしくお願いします。お客様からご覧になって「まだまだだな」と思われる接客に遇われたらご遠慮なく、ぜひご指摘ください、それを糧に私たちはいっそう成長することができます。

「和顔愛語」とは　和やかな顔と思いやりの言葉で接すること「先意承問」とは　先にお客様の気持ちを察してお客様のために何ができるか？を自分自身に問いただし、そのうえでお客さまのご要望に全力でお応えする、ということです。（「和顔愛語　先意承問」という言葉は大乗無量寿経という仏典の中にあります）

ご挨拶
弊社の取り組みについて

　弊社は「企業は誰のために存在するのか？」を常に自問し、「企業は顧客（社会）のために存在する」という固い信念のもと「顧客中心主義経営」に取り組んでまいりました。

　お客様が自動車ディーラーに対しもっとも望むことは「困ったときの対応」である、ということをお客様アンケートで知り、2001年に地域限定型ロードサービス「安心ネットワークシステム」と、2002年に「年中無休営業」体制という二つのお客様の安心カーライフを確保するシステムを誕生させ今日に至っております。

　2024年3月、新たに「鈑金事業部」を発足し津市に「津鈑金事業所」、伊賀市に「伊賀鈑金事業所」を開設しました。お客様の事故時の車両修復において、これまでの外注から、内製化を図ることにより、お客様からの細かな要望にもしっかりお応えし、これまでの外注と比較して車両修復のための預かり時間が短縮でき、より早くお車をお戻しすることができるようになりました。

　また　地域限定型ロードサービスである「安心ネットワークシステム」は2022年5月に伊賀市の小川モータースをM&Aで子会社化する事で空白地域であった伊賀地区をカバーする事ができました。同時に小川モータースも「年中無休営業」体制となりました。これらの取組みはすべて「顧客中心主義経営」に基づいた弊社の取り組みです。

　昨今、一部の自動車ディーラーでは、要員確保のためにES(社員満足度)を重視し、週2日店休日を設ける会社も出てきました。まさに「顧客第二主義」ともいえる考え方です。しかし弊社は企業は誰のために存在するのか？を常に自問し、お客様がディーラーに対し最も望むことは「困ったときの対応」であると考え、そこから「年中無休営業」体制を堅持することにし、今日に至っております。

　2024年1月から、「安心ネットワーク倶楽部」を発足させました。この23年間にロードサービスは大きく変化して、弊社の安心ネットワークとJAFだけであったものが損保会社各社のロードサービスが増え、またホンダのHTCも出現しました。その中で他のロードサービスと比較して圧倒的な早さで現場に駆けつけるという実績を誇っております。

　お客様の詳細情報を知ることで、さらに迅速な行動をするために「安心ネットワーク倶楽部」のＶＩＰ会員を募集しております。お客様に便利な「年中無休営業」体制と、どこよりも早くお客さまのもとに駆け付ける「安心ネットワークシステム(地域限定型ロードサービス)」という、弊社の二大お客様サービスを今まで以上にブラッシュアップしてまいります

2024年8月

株式会社ホンダオート三重（ホンダカーズ三重中）

代表取締役　社長　林口　朋一

169

■ 経営理念の変更

　経営理念の３番目「社員の自主的・自立的行動を促し、その為の環境を提供する」と４番目の「社会と調和し、社会に貢献する」を入替え、社会との関係を重要視しました。

当社は2000年（平成12年）に経営理念を制定した。

経営理念

1. 常にお客様の満足を追及し、何事もお客様第一に考え対処する
2. 他社との差別化を推進し、顧客から選ばれる店となる
3. 社会と調和し、社会に貢献する
4. 社員の自主的、自立的行動を促し、その為の環境を提供する

本年より　３番目と４番目を入替え、社会との関係を重要視しました。

■ ロープレ大会の実施

　社員の「安心ネットワークシステム」の理解度が思ったより低いことが分かったため、まず社員教育が重要と考え毎週ロールプレイングを実施する事にしました。

ロープレ大会の様子

社員の理解度が思ったより低いことが分かったため、まず社員教育が重要と考え毎週ロールプレイングを実施することにした。

■ （株）小川モータースの年中無休化

　日曜定休日としていた(株)小川モータースを年中無休化しました。それにより「安心ネットワークシステム」の伊賀地区への拡大が真の「安心ネットワークシステム」の地域拡大となりました。

・安心ネットワークシステムの伊賀地区へのエリア拡大
・小川モータースの年中無休営業体制への移行

■ 各拠点の鈑金依頼受入から各鈑金事業所への作業指示の流れ

　鈑金修理が外注一択から津鈑金事業所、伊賀鈑金事業所、外注から入庫先を選択できるようになり、外注工場に依存していた中古車部の商品化、加修の内製化が実現しました。

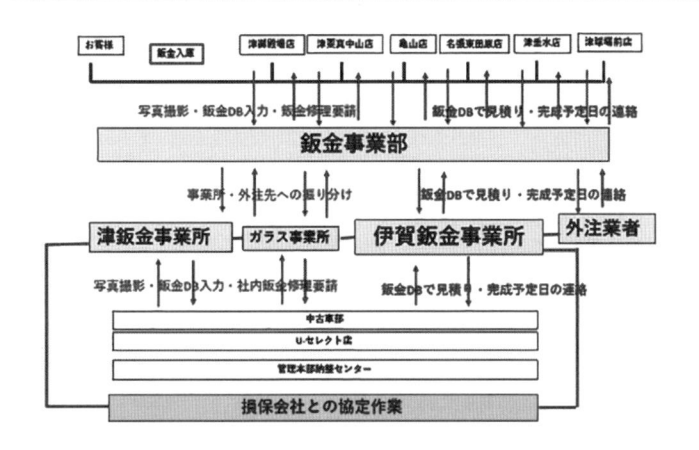

鈑金事業部発足の効果

＜１＞ 鈑金入庫から完成までの所要日数が短縮

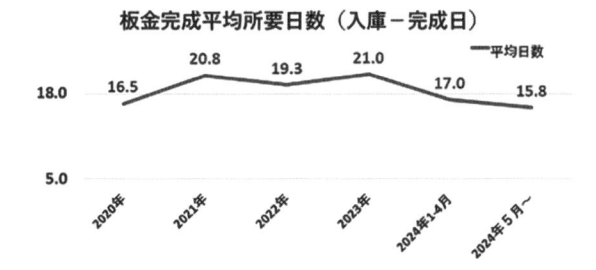

鈑金入庫から完成までの所要日数は減少している

＜２＞ 事故件数が減少している中で高い鈑金収益を維持

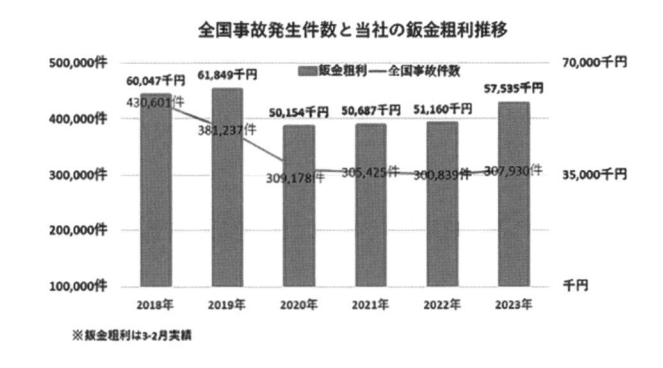

全国の事故発生件数推移と比較して鈑金事業部の粗利は増えている

■「安心ネットワークシステム」出動時のアンケート

出動時にアンケートを取る仕組みを作り、高い満足度を得られていることが分かりました。

アンケート結果

作成日時	回答者氏名	年齢	回答者性別	今回の緊急対応についての満足度を教えてください。	満足度評価理由	スタッフの対応はいかがでしたか？	スタッフ対応評価理由	お気づきの点などございましたら記入いただきますようお願いいたします。
2024-05-21 12:49		60〜65歳	男性	大変満足	迅速してくれたです	大変良かった	早くあてくれた！	
2024-05-05 12:04		50〜55歳	男性	大変満足	とても早く対応までくれて助かった。	大変良かった	早く丁寧で良かった。	
2024-09-01 11:10		50〜55歳	男性	大変満足	電話してから到着までがとても早く、タイヤを交換する時間もかなり早かったです。交換後に今後の流れについての説明がありましたが、とても分かりやすかったです	大変良かった	声かけや丁寧な話し方、笑顔などの対応が安心感を覚えました	仲中症対策のお茶など、細かいお気遣いありがとうございました大雨の中、素早い対応本当にありがとうございました
2024-05-24 18:30		50〜55歳	男性	大変満足		大変良かった		
2024-05-21 15:36		70〜75歳	女性	大変満足		大変良かった	高い中 素早く対応して頂きました。	
2024-06-06 6:50		70〜75歳	男性	大変満足	素早く対応していただきありがとうございました。	大変良かった	説明が丁寧でした。	
2024-05-19 17:40		40〜45歳	男性	満足		良かった		
2024-05-19 17:12		50〜55歳	女性	大変満足	お茶のペットボトルをもらいました。暑さ対策も万全でした	大変良かった	迅速にあてもらって、すぐに対応してもらいました。	特になし。

令和6年8月に開始したところであり、今後データを集め活用したい。
9月23日現在23件送信8件返答（大変満足　7件　満足　1件）。
いずれも素早い対応に感謝の声が出ている。

■ 今後の課題

　三重中ブランドの「年中無休」「安心ネットワークシステム」の認知度を上げることは、お客様から選ばれる会社になると言うことを幹部は理解していますが、全社員への徹底がまだ道半ばであると認識しております。社内ロープレを引き続き実施します。またアンケートでのお客様の貴重なご指摘、ご意見、ご感想を重視して取組みを行ってまいります。

　弊社では、「CRMベストプラクティス賞」と営業利益が相関関係にあることを認識しております。今後もCRM活動の取組みを行い、三重中ブランドの確立に努めていきたいと考えております。

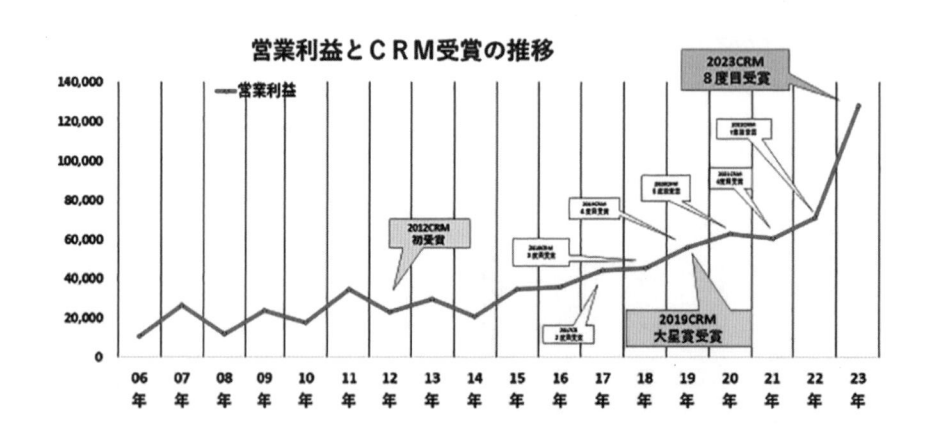

「CRMベストプラクティス賞」入賞と当社の営業利益は相関関係にある

■ 責任者コメント

株式会社ホンダオート三重
代表取締役副社長
林口　浩久

　この度は、栄えある「2024 CRMベストプラクティス賞」並びに「継続賞」を賜り、誠にありがとうございます。「顧客中心主義」経営の取り組みを続けてきた結果、当社の中では徐々にその考え方や重要性が理解され浸透しつつあり大変うれしく思っております。

　今回は、受賞後の事例発表に常務取締役の稲垣がプレゼンターを担当しましたが、同様に全ての社員が当社のCRMについて表現できるようにすることで、社員の理解をより一層深め、更なる高みを目指したいと思います。

　今後も更なる改善を目指し精進いたします。今後とも一層のご指導・ご鞭撻の程よろしくお願い申しあげます。

■ 担当者コメント

株式会社ホンダオート三重
経営顧問
井上　俊一
（井上経営コンサルタント事務所　所長）

　この度は栄えある「2024 CRMベストプラクティス賞」並びに「継続賞」のダブル受賞を賜り、誠にありがとうございます。弊社は、2012年、2017年〜 2023年に続き 9 度目の受賞となりましたが、この間の自動車ディーラーを取り巻く環境は、かつて無い程大きく変化しようとしています。林口社長が常々口にされる『変化に対応できるものだけが生き残れる時代』がすぐそこにやってこようとしているのです。

　弊社は、限られた地域の中で、他メーカーのディーラーばかりではなく、同メーカーのディーラーともつばぜり合いをしながら営業を行っております。そのような中で、競争に勝ち、生き残るためには、「お客様から選ばれる会社」になる必要があります。弊社はこれまで他社にはない「独自能力をたくさん持つ」ことを念頭に努力してきましたが、この栄えある受賞を期に、当社の「顧客中心主義経営」を社員全員が共有し、さらに発展させていけるよう努力を重ねてまいります。

　今後とも一層のご指導・ご鞭撻の程よろしくお願い申しあげます。

マクニカホールディングス株式会社

Best Practice
of Customer Relationship Management

顧客ポータル・CRM拡張モデル

「変化の先頭に立ち、最先端のその先にある技と知を探索し、未来を描き"今"を創る。」———私たちはパーパスでこう宣言しました。最先端の技（テクノロジー）と知（インテリジェンス）をつなぎ、未来構想力と解像度の高い実装力を併せ持った共創パートナーとして、未来社会の発展に貢献する企業を目指しています。

近年急速に変化する事業環境の中で、お客様のパートナーとして常に付加価値の高い商品・サービスを提供すべく、社内業務・システムの見直しに取り組んで参りました。

今回の受賞にあたり、一般社団法人　ＣＲＭ協議会様からは、「昨年に続き、2025年までに新しい業務基盤システムを構築するプロジェクトの一環として導入したCRMシステムの機能を強化した。今年は、顧客ポータルの機能拡張による提案力向上及び利便性向上の実現と、データ集約やメール生成・送信を自動化する機能の開発による手作業が残っていた業務の効率化を図った。また、MAシステムからのWeb活動履歴の連携や契約パイプラインごとの予測機能によって、顧客が必要とする商品の提案がタイミング良くできるようになった。さらに、CRMシステムのグローバル展開も着実に進めており、新拠点へ導入する方法論を確立した上で、北米への導入時には実際にこの方法論を適用し、コスト削減・導入期間短縮の成果が出ている。顧客価値の向上のための絶え間ないシステム投資は称賛に値する。」とご評価いただいております。

本稿では、当社がこの一年間で推進してきた社内システムの機能拡張・範囲拡大に係る取組みの内容をご紹介させていただきます。

マクニカホールディングス株式会社
代表取締役社長
原　一将

　この度は、栄誉ある「2024 CRMベストプラクティス賞」を賜りまして誠にありがとうございます。当社は昨年に引き続き2回目のエントリーでしたが、これまで継続的に推し進めてきた顧客価値向上に向けた取組みをご評価いただけたことを大変嬉しく思っております。選考委員の皆様、また一般社団法人 ＣＲＭ協議会関係者の皆様へ、心より御礼を申し上げます。

　マクニカホールディングス株式会社100％出資子会社である株式会社マクニカは、前身となるジャパンマクニクス株式会社を1972年10月に創業して以来、エレクトロニクス専門商社として50年に渡り、世界中の最新テクノロジー・製品に独自の付加価値を与え、国内外のものづくりを支援してきました。国内で初めて「技術商社」という新しい概念を作り、お客様の潜在需要をも掘り起こして提案できる「デマンド・クリエーション型企業」として成長しました。
　近年は、コト消費にシフトしつつある消費者の購買活動や新たなニーズを満たすため、半導体、ネットワーク事業で培ってきたCyberとPhysicalの強みの融合、創業時から最先端の技と知を追い求め種を蒔き続けてきた先進性、エコパートナーとの共創により、より付加価値の高いサービス・ソリューションカンパニーへの変革を目指しています。

　今回の受賞では、CRMシステムの機能強化により、営業業務の効率化と顧客満足度の向上を両立させたこと、また、CRMシステムのグローバル展開を着実に進め、新拠点へ導入する方法論を確立した上で、コスト削減・導入期間短縮の成果が出ていることをご評価いただきました。
　社会の発展と、企業をつなげるためにマクニカができることは何かを常に考え、取引先企業を単なるお客様ではなく共創パートナーとして位置づけ、大きなエコシステムを創り上げていくことを目指してきました。その目標に向かい全社員が一丸となって取り組んできた結果が、今回ご評価いただけたものであると考えています。

　マクニカはこれからも、「変化の先頭に立ち、最先端のその先にある技と知を探索し、未来を描き"今"を創る」というパーパスのもと、当社グループの強みである優れたコンセプトや技術を見極める目利き力、未来構想力、実装力をさらに尖鋭化させていきます。そして、「技術商社」の枠を超えた価値そのものを創造するサービス・ソリューションカンパニーとして、様々な社会課題の解決に貢献していきます。
　デジタルテクノロジーの活用によるトランスフォーメーションへの「道先案内人」としてお客様に伴走し続けると同時に、一般社団法人 ＣＲＭ協議会様が目指される「日本のCRMの普及と発展」の中心となれるよう、CRMに関する取組みの改善・進化に邁進して参ります。

顧客ポータル・CRM拡張モデル

マクニカホールディングス株式会社

■ 事業概要

マクニカホールディングス株式会社100％出資子会社である株式会社マクニカは、「変化の先頭に立ち、最先端のその先にある技と知を探索し、未来を描き"今"を創る。」というパーパスのもと、社会の発展を支える「半導体」、近年さらなる高度化が求められる「セキュリティ・ネットワーク」、これからの社会課題を解決するAIを基軸に捉えた新しい「サービス・ソリューション」の3つの事業を展開する専門商社です。

会社概要	
社名	マクニカホールディングス株式会社
英文団体名	MACNICA HOLDINGS, INC.
創立年月日	2015年4月1日
本社所在地	〒222-8561
	神奈川県横浜市港北区新横浜1-6-3
	電話 045-470-8980
代表取締役	原 一将
従業員数	約4,768人（連結／2024年3月期）
事業内容	半導体及び電子部品、ネットワーク関連商品の販売等を行う事業会社の経営管理及び付帯又は関連する業務
URL	https://holdings.macnica.co.jp/

前身であるジャパンマクニクス株式会社を1972年に創業して以来、半導体とITの技術商社として50年に渡り事業活動を行い、グループ売上は2022年度に1兆円を突破しました。

2022年5月には、2030年に「豊かな未来社会の実現に向けて、世界中の技と知を繋ぎ新たな価値を創り続けるサービス・ソリューションカンパニー」を目指すビジョンを策定しました。これまで50年にわたる成長を支えてきた高付加価値ディストリビューションのビジネスモデルを拡大しながら、その強みを活かした新しいビジネスモデルへ挑戦することを掲げています。

図1 株式会社マクニカ 会社・事業概要

　マクニカにおけるCRMの取組みの目的には、「生産性向上」と「顧客価値向上」という２つの側面があります。

　マクニカでは急速な事業環境変化の中で安定的な成長を目指すために、高付加価値ディストリビューションモデルの拡大と、サービス・ソリューションモデルへの変革という目標を掲げています。

　本取組みに着手した2018年当時のマクニカでは、将来的な取扱量の増加が見込まれる中で更なる生産性向上が求められていたことに加え、CRMは部門ごとに異なるシステムを導入していたため、高い付加価値を提供できない状態にありました。

　そこで、2018年より全社横断で生産性向上に向けた基幹システムの見直しに着手したことを背景に、営業の生産性向上と顧客価値向上の両立を目指し、CRMの刷新と顧客ポータルの立上げに着手しました。

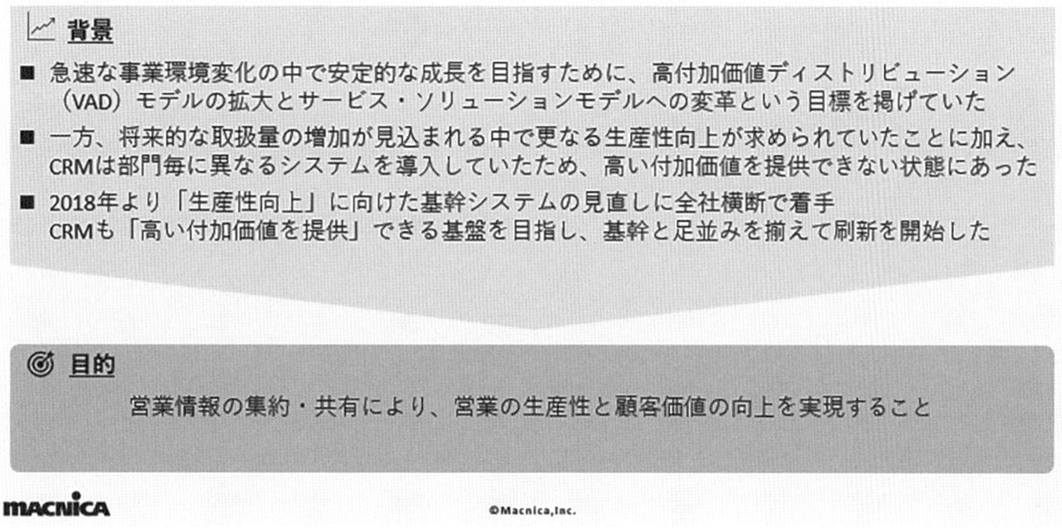

図2　取組みの背景・目的

■ 昨年度までの取組み：ポータル導入・営業推進モデル

　昨年度までは、図3に示す通り、生産性と顧客価値向上の２つの目的の達成を目指し、それぞれの目的に沿った取組みを進めてきました。

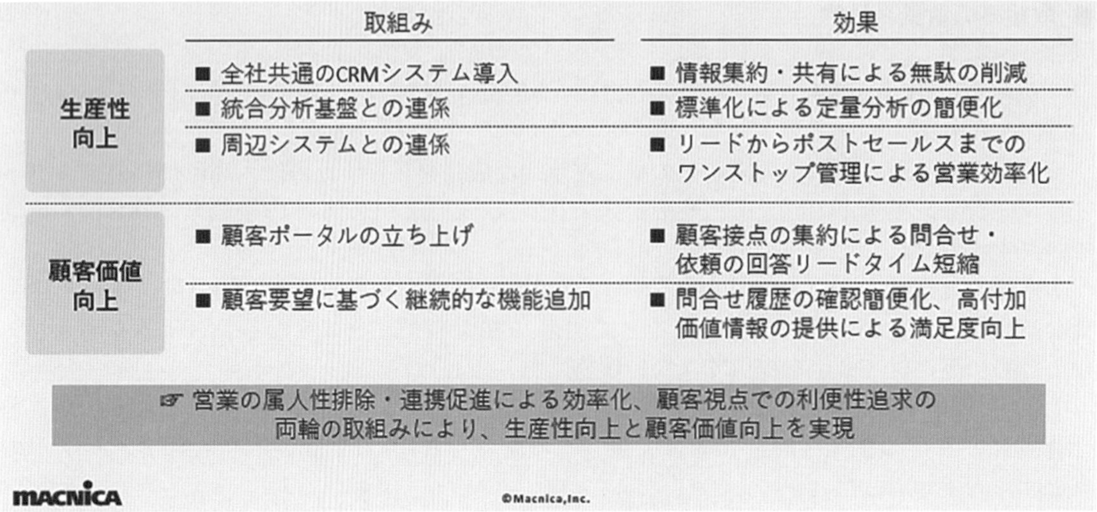

図3　昨年までの取組みの概要

　生産性向上に向けては、全社共通のCRMシステムを導入し、情報集約・共有による無駄の削減を実現しました。そして、統合分析基盤と連係することで、異なる営業スタイルの活動を標準化した指標で定量分析することが可能となりました。
　また、周辺システムであるマーケティングオートメーションシステムとの連係や顧客ポータルサイトを活用することで、マーケティングリードから商談化し、提案、受注、その後のポストセールス活動までをワンストップで管理することが可能になりました。

　顧客価値向上に向けては、顧客ポータルの立ち上げにより、メールや電話など様々だった顧客接点を集約し、よくある問合せや依頼をシステム化したことによって回答リードタイムの短縮に成功しました。さらに昨年度の取り組みとしては、お客様からのインプットだけでなく、マクニカから新製品や市況情報などの高付加価値情報を発信する機能もリリースしています。

　マクニカならではのサービスを提供し続けることで生産性向上と顧客満足度の向上を実現しました。

■ 今年度の取組み：顧客ポータル・CRM拡張モデルの全体像

　今年度の取組みのテーマは、図4に示す通り、機能拡張とデータ管理対象の範囲拡大の2つです。
　機能拡張に向けては、顧客向けポータルサイトにおけるプリセールス機能/注文書作成機能によりユーザビリティをさらに向上させたことに加え、仕様変更品/終売品情報の自動配信機能構築による品質管理部門のポストセールス業務の業務効率化、マーケティングオートメーションシステムからのマーケティング活動履歴（Webアクセスや展示会/セミナー参加など）の連携によるリード顧客情報の品質向上を実現しました。
　データ管理対象範囲拡大においては、半導体、ネットワークに続き、新事業の営業案件もCRMに取り込みを行いました。また、国内で構築済みのCRM機能を海外拠点へ展開し、グループ全体での標準化と「顧客中心主義」の浸透を推進しています。

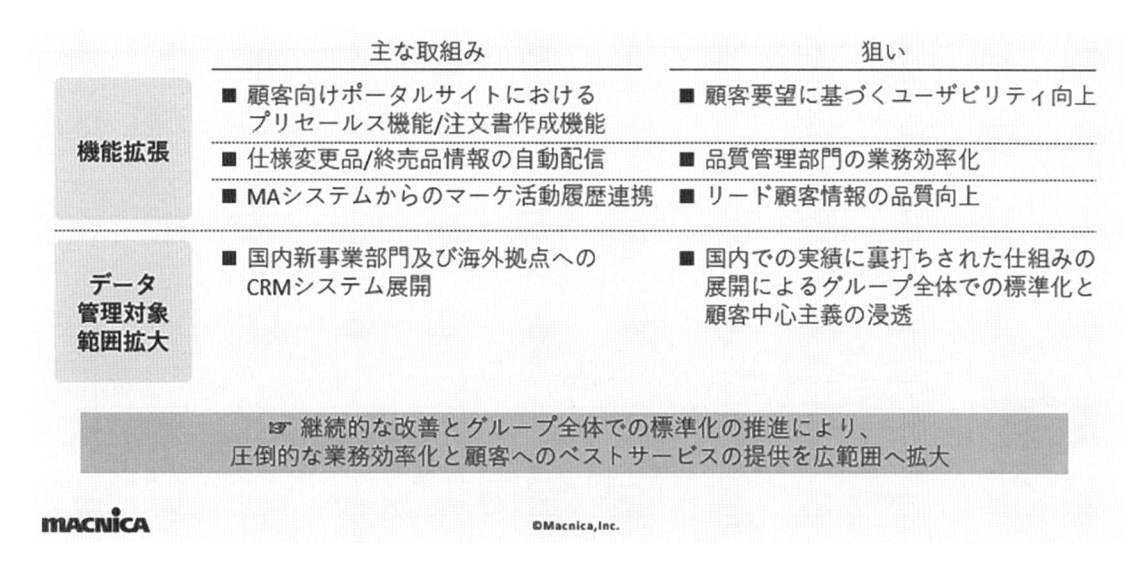

図4　今年度の取組みの概要

■ 取組みの詳細

本項からは、今年度の取組みのテーマである機能拡張とデータ管理対象の範囲拡大について、取組みの詳細をご紹介します。

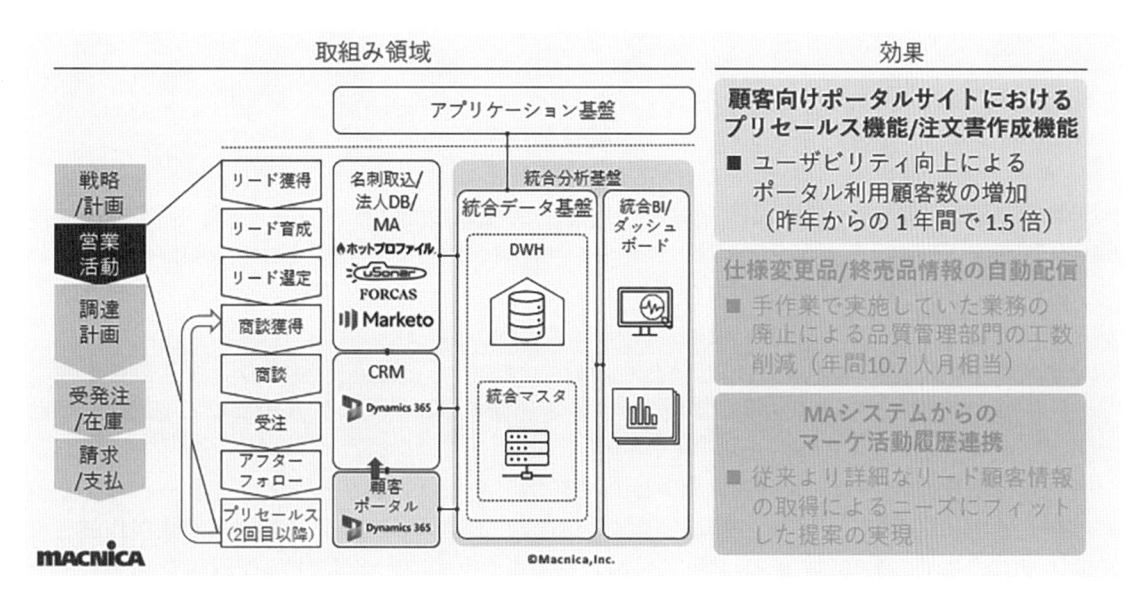

図5　機能拡張①：顧客向けポータルサイトにおけるプリセールス機能/注文書作成機能

機能拡張における1つ目の取組みは、「顧客向けポータルサイトにおけるプリセールス機能/注文書作成機能」です。

昨年度まで、顧客ポータルは営業活動の一環としてアフターフォローのみを対象とするシステムでしたが、今年度から新たにプリセールス機能を追加しました。顧客ポータルサイト上では、商材に関する資料や動画の閲覧履歴などからお客様の興味関心を収集し、既存顧客に対しても弊社が提供可能な新しいサービスを提案できるようになりました。

顧客ポータルはリリース当初、問い合わせや見積もりといった限られた機能のみを提供していましたが、顧客の要望に応じた改修を重ねることでユーザビリティが向上し、その結果、ポータルの利用者数が昨年からの1年間で1.5倍に増加する成果を実現することができました。

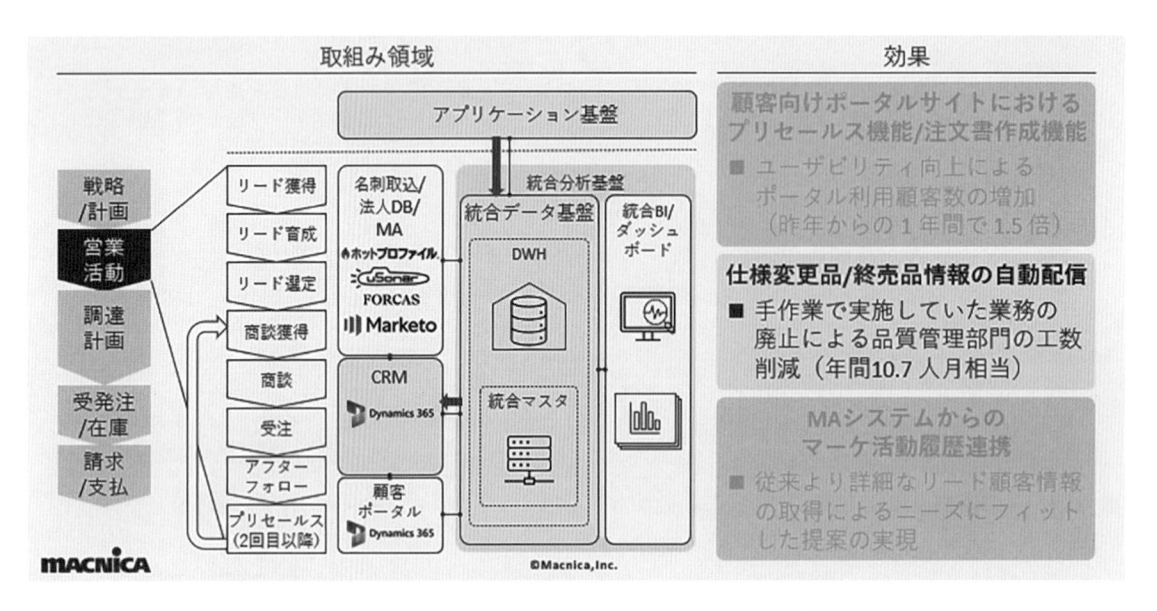

図6　機能拡張②：仕様変更品/終売品情報の自動配信

　機能拡張における2つ目の取組みは、「仕様変更品/終売品情報の自動配信」です。本機能はCRMと統合データ基盤、アプリケーション基盤を連係させることで実現しました。

　半導体という商材は、使う場所や機能により膨大な数の商品がありますが、全ての商品が同じ仕様で売られ続けることはありません。メーカー側で商品の仕様変更や生産終了が発生した際、仕入先のメーカーから変更内容を受領し、その内容に応じてお客様ごとに過去の受注実績から通知対象をピックアップし、個別にやり取りする必要があります。
　マクロなどで一定の自動化はしていたものの、お客様ごとに過去何年の受注実績を対象とするか、誰に通知するか、通知後のアクションをどうするかなどのルールが異なっており、少なからず手動対応も行っていました。
　これらの業務に対してシステム化を実施しました。メーカーレターをアプリケーション基盤に登録すると、統合データ基盤に格納されている過去受注実績と突合して通知対象が作成されます。それをCRMに連携して顧客ごとに通知メールを自動作成、送信する仕組みを構築しました。大規模な改修となりましたが、多くの作業を自動化できたため、担当者の工数を年間10.7人月も削減することに成功しました。
　また、CRMからメールを発信することで、本業務におけるお客様とのやり取りもCRMに自動で取り込まれるため、部門や業務も超えてお客様向けの活動を集約管理できるようになりました。

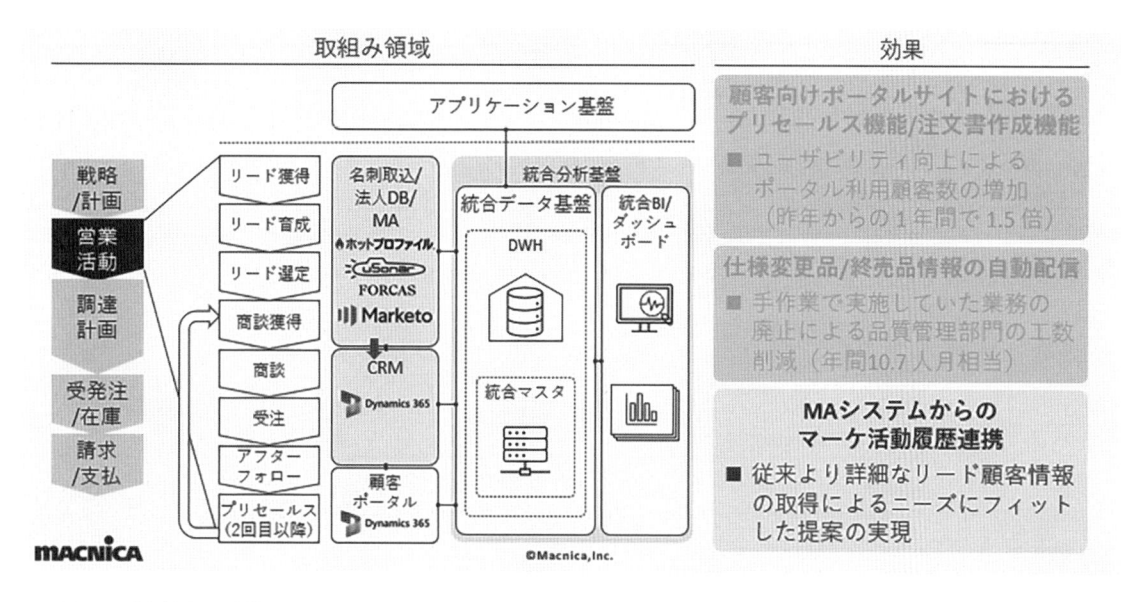

図7　機能拡張③：マーケティングオートメーションシステムからの活動履歴の連携

　機能拡張における3つ目の取組みは、「マーケティングオートメーションシステムからの活動履歴の連携」です。

　昨年までは顧客の属性情報の受渡しのみ行っていましたが、Webへの訪問やメールのクリック、フォーム入力、セミナー参加や参加後のアンケートといったマーケティング活動履歴を収集し、CRMシステムに連携できるよう機能を拡張しました。表面的なデータに留まらず、CRM上でより詳細な顧客データを参照できるようになったことで、今まで以上にお客様のニーズにフィットした提案活動が可能となっています。

■ データ管理対象範囲拡大

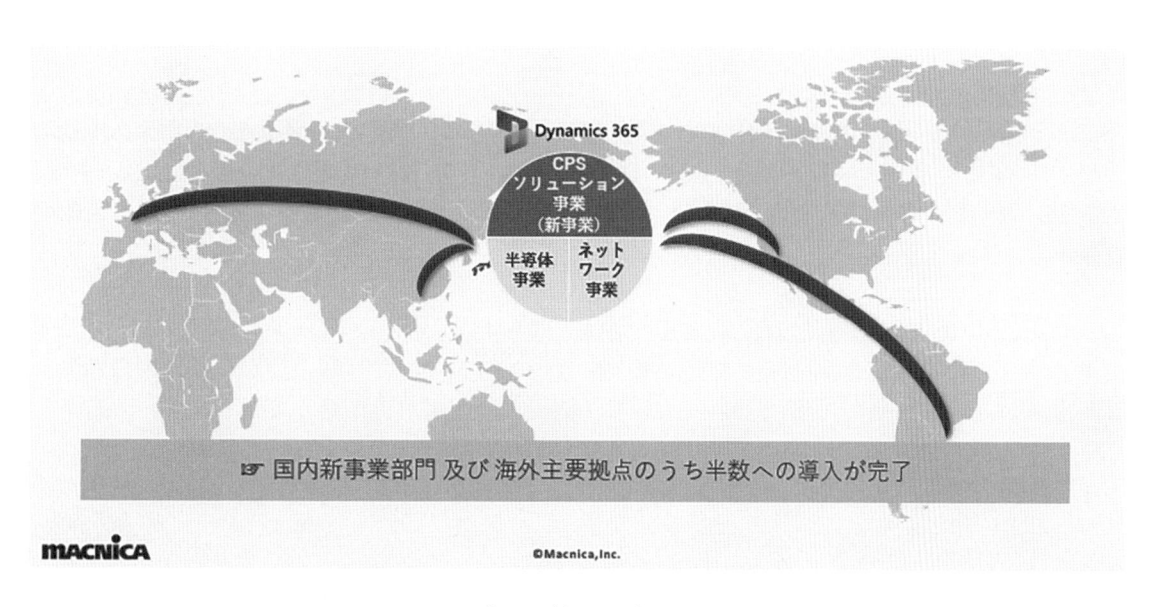

図8　データ管理対象範囲拡大

181

CRMシステムによるデータの管理対象範囲の拡大も着実に進めています。

　これまでは国内新事業部門や海外拠点はCRMシステムによるデータの管理対象外となっていましたが、国内既存事業部門での実績に裏打ちされた仕組みを展開することによって、グループ全体での標準化と「顧客中心主義」の浸透を目指しています。
　欧米への展開は完了し、既に海外主要拠点のうち半数への導入は完了しています。残りの拠点についても導入計画を立てており、来年以降も継続拡大していく予定です。

■ 今後の展望

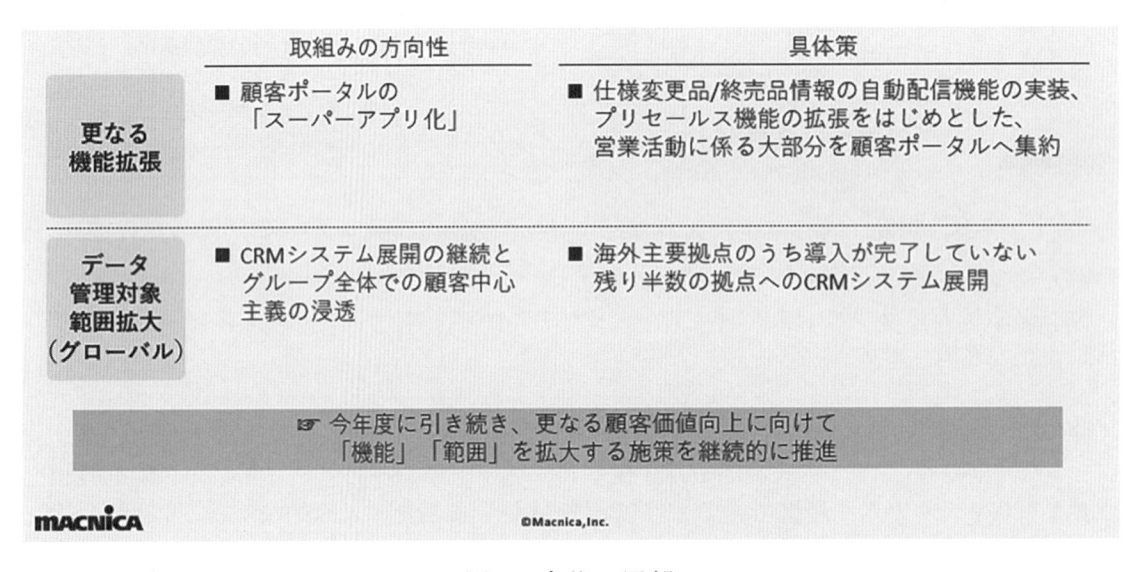

図9　今後の展望

　今後は更なる機能拡張とグローバルでのデータ管理対象範囲拡大の2つをテーマに取組みを進めていきます。

　更なる機能拡張では、顧客ポータルの「スーパーアプリ化」を推し進めています。具体的には、今年度CRMシステムに実装した仕様変更品/終売品情報の自動配信機能の顧客ポータルへの実装や、プリセールス機能の拡張など、顧客ポータルの更なる機能拡充を目指しています。お客様にとって利便性が高くなるのはもちろん、ポータルを活用することによって営業活動の交通整理を行い、社内リソースの再配置や最適化なども出来ると考えております。

　グローバルでのデータ管理対象範囲拡大では、残り半数の拠点への展開を継続していく予定です。今年度推進してきた取組みを更に拡大する形で、弊社のお客様全員が、弊社の取組みによる利便性を享受いただける状態を目指して、継続的に取組みを推進して参ります。

■ 責任者コメント

マクニカホールディングス株式会社
執行役員
兼 株式会社マクニカ
IT本部長
安藤　啓吾

　この度は「2024 CRMベストプラクティス賞」を賜り、誠にありがとうございます。
　2018年より6年に渡り「顧客中心主義」実現施策の一環として取り組んできたCRMシステム刷新・ポータル導入と継続的な機能拡張・範囲拡大の取組みをご評価いただけたことを大変嬉しく光栄に思っております。
　IT本部では、社会的価値と経済的価値を両立させるサービス・ソリューションカンパニーを目指すとした「Vision 2030」に向けて、変革・成長、及びそれを下支えする基盤のそれぞれの領域で様々な施策を推進しています。
　今後もお客様との伴走と弊社の成長とを両立できるよう、「顧客中心主義」実現に向けた取組みを継続し、IT・デジタルの徹底活用により事業の安定性確保と柔軟な顧客価値創造を実現して参ります。

■ 担当者コメント

株式会社マクニカ
IT本部
ITシステムマネジメント部
藤本　慎也

　この度は「2024 CRMベストプラクティス賞」を賜り、誠にありがとうございます。
　昨年に続き2度目の受賞となり、弊社の活動をご評価いただきましたことを大変嬉しく思っております。
　今年は、昨年ご評価いただいたポータル導入モデルの拡張としてお客様からご要望のあった機能の追加や、それとは別にポストセールス活動である仕様変更/終売品の対応もCRMに集約することで、顧客接点の情報集約化とオペレーション業務の効率化も実現できました。
　このような多方面の改善を短期間で実現できたのは、IT部門だけでなく、業務部門も含めて全社一丸となって改善に取り組んできた結果だと考えております。
　今後もグローバル拠点を含めた「顧客中心主義」の浸透と、更なる改善活動を推進していきたいと思います。

株式会社みずほ銀行
カスタマーリレーション推進部

Best Practice
of Customer Relationship Management

みずほ銀行が採択している『〈みずほ〉の企業理念』においては、「ともに挑む。ともに実る。」をパーパスとするとともに、その実現に向けたバリューの中で、「お客さまの立場で考え、誠心誠意行動する」と定めています。すべての役員と社員がその価値観・行動軸を共有し、お客さま本位の業務運営を全うすべく、お客さまの多様なニーズへの的確な対応や、最高水準のソリューションを提供する取り組みを行っております。

お客さまの行動様式がデジタル化を軸に変化していく中、銀行との接点が店舗やATMからリモートへ変化しており、コンタクトセンターの役割はますます重要になっています。みずほ銀行ではコンタクトセンターを「新たな顧客接点・ビジネスの場」と位置付け、いつでも、どこでも、困ったときにすぐに解決して欲しいというお客さまの要望を実現すべく、新たなコンタクトセンターシステムを構築しました。

AI活用など最新の技術を活用し、お客さまに寄り添うためのインフラが整ったことを今回は評価いただきました。今後もこれらを最大限活用しながら、お客さまの声の分析やAIの成長を含めたレベルアップに継続的に取り組んでいくことで、お客さまに最上の体験を届けられるコンタクトセンターを目指し、引き続き努力してまいります。

株式会社みずほ銀行
リテール・事業法人部門 副部門長
執行役員
宇井　昭如

　この度は、栄えある「2024 CRMベストプラクティス賞」を賜り、誠にありがとうございます。最新技術を活用した、弊行としてはチャレンジングな取り組みを評価いただき大変喜ばしく感じております。

　みずほ銀行では、店舗・ネットと並ぶ重要なチャネルの一つとして、コンタクトセンターを位置付けており、お客さまにより良い体験を提供するために常に進化を遂げることを目指しています。2024年8月にリリースした次世代コンタクトセンターシステムは、お客さまのリモート体験を次のステージに引き上げるための大きな一歩として、〈みずほ〉のマスリテール戦略において重要な意味を持っています。

　このシステムには、生成AIを駆使し、お客さまのニーズに即した迅速で的確な対応を実現できるよう、オペレーターを支援する機能を実装しました。また、高度なAIアルゴリズムの成長により、FAQやチャットボットの回答精度を向上させ、お問い合わせをいただいたお客さまに対して、いつでもどこでも迅速にお悩みを解決できる環境を提供することを目指しています。

　チャットやLINEなどのチャネルも統合することで、お客さまが好みに応じて多様なチャネルからお問い合わせいただけるようにしています。また、電話応対の内容は自動でテキスト化・要約され、営業部店とも連携します。これらにより、リアル、リモート、デジタルのそれぞれのチャネルを通じた、シームレスなサービス提供が可能になりました。

　今後もAIを活用する領域を広げていき、入電量予測やシフティング精緻化による受電率の向上、データ分析に基づく提案精度の向上など、さらなるサービス改善に取り組んでまいります。お客さま一人ひとりに適したタイミングで心地よいサービスを提供できるよう、VoCに基づく商品・サービスの改善にも力を入れていきます。

　私たちは、リテール分野における最も便利で安心なパートナーを目指し、引き続き進化し続けていく所存です。これからもご期待ください。

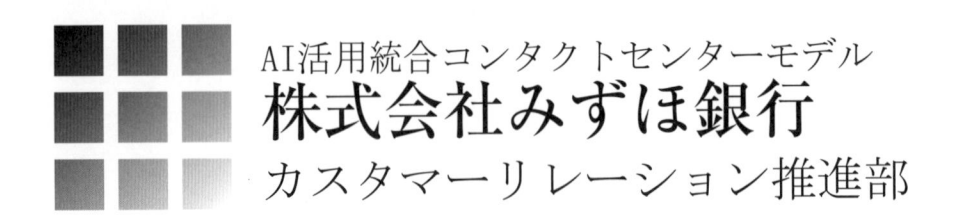

AI活用統合コンタクトセンターモデル
株式会社みずほ銀行
カスタマーリレーション推進部

■ **事業概要**

みずほ銀行は、「日本を代表する、グローバルで開かれた総合金融グループ」であるみずほフィナンシャルグループの中核会社であり、約150年にわたる銀行業務の経験と、日本を始め世界35の国と地域で約2万5千人（2024年3月末現在）の従業員数を有しています。

変わりゆく環境の中でも、お客さまの役に立つ存在、〈みずほ〉ならではの価値を提供し続ける新たな時代のパートナーとなることを目指し、お客さまの夢の実現を全力でサポートしてまいります。

会社概要	
社名	**株式会社みずほ銀行**
英文団体名	Mizuho Bank, Ltd.
創立年月日	2013年7月1日
本社所在地	〒100-8175
	東京都千代田区大手町1-5-5
	電話 03-3214-1111（代表）
代表取締役	加藤　勝彦
従業員数	約24,784人（2024年3月31日現在）
事業内容	銀行業
URL	https://www.mizuhobank.co.jp

個人のお客さまには、日本の家計資産の健全化を促し、豊かさの増進に貢献していくことを大義として、各種ライフイベントに全方位的に着目し、人生の様々なゴールの実現をサポートします。資産形成・運用・承継を通じた「資産所得倍増」に向けた挑戦と、デジタル・対面双方における利便性の徹底追及に取り組んでいます。DX活用・生産性向上による所得増加や、NISAの普及等を通じた資産所得の増加等、「個人の幸福な生活」の実現に貢献します。

法人のお客さまには、企業価値の"向上・創出・承継"に向けたソリューション提供を通じて、お客さまの持続的成長をサポートします。領域横断的にビジネスや機会をつなぐことで、様々な規模やステージのお客さまの挑戦を支え、日本企業の競争力強化に取り組んでいます。それを通じて、日本の成長軌道への復帰や世界での競争力の回復、脱炭素化・資源循環型社会への転換等、「サステナブルな社会・経済」の実現に貢献します。

みずほ銀行は、役職員一人ひとりが「顧客本位」を大切にして、考え・行動し、お客さまの夢の実現を全力でサポートしていきます。これにより、変わりゆく環境の中でも、お客さまの役に立つ存在、〈みずほ〉ならではの価値を提供し続ける新たな時代のパートナーとなることを目指します。

■ みずほ銀行が個人のお客さまに提供していきたいもの

　我々みずほ銀行の個人部門は「リテールにおける最も便利で安心なパートナー」を目指しています。そのためには、サービスを磨くことはもちろんのこと、お客さまにチャネルを問わずシームレスな体験をしていただくことが不可欠だと考えています。

　リアルの店舗を「信頼や安心感を提供するコンサルティングの場」と位置付け、インターネットバンキングやアプリを通じたデジタル完結という変革を進める中、コンタクトセンターやリモートチャネルは、店舗・対面とネット・アプリをつなぐ重要な結節点にあると考えています。

　リアル（店舗）×リモート（コンタクトセンター）×ネット（アプリ）でシームレスな顧客体験をお届けするために、コンタクトセンター強化が重要テーマの一つになっています。このチャネル戦略の実現に大きな役割を果たすのが、"AI活用"、"人＋AI"をテーマとして開発した次世代コンタクトセンターシステムです。

〈みずほ〉がお客さまに提供していきたいもの

■ これまでの取り組みと開発に着手した背景

　スマートフォンの普及を軸としたデジタルシフトにより、オンライン中心の生活、決済の電子化など、金融機関を取り巻くお客さまの行動様式は大きく変化しました。

　銀行の店舗で行っていた手続きの大部分がオンラインでできるようになり、振り込みなどの取引や住所変更などの諸手続きはスマホアプリでの実施が中心となっています。また、現金決済からキャッシュレスへのシフトが進み、ATMを利用して現金を引き出す機会も少なくなっています。

　リアルでの顧客接点が減り、デジタルでの取引が増える中で、コンタクトセンターに求められるサービスや、我々が準備しなければならないことも変化しています。銀行で取り扱うサービスが益々複雑になる中、デジタルだけでは拾いきれない接点がコンタクトセンターに集中することになりますが、それらのあらゆる疑問や相談に迅速・正確・丁寧に対応する必要があります。

　また、お客さまからのアプローチの方法も多様化しています。電話で相談した方が早いという方も引き続き多くいらっしゃいますが、ホームページやFAQなどを見て自分で解決する方やLINEやチャットで気軽に問い合わせたいという方も増えています。

そこで我々はコンタクトセンターを、従来のお客さまの単純な問い合わせを受けたり営業店のサポートを行ったりするコストセンター/コールセンターという位置付けから、「新たな顧客接点・ビジネスの場」へと見直しました。電話によるお問い合わせに単純にお答えしているだけでは、銀行としてお客さまからの信頼を得られないため、最大の顧客接点となるコンタクトセンターでの体験を引き上げて、無機質な電話応対から店舗などの対面と同品質の丁寧な応対へと変えていく必要があるということです。

　社内ではこういった状況やコンタクトセンターの重要性について経営陣を含めて十分に理解されるところとなり、顧客体験を踏まえた次世代コンタクトセンター構想の策定に着手することとなりました。十分な時間をかけてコンセプトをしっかり固めた上で、2022年の秋に新システム開発に着手、2024年8月にリリースに至りました。

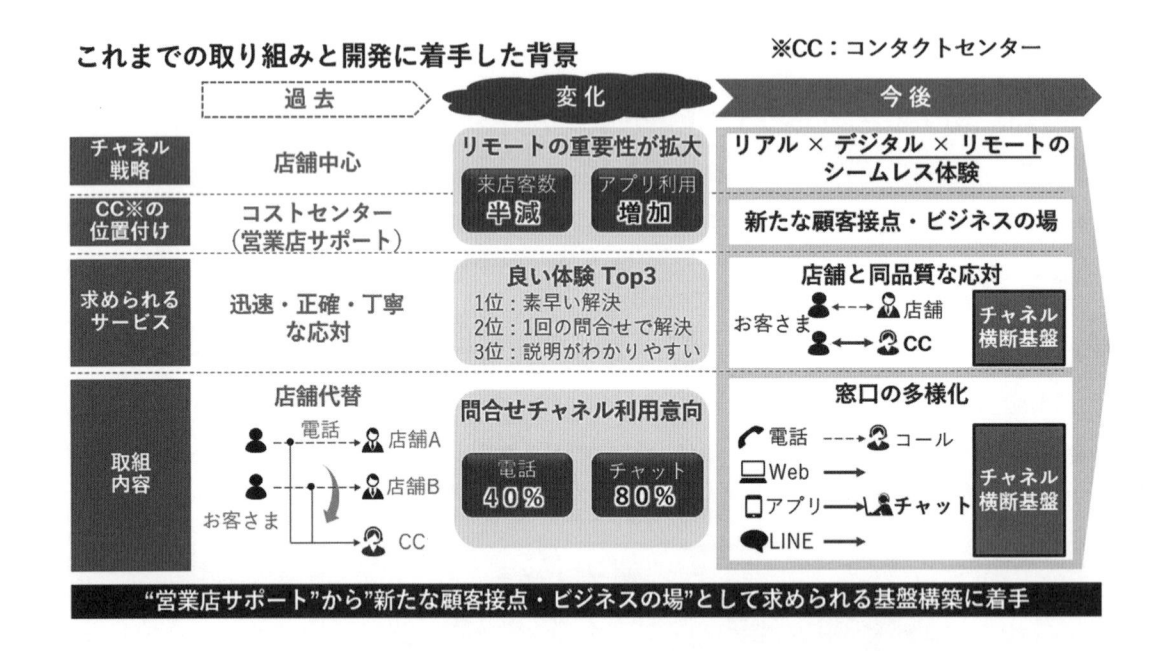

■ "いつでも" "どこでも" お客さまに寄り添うためのポイント

　お客さまに求められるコンタクトセンターの最大の役割は、「いつでも、どこでも、お金の悩みで困ったときにすぐに解決してくれること」です。この期待を外してはお客さまの満足は得られません。そしてこれに加え、人にしかできない心遣いやプラスαの提案のような「期待を超える」体験をしていただくことを目指しています。

　お客さまに寄り添うためのポイントは大きく次の3つと考えています。

　1つ目（ポイント①）は、お客さまからの複数のアプローチ手段をしっかり準備しておき、好きな形でアプローチいただくということです。みずほ銀行では、電話の他、WebチャットやLINEチャットによる相談窓口を用意しました。

　2つ目（ポイント②）は、お客さまを理解した上でお客さまにあった対応をするということです。そのために、お問い合わせを受けると同時に、今のお客さまの情報のみならず、営業店などの他のチャネルを含む過去のコンタクト履歴を瞬時に表示できるようにしました。

　3つ目（ポイント③）は、いつでも・正確に対応するということです。AIを活用して回答や提案の品質やスピードを向上させていくだけでなく、チャットボットやFAQという無人の問い合わせチャネルを強化し、24時間解決できる内容を拡大していくことにも取り組んでいます。

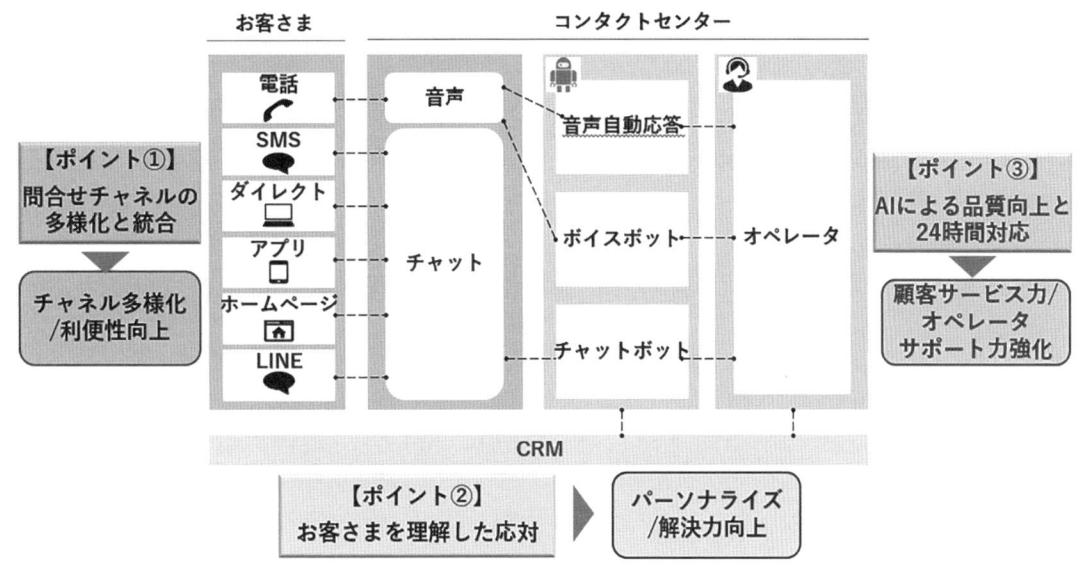

"いつでも""どこでも"お客さまに寄り添うために必要な3つのポイント

■ ポイント① : 問合せチャネルの多様化と統合

　前述のとおり問い合わせ窓口を多様化しただけではなく利便性の向上にも取り組んでいます。

　これまでチャットによるお問い合わせは、どのお客さまなのか分からない状態で対応していましたが、例えばインターネットバンキングにログインした状態からチャットによるお問い合わせがあった場合は、コンタクトセンターではどのお客さまがチャットをしてきているのか把握した状態でより適した回答ができるようになりました。

　また、LINEでは運用に関するご相談を受けていますが、こちらでもお客さまの認証を行うことができるようになったことから、よりお客さまにあった提案ができるようになっています。

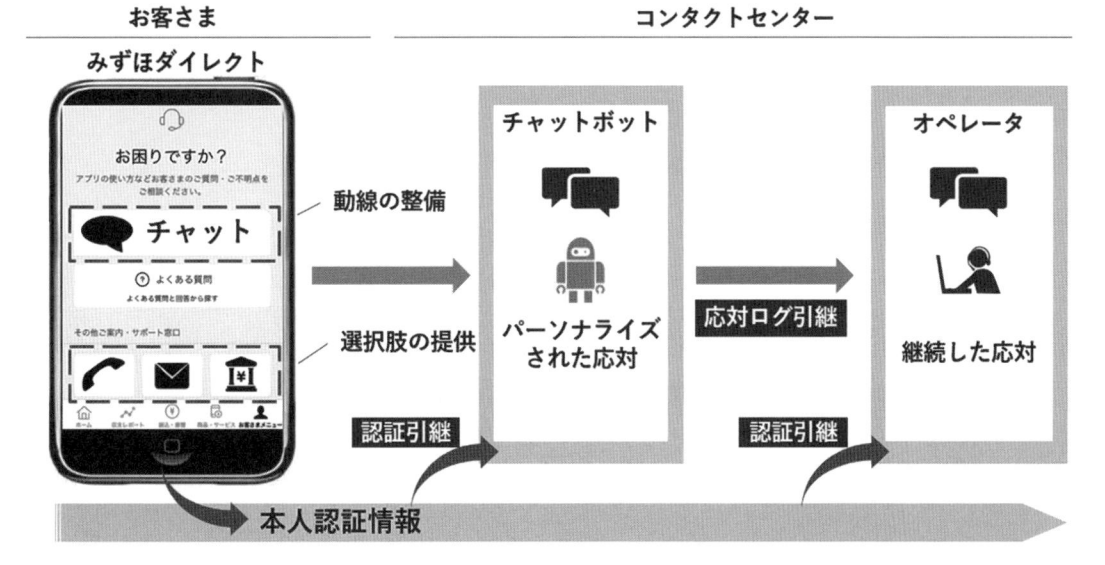

【ポイント①】問合せチャネルの多様化と統合　→　チャネル統合

これらの応対記録については、チャネルを跨いでお客さまごとに一元管理できるようにしたことで、過去のやり取りを参考にした上での応対が可能になった他、応対の途中でコンタクトセンターの担当が変わった場合も、これまでのやり取りをスムーズに引き継ぐことができるようになっています。

■ ポイント② : お客さまを理解した応対

　前述のとおり、電話・チャット・LINEなど、あらゆるチャネルから相談いただいた内容がコンタクトセンター内で引き継がれます。更に、営業店のCRMシステムとコンタクトセンターのCRMシステムが連携して、応対記録が相互に確認できるようになっています。お客さまの最新の口座や取引などの情報もコンタクトセンターシステムでそのまま閲覧できるようにしました。
　これらにより、コンタクトセンターのアドバイザーはお客さまの状況をより深く理解し、疑問やお悩みの解決をサポートすることが可能となります。お客さまの情報を即座に確認して適切な応対を行うというのはもちろんですが、店頭で行った会話の続きがコンタクトセンターでもできるというのが目指したい世界です。

【ポイント②】お客さまを理解した応対 → CRM連携

■ ポイント③ : AIによる品質向上と24時間対応

　次世代コンタクトセンターシステムの最大のポイントはやはりAI活用です。最先端の日本語生成AIを導入し、お客さまとの会話を分析してニーズを的確に捉え、アドバイザーが迅速な回答とお客さまに合った提案を実現できるようサポートしています。ライフプランや資産形成など複雑なご相談にも対応できるよう、今後は経験豊富なアドバイザーのノウハウを学習させてAIを高度化し、お客さまへの提案・回答の質を向上させていきたいと考えています。
　AIによる音声のテキスト化はもちろんのこと、生成AIによる自動要約を実現することにより、前述の応対履歴のチャネル間共有も容易になりました。
　また、AIでお客さまの声を分析することにより、FAQやチャットボットの回答精度を高め、お客さまがいつでも・どこでも相談し、時間や手間をかけず最短で疑問やお悩みを解決できるよう、24時間自動応対できる範囲を拡大していくことを目指しています。

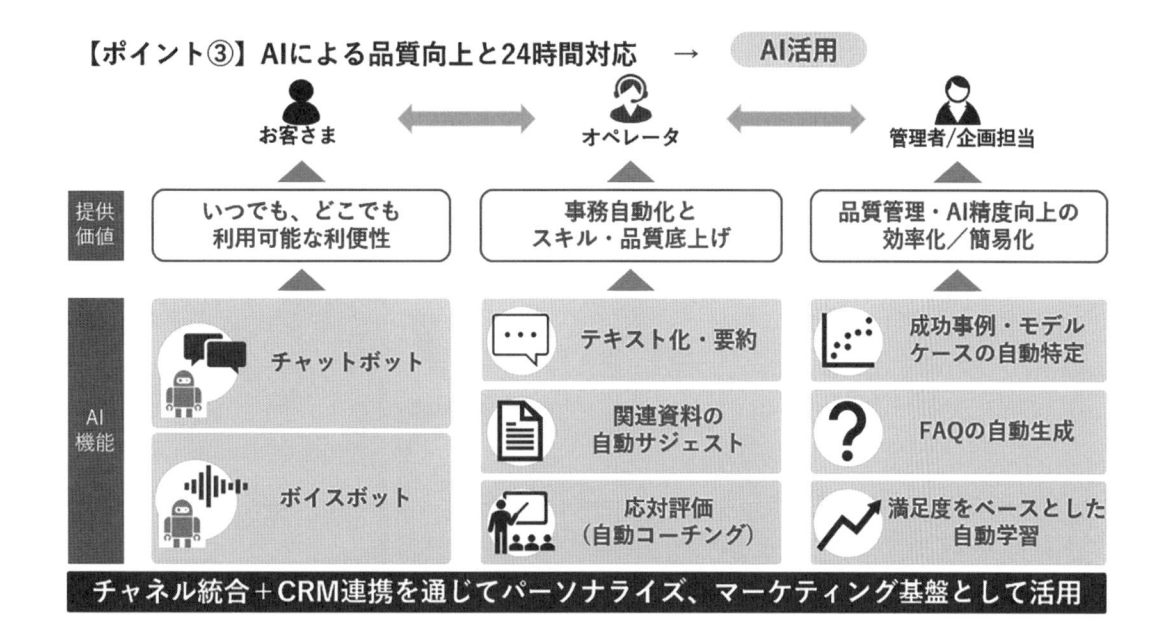

【ポイント③】AIによる品質向上と24時間対応　→　AI活用

応対品質の向上にもAIを活用しています。1通話ごとに応対をリアルタイムで評価することができ、会話ログや感情分析は管理者がオペレーターを事後評価するのにも役立ちます。テキストとして溜まっていくお客さまとのやり取りは、その他にも成功事例の特定、FAQの精度向上、VoCの取り組みなどにも大きく役立っていくと考えています。

AI活用イメージ – 応対品質評価

通話終了後にAIがオペレーターの応対品質を評価することで、持続的な評価/改善を行うことが可能

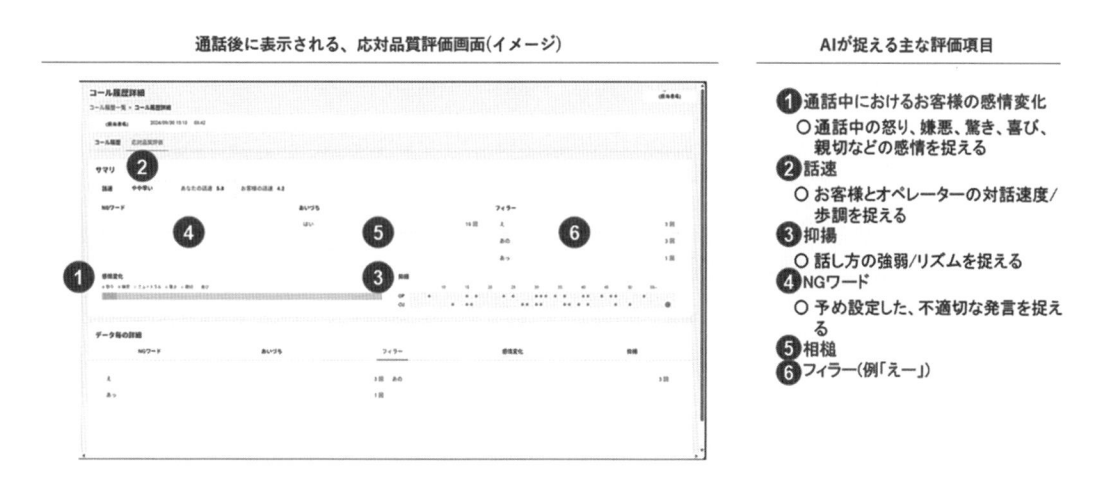

■ 本システムリリース後のコンタクトセンターの立ち位置と継続的なチャレンジ

前述した代表的な機能の他にも、今回様々な機能を盛り込んだつもりですが、コンタクトセンターにおけるお客さま対応の向上には終わりはないと考えています。

これまでは、システム面で機能に物足りない点がありました。今回でシステムが整い、お客さまの要望にある程度お応えできるインフラが整いました。しかしながら、今後もAIを中心とする最新の技術を最大限活用しながらレベルアップに取り組んでいく必要があります。

今回の取り組みでお客さまの声をデータとして溜められるようになりました。これを無駄にすることなく分析していくことで、お客さまのニーズや最適なご案内のパターンを見い出していくとともに、AIの成長も含めたサービスの向上に向けた取り組みを進めていき、お客さまに最上の体験を届けられるコンタクトセンターを目指し、引き続き努力してまいります。

現在の立ち位置と継続的なチャレンジ

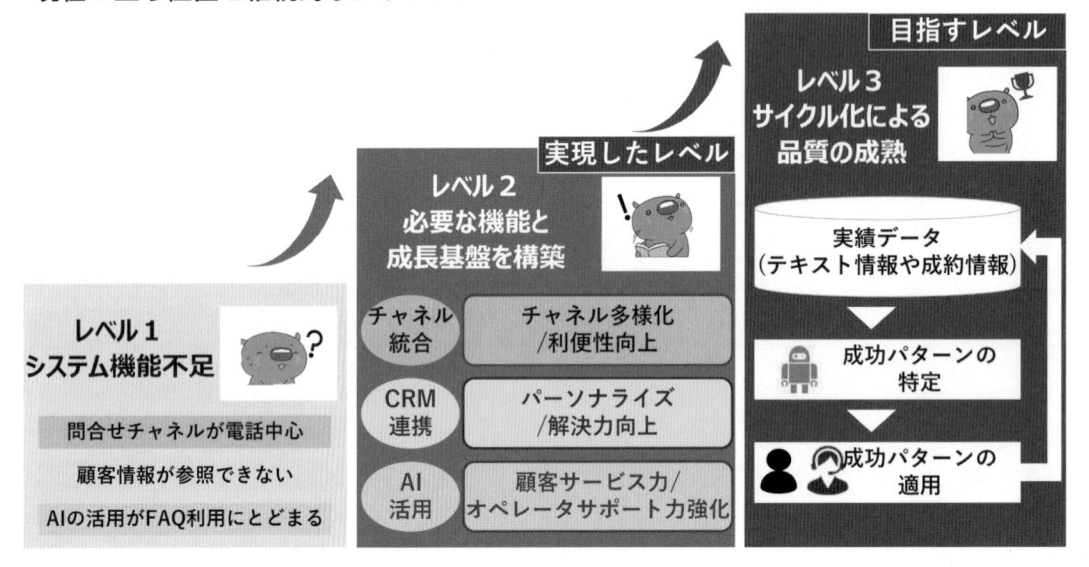

■ 責任者コメント

株式会社みずほ銀行
カスタマーリレーション推進部
部長
千田　知洋

　この度は、栄えある「CRMベストプラクティス賞」を賜り、誠にありがとうございます。
　デジタルやリモートチャネルを積極的に活用するお客さまの行動変容、より自分に合った
サービスを求めるお客さまの期待、AIをはじめとするテクノロジーの進歩が今回の取り組みの
背景にあります。その中で、新たなコンタクトセンターシステムを開発する過程では、何より
もお客さまを中心に発想し、サービスを設計することを最優先に考えてきました。
　これからも一般社団法人　CRM協議会参加各社と切磋琢磨しながら、「顧客中心主義」を
軸に、進化するお客さまのニーズに応えるべく、さらなる挑戦を続けてまいります。

■ 担当者コメント

株式会社みずほ銀行
カスタマーリレーション推進部
上席部長代理
佐藤　健

　次世代コンタクトセンターシステムが、「CRMベストプラクティス賞」を受賞できたことを
大変嬉しく感じています。コンタクトセンターとして必要とされる様々な機能ごとに最適な
システムソリューションを組み合わせて構築しました。本システムの立ち上げには多大な努力
を要しましたが、満足のいくシステムが出来上がったと思っています。なにより、最先端の
生成AIを活用することで、より迅速で正確な対応が可能になりました。
　今後もみずほ銀行のコンタクトセンターは、AIを積極的に活用して更なるサービス向上を
目指してまいります。引き続き皆さまのご支援をお願い申し上げます。

株式会社ＬＩＸＩＬ
LIXIL Housing Technology
ビジネスインキュベーションセンター

Best Practice
of Customer Relationship Management

共創型D2Cマーケティングモデル

当社は2011年に国内の主要な建材・設備機器メーカー5社が統合して誕生し、「世界中の誰もが願う、豊かで快適な住まいの実現」のPurpose（存在意義）のもと事業を営んでまいりました。以後、TOSTEMやINAXをはじめ独自の個性や強みを持つ多彩なブランドを展開しており、様々なニーズや嗜好に応え世界中の人々の豊かで快適な住まいの実現を目指しています。

当部署は建材領域における新規事業の創出をミッションとした部署であり、そこで生まれた「猫壁（にゃんぺき）」において、最終顧客であるエンドユーザー様と直接繋がる仕組みづくりを推進しております。

この度受賞した「2024 CRMベストプラクティス賞」では、当社の取組について次の通りご評価いただきました。

BtoBtoCをビジネスモデルとするＬＩＸＩＬは、最終顧客とは工務店や販売店などのパートナーを経由したコミュニケーションとなり、最終顧客の生の声が届きにくいという課題を抱えていた。その解決策として新規事業「猫壁（にゃんぺき）」において、購入者を含む愛猫家をターゲットとしたコミュニティサイトを構築し、最終顧客との接点を開発。生の声を獲得する仕組みを作り、インタビューやモニター等事業活動へ顧客を巻き込むことで顧客接点作りの成功事例を作った。また顧客を自主的に運営に巻き込むことにも成功し、一部業績への寄与も実現することが出来た。

本稿ではその取り組みとして、新規事業「猫壁（にゃんぺき）」におけるコミュニティマーケティング施策をご紹介します。

株式会社ＬＩＸＩＬ
LIXIL Housing Technology
技術研究所 所長 兼
ビジネスインキュベーションセンター
センター長
山崎　弘之

　この度、「2024 CRMベストプラクティス賞」を受賞できましたこと、心より嬉しく思います。この栄誉ある賞をいただけたことに対し、一般社団法人 ＣＲＭ協議会の皆様、そして日頃からご支援いただいているお客様の皆様に深く感謝申し上げます。

　ＬＩＸＩＬは、「世界中の誰もが願う、豊かで快適な住まいの実現」というPurposeを掲げ、建材や住宅設備機器の開発・製造・販売に取り組んでいます。これまでは、流通業者様やビルダー様といったパートナー様が直接のお客様となるBtoBtoCのビジネスを続けてきました。しかし、新築着工数の減少や環境意識の高まりに伴い、エンドユーザー（住まい手）との直接の接点を活かしたリフォームビジネス（ストック住宅活用）へのシフトが不可欠となっています。

　その先駆けとして、新規事業創出部門が生み出した「猫壁（にゃんぺき）」は、エンドユーザー様との繋がりを深めるための重要な商品となりました。ファンの拡大や商品開発への参画を実践する「猫壁ひろば」というコミュニティサイトを運営し、多くの学びを得ることができました。不慣れな領域での挑戦に、多くの失敗も伴いましたが、それ以上に貴重な経験を積むことができました。

　そもそも、弊社のPurposeに立ち返ってみれば、住まい手であるエンドユーザー様に寄り添った商品開発やサービスの展開は、流通経路や新築・リフォームを問わず、本質的に追い求めるべきことであるとも言えます。今後は、全ての商品・サービスにおいてCRMを磨き、ＬＩＸＩＬのコアファンを増やしていくことを目指していきたいと強く思っております。そのために、今後も協議会の皆様と共に切磋琢磨し、更なる挑戦を続けていきたいと思います。

共創型D2Cマーケティングモデル
株式会社ＬＩＸＩＬ
LIXIL Housing Technology
ビジネスインキュベーションセンター

■ 事業概要

　当社は、2011年に国内の主要な建材・設備機器メーカー5社が統合して誕生しました。以後、GROHE、American Standardといった世界的ブランドを傘下に収め、日本のものづくりの伝統を礎に、世界をリードする技術やイノベーションで、日々の暮らしの課題を解決する高品質な製品をグローバルで幅広く提供しています。

　現在、当社は、世界150カ国以上で約53,000人の従業員を擁するグローバル企業となり、毎日10億人以上の人びとに当社の製品をご愛用いただいています。

会社概要	
社名	株式会社ＬＩＸＩＬ
英文団体名	LIXIL Corporation
創立年月日	1949年9月19日
本社所在地	〒141-0033
	東京都品川区西品川1-1-1
	大崎ガーデンタワー 24F
代表取締役	瀬戸　欣哉
従業員数	53,834人（連結従業員数）
事業内容	建材や住宅設備の開発・製造・販売
URL	https://www.lixil.com/jp/

　私たちは、今後も生活者視点に立ち、考え抜いた、意味のある製品デザインにこだわり、世界中のあらゆる人びとのより豊かで快適な住まいと暮らしの実現に向けて、さらなる可能性を追求し、責任ある事業成長を推進してまいります。

■ PurposeとBehaviors

　私たちの Purpose（存在意義）は持続的な成長に向けて、よりアジャイルで起業家精神にあふれた企業になるための取り組みを続け、意思決定を行う際に指針となるものです。LIXIL Behaviors（3つの行動）を日々の業務の中で実践することで存在意義の実現につなげています。

　LIXIL's Purpose（存在意義）：世界中の誰もが願う、豊かで快適な住まいの実現
　LIXIL BEHAVIORS（3つの行動）
　　・DO THE RIGHT THING　　：正しいことをする
　　・WORK WITH RESPECT　　：敬意を持って働く
　　・EXPERIMENT AND LEARN　：実験し、学ぶ

まず初めにコミュニティマーケティング施策を導入した猫壁（にゃんぺき）のビジネス概要について説明します。

「猫壁（にゃんぺき）」は、専用の壁パネルとパーツがセットになった製品で、2020年冬にテスト販売、2021年秋に公式販売を開始した新規事業で、愛猫の性格や成長に合わせて自由に高さやレイアウトをアレンジできるマグネット脱着式のキャットウォークです。

特長は「マグネットで配置自由」な点であり、これにより愛猫が当製品で遊ぶことに飽きてきたらレイアウトを変更する、高齢になってきたら低い位置に配置することで長く楽しむことができる製品になっています。

そしてインテリアとの調和が考えられたデザインにより、愛猫の幸せを追求するだけでなく、住まう人と愛猫が快適に共存できる空間づくりにも貢献します。

猫壁は、壁パネルを一度ご自宅の壁に工事を通じて設置頂いた後は、パーツをお客様が追加で購入できて、お客様自らが後付け可能なため「一度ご購入いただいたお客様と繋がり続ける」ことが事業成長において重要な活動となってきます。

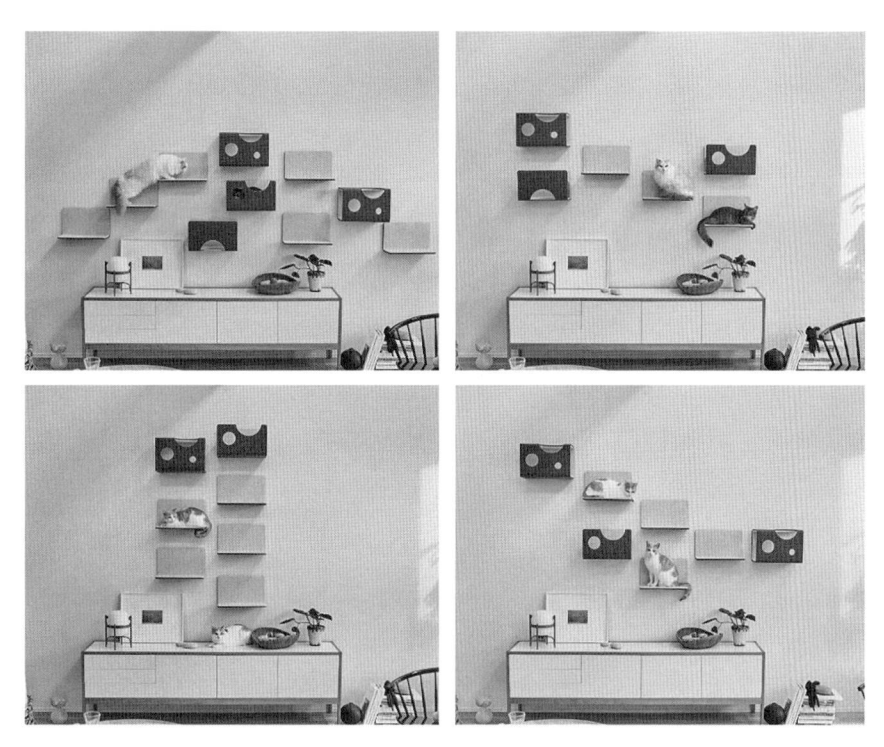

図1：マグネットにより配置自由なキャットウォークを実現

■ コミュニティマーケティング施策の背景

猫壁はビジネスモデルや商品の特性上、顧客と繋がり続けて、購入後の接点を活かした販促施策やお客様からのフィードバックによる商品開発やサービス改善が効果的ですが、猫壁に限らず当社が得意とするビジネスは流通店様やビルダー様を介するBtoBtoCのビジネスモデルであり、購入後に最終顧客との繋がりを持つことや構築した繋がりを維持することが難しいという課題がありました。

また最終顧客からのフィードバックに関してパートナーを介して届く機会が多いため、正しく市場や顧客を理解することが難しいという課題もありました。

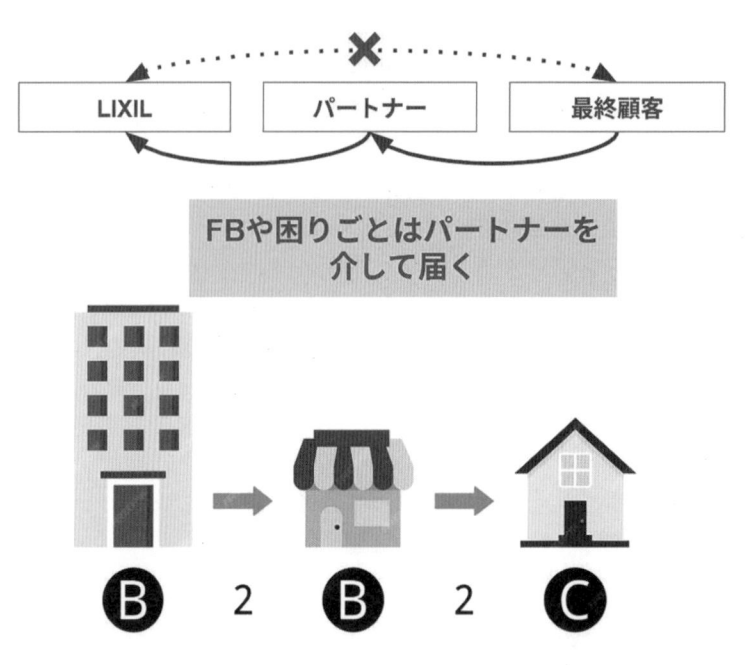

図2：ＬＩＸＩＬのビジネスモデルと課題

当課題を背景に、猫壁の事業立ち上げのタイミングでは公式SNSとしてInstagramアカウントを立ち上げ、当アカウントでの購入後のお客様との接点構築を試みました。しかし、なかなか活性化せず、繋がれたとは言い難い状況でした。そこでもっと深い関係性を構築できる可能性のあるプラットフォームとして、猫壁ユーザーと検討者が集い、愛猫との暮らしについて交流することで、購入者のエンゲージメントを高めることができるコミュニティサイトをオンライン上に構築しました。

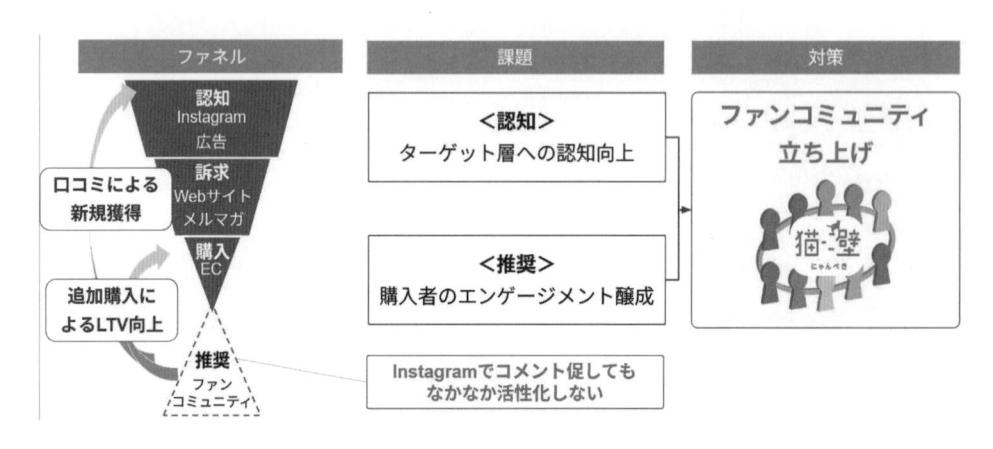

図3：コミュニティ立ち上げの背景

■ コミュニティ「猫壁ひろば」

猫壁ユーザー限定コミュニティである「猫壁ひろば」は猫好き・猫壁（にゃんぺき）好きの方々が互いに "こだわり" を発信し合い、みんなの猫ちゃんがお洒落で快適な生活を送れることを目指すコミュニティであり、コミュニティを通じて自分と同じ興味を持った仲間と一緒に猫飼育の楽しさを更に広げていく場所です。

当コミュニティの運営目標（目指す状態）は下記の通りです。
・飼っている猫について誰もが気兼ねなく発信できる
・猫壁というお洒落なアイテムの開発に携わることができる
・検討者が購入者と繋がって相談することができる

オープンなSNSであるInstagramやFacebookと異なりクローズドなコミュニティとなるため、趣味嗜好の近いユーザー同士のみで交流できる点、また誹謗中傷などのネガティブな要素が発生しづらい点が特徴です。
　構築にあたってはコミューン（Commune）というプラットフォームを採用しており、ノーコードでコミュニティサイトの構築・運用が可能です。当プラットフォームの利用を通じて、アクティブ率やアクション率等のサイト内の行動データを基にしたPDCAを容易に回すことができます。

図4：コミュニティサイトのイメージ

■ コミュニティ施策（工夫）

私がコミュニティ施策として実施したことは大きく下記3点です。
① 会員候補の入会
　　事前の他社事例の調査により、コミュニティというのは立上げ当初の空気感が重要であり、最初に醸成された空気感を変えることは困難である点を掴んでいたため、まずは人数限定（最大20名）かつ非公開の状態（URLを知っているユーザーのみログイン可能）でサイトをオープンして、場の検証に時間を費やしました。
　　その際は当時活用していた顧客接点であるInstagramのフォロワー、メールマガジンの購読者、テスト販売時の購入者（Makuakeの応援購入者）の中から、熱量の高さの見込めるユーザーに限定して招待しました。
② ユーザーの巻き込み
　　開設以降は、下記のような施策を行いながらどのような施策が効果的なのかPDCAを繰り返して徐々にユーザー（ファン）を事業に巻き込んでいきました。

- ここでしか見られない製品開発秘話の投稿
- ユーザー同士の交流や相談の促進
- 製品モニター
- ユーザー同士の交流イベント
- 製品開発/サービス改善に関するアンケート/インタビュー調査

③ ユーザーのファン化・自律化

　その結果、ファンが自発的に事業活動に参画し、共創事例が生まれるようになりました。例えばホームセンターで行われたイベントにファンが自発的に足を赴き、店員に対して「どのように猫壁の魅力を伝えると効果的か」レクチャーを行って頂く事例や、ブランドムービーに顧客自ら出演頂くことでプロモーションに説得力を持たせる事例が生まれました。

会員候補の入会	ユーザーの巻き込み	ユーザーのファン化・自律化
保有チャネルから熱量の高さの見込めるユーザーを限定招待	製品モニターやサービス改善・調査・イベントにファンを巻き込み、事業への参与感を醸成	イベントに自発的に足を運びファン自ら猫壁の魅力を説明、ブランドムービーに出演などファンの事業活動への参画が能動的になった

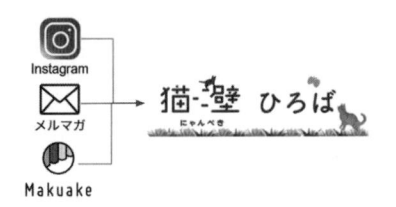

コミュニティ会員が「猫オーナーに猫壁の魅力を伝えるイベント」に講師として参加

イベントへの自発的参加

ブランドムービーに出演

図5：コミュニティ施策

　このようにコミュニティ内では、猫に関する質問や交流の他、猫壁のレイアウトや使い方に関する情報も共有されています。また、すでに猫壁を使用しているユーザーが、猫壁の購入を検討している方の悩みに回答することで、企業を介さずに疑問を解決し、実際の購入に至るという売上に繋がる成果が出ているほか、ユーザーの声はコミュニティ内だけでなく、オフラインでの交流イベント等を通じて、製品開発やプロモーションにも役立てられ、お客様と企業の共創も実現しています。

■ コミュニティ施策の成果

　試行錯誤を続けたことで、今ではコミュニティ内で良質な口コミが多数発生しております。

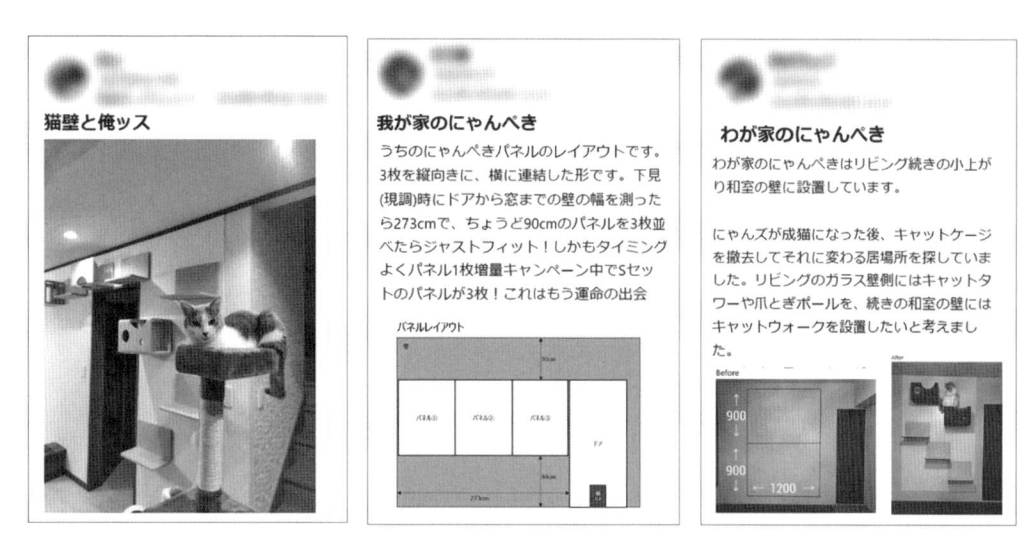

図6：実際の投稿の様子

　こういった口コミにより「猫壁で猫がどのように遊んでいるのか？」「猫壁には複数製品あるなかでどれが人気なのか？」「壁全体のうち猫壁はどこに設置されているのか？」といったこれまでの当社のビジネスでは取りづらかったデータを容易にデジタル上に蓄積させることができました。こういったデータは今後の製品開発やサービス・プロモーションの改善に繋がるため、当社にとっても非常に有益な情報となります。

　その一方で顧客にとっても、こういったデータは設置後のイメージが付きやすいものになるため、非常に有益なデータとなります。そのため今ではコミュニティサイトをデジタル上の購入動線に置いております。

気になった製品の口コミ確認
口コミを書いた人に直接相談ができる

製品サイト　　　　コミュニティ　　コミュニティ登録&交流促進

図7：製品サイトとコミュニティサイトの連携

　製品サイト（https://www.lixil.co.jp/lineup/s/catwall/）の個別製品のページには下部にレビューという欄があり、コミュニティサイト内で書かれた口コミを掲載しております。それに加えて、製品検討時にコミュニティサイトへ遷移出来るようにして「その口コミを書いたユーザーへ直接相談が出来る」動線設計にしております。これによって製品サイトに訪れた購入検討者は気になった製品の口コミの確認ができて、かつ、その口コミを書いた人に直接相談ができるようになりました。

これまで当社ではこのような形で購入動線にユーザーを巻き込んだ事例はなく先進的な事例となっております。

　そしてその結果として、今では検討者と購入者の交流・相談が進み、企業を介さずにナーチャリングされて発注に至る事例も生まれております。

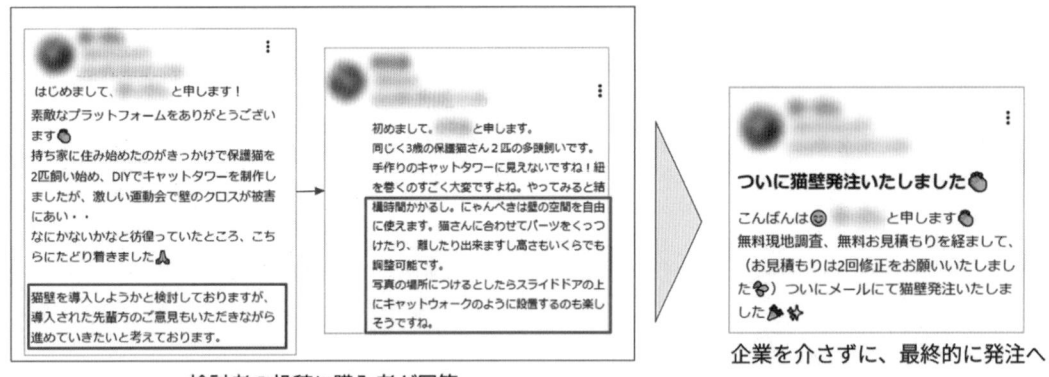

図8：コミュニティにおけるナーチャリング事例

　例えば、購入検討者がコミュニティに参加して「猫壁を導入しようか検討しておりますが、導入された先輩方のご意見もいただきながら、進めていきたいと考えております」と相談の主旨の投稿を発信したら、それに対して複数のユーザーがご自身の視点での猫壁のおすすめのポイントを紹介して、悩みを解決して頂いています。結果として、図8のように、相談された方は最終的に発注いただきましたが、この間に企業側で行ったことは、当投稿に「いいね！」のリアクションを行ったのみであり、コメントや営業のような接客はしておらず、企業を介さずに発注まで至る、いわばユーザー様が営業やショールームの役割を担って頂けるまでになりました。

　このように猫壁ではユーザー様との共創事例が複数生まれており、ファンを巻き込んで、企画〜開発〜販促と幅広い事業プロセスで顧客起点を念頭にビジネス運営が出来る仕組みが構築されております。

　今後は、猫壁のコミュニティを通じて得た学びを他事業部へも展開することで更なる効果創出を狙ってまいります。

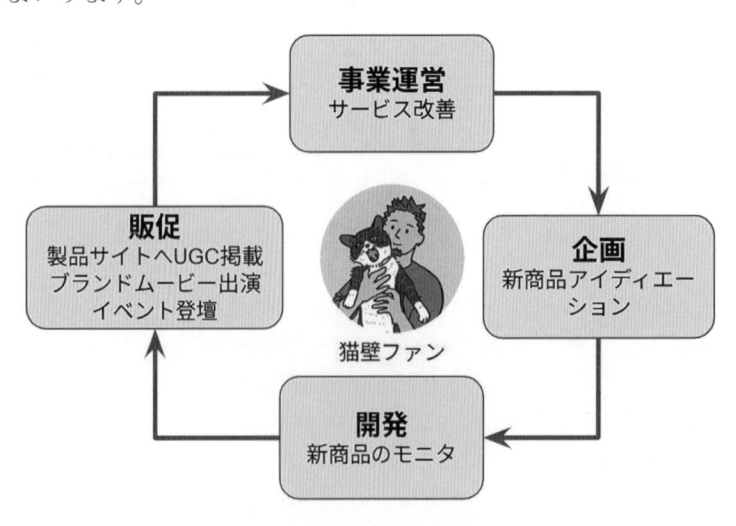

図9：事業共創のイメージ

株式会社ＬＩＸＩＬ
LIXIL Housing Technology
ビジネスインキュベーションセンター
主査
三原　唯

　この度は「2024　CRMベストプラクティス賞」を受賞することができ、大変光栄に感じております。当社の工事というプロセスが発生するビジネスモデル上、製品をご利用いただくエンドユーザー様と直接繋がる事がなかなか難しかった中でも、「お客様と共により良いものを作り出したい」という想いからユーザー限定のコミュニティサイトを立ち上げ、商品企画から商品開発、プロモーションやサービス改善まで幅広く「共創」を推進してまいりました。

　お客様から寄せられる貴重なご意見や斬新なアイデア並びにアクションは、私どものイノベーションの源泉です。今後も、お客様の声に真摯に耳を傾け、お客様の期待を超えて持続的なイノベーションと優れた顧客体験を提供し続けるためにさらに努力を重ねていきます。ありがとうございました。

■ 副会長ご挨拶	鈴木 茂樹	■ 理事ご挨拶	小玉 昌央
■ 常務理事ご挨拶	瀬野尾 健	■ 理事ご挨拶	四条 理
■ 常務理事ご挨拶	秋山 紀郎	■ 理事ご挨拶	武井 千雅子
■ 常務理事ご挨拶	濱谷 博通	■ 理事ご挨拶	諏訪 貴之
■ 常務理事ご挨拶	花田 浩一	■ 理事ご挨拶	伊藤 千代松
■ 常務理事ご挨拶	山本 雅通	■ 理事ご挨拶	東 大祐
■ 理事ご挨拶	山﨑 靖之	■ 理事ご挨拶	安藤 啓吾
■ 理事ご挨拶	鈴木 猛司	■ 部会長ご挨拶	林口 朋一
■ 理事ご挨拶	水野 美歩	■ 選考委員ご挨拶	小林 伊佐夫
■ 理事ご挨拶	伊藤 孝	■ 選考委員ご挨拶	渥美 敬之

■ ご挨拶

鈴木　茂樹
一般社団法人　ＣＲＭ協議会　副会長
「2024 CRMベストプラクティス賞」選考委員

株式会社横須賀リサーチパーク
代表取締役社長

人を思いやる気持ち

　受賞の皆さん、おめでとうございます。日頃の皆さんのご努力がこのように結実されたものと、心よりお祝い申し上げます。

　前島 密が、英国を視察して郵便を見たときに、我が国のなかで全国どこでも、誰でも、手軽に連絡がとれ、意思疎通ができることが我が国の経済、社会の発展のために必要と考えて、帰国後に建白書を国会に提出して明治四年に創業されたものです。

　全国の隅々まで、人か徒歩で行くことができる範囲に一つの郵便局を設置することにより、老若男女誰でもが利用できる体制を整えました。利用するお客様のことを考えての配置でしたし、そのことが国の発展と一人一人の国民の幸せにつながると考えてのことでした。

　その郵便は年々減少し、今年は年賀状を大幅に値上げしたこともあって、三割を超える減少のようです。インターネット、携帯電話の普及により、いつでも、どこでも、人は連絡をとり、意思疎通を図ることができるようなりました。はがき、手紙という意思疎通の手段を選ぶ人は急速に減少し、若い人達は全く年賀状を書かない、はがき、手紙も書かない状況となったようです。

　顧客のためを思い、配達スピードを上げ、郵便番号により住所の一部の記入を簡略化し、プリンターで自由な図柄を印刷することを可能とし、干支やキャラクターの印刷されたはがきを用意するなど、顧客目線に沿ってきた筈なのに、実際は顧客の意向は別のものに移っていたのでしょう。

　顧客満足を目指すことは難しいことだと思います。一所懸命に顧客のことを思い、可能な限りその思いに寄り添うことを目指して、あれこれ考えて実行しても、顧客の意向に沿わないこともあります。また、一旦は顧客の意向に応えたものの、社会の変化によって顧客の意向が変化をし、提供しているモノが、受け入れられなくなることが生じます。顧客志向とは、絶え間ざる思考、変革、評価、新たな思考の繰り返しで、どこまでやっても切りのないものなのでしょう。しかし、その果てしない道のりを歩むことが人生の喜びになると信じています。

　これからの皆さんのさらなるご活躍を心より祈念しています。

■ ご挨拶

瀬野尾　健
一般社団法人　ＣＲＭ協議会　常務理事
CCRMアーキテクチャ部会　部会長
「2024 CRMベストプラクティス賞」選考委員

ＮＴＴコムウェア株式会社
ビジネストランスフォーメーション事業本部
コーポレートビジネスソリューション部
ビジネスソリューション部門　部門長
TOGAF® 9 Certified

『2024 CRMベストプラクティス白書』出版に寄せて

　「2024 CRMベストプラクティス賞」を受賞された企業および団体の皆さま、誠におめでとうございます。心よりお祝い申し上げます。また、本白書の出版にご尽力いただきました全ての方々に深く感謝申し上げます。

　CRMの分野において、データの活用はますます重要性を増しています。近年、AI技術やデータ分析の進化により、顧客理解の深化や迅速な対応が可能となり、企業は競争優位性を確立するための新たな手段を得ました。今年の受賞企業の皆さまは、先進的なデータ活用やAI技術を駆使し、他者に一歩先んじた顧客体験を提供されています。

　特に注目すべき点は、顧客との関係性をより強固にするための創造的なアプローチです。D2C（Direct-to-Consumer）のモデルが進化し、従来の枠を超えた新たなビジネスチャンスを切り拓いています。直接的な顧客との接点を強化し、パーソナライズされた体験を提供することは、今後ますます重要な要素となるでしょう。

　最後に、皆さまが日々顧客との関係性をより良くするために尽力されている姿勢に深く敬意を表します。変化の激しいビジネス環境において、「顧客中心主義」への取り組みは、企業にとって極めて重要です。今後も皆さまの活動が実り多いものとなり、業界全体の良きお手本となることを願っております。

■ ご挨拶

秋山　紀郎
一般社団法人　ＣＲＭ協議会　常務理事
グローバル部会　部会長
「2024 CRMベストプラクティス賞」選考委員

ＣＸＭコンサルティング株式会社
代表取締役社長
TOGAF® 9 Certified

外部から受ける評価の重要性

「CRMベストプラクティス賞」は、CRM活動において成果をあげた企業・官公庁などの組織を表彰するものです。私が審査を通じていつも感じることなのですが、組織内の活動を外部の機関に評価してもらうことは非常に重要です。一方で、守秘義務を理由に活動を外部に公表したがらない企業や、まだ改善途上であり審査を受ける段階にないと考えて委縮してしまうケースも多く見られます。こうした傾向は、内向きの組織の特徴と言えるでしょう。

しかし、外部から評価を受けることで、その取り組みに携わったメンバーの士気が向上するだけでなく、外部から貴重な情報や洞察を得ることもできます。実際、外部組織との情報交換に積極的である組織ほど、その活動の洗練度が高まる傾向にあると言えます。

さらに、ユーザー事例を読み解く力を身につけられることも大きなメリットです。現在、さまざまな形式でユーザー事例が公表されていますが、それらの特長を理解し、自社への適用方法を適切に考える力は非常に重要です。一方で、他社事例に影響され、そのまま模倣するだけで自社への適用が適切だと判断してしまうケースも多く見られます。その結果、採用したクラウドサービスが活用されなくなったり、不要な活動に人材が割かれてしまったりする事態が発生しています。こうした失敗事例は公表されることがほとんどないため、内向きの組織ではそれらに注意を払うことの重要性にすら気付かないことが多いのです。

「2024 CRMベストプラクティス賞」では、15組が選定されました。受賞企業の取り組みには、VOC（顧客の声）を活用した事例が多く見られました。VOCとは、組織に寄せられた顧客の声、すなわち顧客が評価した情報を活かす取り組みを指します。この情報源を活用し、自社への適用方法を適切に導き出した組織こそが、2025年も受賞企業として選ばれていくことでしょう。「CRMベストプラクティス賞」に輝いた団体だけでなく、応募されたすべての団体にエールを送りたいと思います。

■ ご挨拶

濱谷　博通
一般社団法人　ＣＲＭ協議会　常務理事
自治体CCRM推進部会　部会長

株式会社ミロク情報サービス
執行役員
社長室　CSR推進事務局長

『2024 CRMベストプラクティス白書』出版に寄せて

　「2024 CRMベストプラクティス賞」を受賞された皆様、この度の受賞おめでとうございます。また、本白書の出版にあたり、ご尽力頂きました選考委員及び関係者の皆様方には、深くお礼申し上げます。

　さて、今回も多くの企業様はじめ自治体様にもエントリー頂き、誠にありがとうございます。今回自治体様からは、福井県鯖江市の市民生活部　市民主役推進課よりエントリー頂きましたが、全国の地方でも共通して抱える、高齢化社会における人口減少と若者流出という課題に対して、素晴らしい取り組みをされております。

　「市民主役」の理念のもと市民主役条例を施行し、その後の鯖江市の運営方針に"市民主役の精神"が根付いております。

　特に今回のエントリーのテーマである「市民主役アワード」は、市民自らが市民を表彰するという全国初のイベントです。市民活動の担い手育成とまちづくり人材の拡大をテーマとし、市民自らのアイデアの提案をもとに市の事業を実施することで、行政の効率化と市民活動の多様性を尊重し、地域の絆を深めるという取り組みです。

　このように、顧客（市民）視点での行政運営の取り組みは、とても素晴らしいことで、特に行政が主体ではなく市民が主体となっておこなうことで、継続性が保たれ、常に柔軟な発想とアイデアが期待できるものと思われます。

　今回受賞された15組の中には「継続賞」も多く、今後更にブラッシュアップした次の目標を掲げ、継続して受賞されるよう期待しております。

　結びに、一般社団法人　ＣＲＭ協議会の益々のご発展と、受賞された皆様方のご健勝をお祈り申し上げます。

■ ご挨拶

花田　浩一
一般社団法人　ＣＲＭ協議会　常務理事

みずほ証券株式会社
執行役員
リテール・事業法人部門

『2024 CRMベストプラクティス白書』の出版に寄せて

　この度、「2024 CRMベストプラクティス賞」を受賞された企業・団体の皆さま、心よりお祝い申し上げます。皆さまの熱い想いと弛まぬ努力、そして「顧客中心主義経営（CCRM）」に対する明確な戦略がこの度の受賞に結び付いたものと喜ばしい思いで一杯でございます。

　そして、今回で21冊目となる『CRMベストプラクティス白書』の発刊にあたり、改めて藤枝会長をはじめとする一般社団法人　ＣＲＭ協議会関係者の皆さまの長年にわたるご尽力と情熱、真摯な取り組みに敬意を表します。

　さて、昨年の株式マーケットでは、米国の半導体メーカー「エヌビディア」の存在感が話題となりました。2022年末に登場した「ChatGPT」に端を発して、世界中の大手IT企業は生成AIの開発に取り組み、膨大な計算を行うため同社のGPU（画像処理装置）が買い求められました。1993年創業にもかかわらず、同社の時価総額はアップルやマイクロソフトを抜き一時世界トップに躍り出て、今や現代のテクノロジーにおいてAIと同社は切っても切れない関係になってきております。

　こうしたAIの急速な進化は、CRMの在り方を大きく変える可能性を秘めています。AIは、CRMシステムを単なる顧客データの管理ツールから、顧客との関係を深め、ビジネスを成長させるための強力なツールへと変革させています。今後もAIの進化を背景に、顧客体験のパーソナライゼーションがさらに進み、顧客との関係性がより重要となる中、企業はこれらの変化に対応し、顧客との長期的な関係構築を目指していく必要があります。

　今年度受賞された皆さまの取り組みでも、AIをツールとして事業に巧みに取り込まれるなど、「ヒト」と「IT」を組み合わせることで新しい価値を創出し、お客さま中心に拘った取り組みが表彰されたものと思います。

　「顧客中心主義経営」に飽和点はなく、今後もお客さま中心のアプローチでAIを活用し、社会に対して、顧客に対して、自社の強みを活かしてビジネスとして何ができるのかを考え、再定義していくことが重要ではないでしょうか。この白書が、CRM活動に取り組まれている多くの企業や団体の皆さまの持続的な成長の道標となることを祈念いたします。

■ ご挨拶

山本　雅通
一般社団法人　ＣＲＭ協議会　常務理事
ベストプラクティクス部会　副部会長
「2024 CRMベストプラクティス賞」選考委員

株式会社ゴートップ
常務取締役
TOGAF® 9 Certified

「顧客中心主義経営」は経営の柱です

　「2024 CRMベストプラクティクス賞」を受賞された皆さま、このたびは誠におめでとうございます。一般社団法人　ＣＲＭ協議会のベストプラクティクス部会の副部会長として、心よりお祝い申し上げます。

　2024年を迎え、私たちを取り巻くビジネス環境は引き続き大きな変化を遂げています。昨年の物価高や資源価格の高騰といった厳しい経済状況に加え、新たな消費者ニーズが生まれ、企業はこれに迅速かつ柔軟に対応することが求められています。また、政府主導による賃金上昇が引き続き進められ、多くの企業が持続可能な経営基盤の構築に向けた努力を重ねています。2024年のもう一つの大きな動きとして、新NISA制度のスタートがあります。この制度の普及により、個人投資家がますます増加し、株式市場の活性化が期待されています。日経平均株価が高値を更新する勢いは、日本経済の新たな展望を象徴するものでしょう。さらに、生成AIの活用がビジネス現場で急速に進んでいます。昨年から爆発的な成長を遂げた生成AIは、社内外のデータを高度に分析し、意思決定のスピードと正確性を飛躍的に向上させています。特に顧客データや営業データの分析において、これまでにない精度と速度を実現する可能性を秘めています。企業はこうした技術の恩恵を最大限に活かし、競争力を高める必要があります。

　このような時代において、「顧客中心主義経営」の重要性は一層増しています。顧客のニーズや価値観が刻一刻と変化する中、その変化をいち早く察知し、的確に対応する柔軟性こそが、企業の持続的な成長を支える鍵となります。そのためには、組織全体で「顧客中心主義」を徹底し、変化に対応する体制を整えることが不可欠です。

　一般社団法人　ＣＲＭ協議会では、多種多様な業界における有益な実例が共有されており、それぞれの企業が直面する課題に対して、具体的かつ実践的なヒントを得ることができます。こうした事例発表を通じて、他社の成功事例から学び、自社の方向性を再確認する機会が数多く提供されています。

　本書に掲載された2024年の受賞事例は、いずれも現代の課題に対応するための優れた取り組みが凝縮されています。これらの事例を参考にすることで、多くの企業が新たな価値創造のヒントを得ることを期待しております。ぜひ本書を活用し、貴社の発展に役立てていただければ幸いです。

　最後に、本書が多くの方々にとって貴重な学びの一助となることを心より願っております。

■ ご挨拶

山﨑　靖之
一般社団法人　ＣＲＭ協議会　理事
ベストプラクティス部会　部会長
「2024 CRMベストプラクティス賞」選考委員

サイオステクノロジー株式会社
取締役　専務執行役員
シニアアーキテクト
TOGAF® 9 Certified / ArchiMate® 3 Practitioner

『2024 CRMベストプラクティス白書』の出版に寄せて

　この度の2024年度「CRMベストプラクティス賞」を受賞されました企業・自治体の皆様、受賞おめでとうございます。また、『2024 CRMベストプラクティス白書』を無事に発行できましたことを心よりお祝い申し上げます。

　新型コロナウィルス感染症のパンデミックも終焉を迎え、さらにデジタルトランスフォーメーションが加速する現代において、企業が目指すべき「顧客中心主義経営」は顧客とのあらゆる接点において最適な体験を提供し、長期的な関係性を構築することです。今回の受賞企業にもAIを活用した事例も増えてきており、より高度な顧客分析や大量の情報を駆使した顧客の行動予測などにICTが活かされております。変化が激しいビジネス環境下において、ICTを駆使して顧客へのサービス向上に励んでいる受賞企業の皆様の「顧客中心主義経営」への取り組みと、お客様により良いサービスを追求している姿勢には深く感銘を受けるとともに大変勉強になりました。今年度はとても多くの企業・団体様からの応募があり、受賞企業・団体数も15組織（14企業、1自治体）と歴代でも2005年、2015年と並んで一番多い受賞数となっております。その中でも初回受賞が6組と多かったことも大変喜ばしく思います。

　これを機に「継続賞」を目指して「顧客中心主義経営」を活性化してくださることを強く望んでおります。今回のように新しい受賞者がコンスタントに増えていることは喜ばしい兆候であり、継続できるよう啓蒙推進してまいります。また、繰り返して「顧客中心主義経営」の成熟度向上を継続している企業様がバランス良く受賞されたことが見て取れます。受賞者の皆様が今後更に「顧客中心主義経営」を進化させていくことを心より期待すると共に、その成果をもって「CRMベストプラクティス賞」の受賞を重ねていくことを楽しみにしております。

■ ご挨拶

鈴木　猛司
一般社団法人　ＣＲＭ協議会　理事

テクマトリックス株式会社
取締役　常務執行役員
アプリケーション・サービス部門長

『2024 CRMベストプラクティス白書』出版に寄せて

「2024 CRMベストプラクティス賞」を受賞された企業・団体の皆様、おめでとうございます。心よりお祝い申し上げます。

2024年は、AIがあらゆる社会的領域に浸透していることを実感した1年となりました。物流や医療などの公共的な領域から、個人の健康管理や学びを支えるプライベートな領域まで、AIは私たちの生活に大きな変化をもたらしています。一方で、クリエイティブな領域では著作権などの観点からAIが人々の分断を引き起こす問題も顕在化しており、利用する側の知識や倫理観が問われる事態となっています。

カスタマーサービス業界でも、ここ数年で文章生成や音声認識などコンタクトセンターを支援するAI活用サービスが続々登場し、現場での導入が進んでいます。あらゆる年齢層のオペレーターや顧客が抵抗なく利用できるレベルになるまではもう少し時間がかかりそうですが、今後より高度な自動化や予測分析が可能になることも期待されており、業務の効率化には欠かせないツールとなるでしょう。顧客接点の場として重要な役割を担うコンタクトセンターで、AIなど最新のソリューションを適切に採り入れ、コントロールしていくことが顧客満足度ひいては企業力の向上につながるのではないかと思います。

テクマトリックスは、「コンタクトセンターを起点としたCRMイノベーション」をお手伝いするITプラットフォームを提供しています。コンタクトセンターが企業と消費者をつなぐ重要な存在として見直されている中、新たな変革を遂げるコンタクトセンターが「CRMベストプラクティス賞」を受賞したことを、コンタクトセンターに関わる者のひとりとして大変嬉しく思います。私たちの活動がCRM推進に少しでも貢献できれば幸甚です。

最後になりますが、CRM活動で成果を出した企業・団体の実績を称え、そのモデルを広く伝える「CRMベストプラクティス賞」は、CRMの普及に大変意義の深いものです。「CRMベストプラクティス賞」を支える一般社団法人　ＣＲＭ協議会の皆様、受賞企業・団体の皆様、並びに、受賞には至らなかったものの日々CRM活動に尽力している応募企業・団体の皆様の益々のご発展をお祈り申し上げます。

■ ご挨拶

水野　美歩
一般社団法人　ＣＲＭ協議会　理事
広報担当

アビームコンサルティング株式会社
執行役員　商社・コンシューマービジネスユニット長

『2024 CRMベストプラクティス白書』出版に寄せて

　「2024 CRMベストプラクティス賞」を受賞されました企業・団体の皆様の活動に敬意を表しますとともに、心よりお祝いを申し上げます。また、本白書の出版にあたりご尽力頂きました一般社団法人　ＣＲＭ協議会関係者の皆様に厚くお礼を申し上げます。

　本年の受賞事例を拝見しますと、「顧客中心主義経営（CCRM）」の取り組みが年々多様化、かつ高度化していることに驚かされます。いくつか特徴的な点を挙げますと、
　１．市民・地域との関係強化：昨年度の市原市様に続き、今年度は福井県鯖江市様が受賞されました。自治体が顧客中心の取り組みを実践し、地域への価値提供・地域活性化につなげている素晴らしい事例で、受賞を通じてこのムーブメントが他地域にも広がることを期待します。
　２．顧客接点におけるテクノロジーの浸透：モバイル技術やAIを駆使した顧客対応も進化しています。もはやIT部門主導の試験的な取り組みではなく、実際に顧客接点の現場で活用が定着化しており、トラスコ中山様の「MRO製品の即納システムモデル」、みずほ銀行様の「AI活用統合コンタクトセンターモデル」などの好例が見られました。
　３．VOCへの回帰と活用の高度化：昨今、顧客の行動や嗜好に基づいたデータ分析が、より精緻でパーソナライズされたサービスの提供を可能にしています。蓄積されたVOC（顧客の声）から得られる示唆はその価値が増しており、受賞事例でも、顧客の声を戦略的に活用し顧客とのより深い信頼関係を築いている企業が複数見られました。

　改めまして、これらの取り組みをリードされた経営トップの皆様、関係者の皆様に敬意を表します。今回受賞された企業・団体の皆様が、更なる成長に向けて取組を進化させ、新しいテーマにも率先してチャレンジされることを期待しております。また、素晴らしい先進事例からの学びにより、他の企業においても「顧客中心主義経営（CCRM）」への取組みが促進され、次回、より多くの企業・団体の成果をご紹介できることを楽しみにしております。
　最後に、会員企業の皆様の更なるご発展とご活躍をお祈り申し上げて、お祝いの言葉とさせて頂きます。

■ ご挨拶

伊藤　孝
一般社団法人　CRM協議会　理事

株式会社セールスフォース・ジャパン
取締役副社長

『2024 CRMベストプラクティス白書』出版に寄せて

「2024　CRMベストプラクティス賞」を受賞されました企業および団体の皆様、おめでとうございます。心よりお祝い申し上げます。皆様の日々の取組みや成果に敬意を表します。

また、『2024　CRMベストプラクティス白書』の出版にお祝い申し上げますとともに、本白書出版にあたり、ご尽力いただきました一般社団法人　CRM協議会のご関係者の皆様に熱く御礼申し上げます。

究極の「顧客中心主義」を実現するためには、企業全体の文化や戦略を顧客に焦点を当てたものに変革する必要があります。単に顧客のニーズに応えるだけではなく、顧客の期待を超え、感動を提供することが求められます。

顧客中心のアプローチでは、顧客データの収集と分析が不可欠です。企業は顧客の購買履歴、行動パターン、フィードバックを統合し、AIやデータ分析ツールを活用して、顧客の嗜好や期待をリアルタイムで把握します。これにより、パーソナライズされた商品やサービスを提供し、顧客の個別ニーズに応じた対応が可能になります。

また、企業はあらゆる接点（オンライン、オフライン、カスタマーサポートなど）で一貫した顧客体験を提供する必要があります。顧客がどのチャネルを利用しても、同じ品質とサービスが提供されることが重要です。これにより、顧客は企業に対して信頼を抱き、長期的な関係を築くことができます。

顧客の声を積極的に収集し、そのフィードバックを基にサービスや製品を改善することが、「顧客中心主義」の核です。顧客の意見を反映させることで、企業は顧客の期待を超えるサービスを提供し、顧客ロイヤルティを向上させることができます。

今回「CRMベストプラクティス賞」を受賞された企業様や団体様は社会の課題解決や顧客の成功に向け、多大なる功績を遂げられております。「顧客中心主義」の実現のためにAIをはじめとしたテクノロジーをさらに有効活用することで飛躍的な効果を得られると確信しています。

最後に、日頃から顧客中心の視点で鋭意取り組んでおられる皆様、一般社団法人　CRM協議会の今後の益々のご発展をお祈り申し上げ、お祝いのご挨拶とさせていただきます。

■ ご挨拶

小玉　昌央
一般社団法人　ＣＲＭ協議会　理事
営業推進本部　本部長
「2024 CRMベストプラクティス賞」選考委員

株式会社サトー　パートナービジネス推進部
C3イノベーション株式会社　代表取締役社長
TOGAF® 9 Certified

「2024 CRMベストプラクティス賞」受賞を祝して

「2024 CRMベストプラクティス賞」を受賞された15組の皆さま、心よりお祝い申し上げます。皆さまの日ごろの弛まぬ努力、お客さま視点に立った取り組みが受賞に結びついています。

CRMの基本は継続です。「継続賞」を受賞されましたビジョン様、フォーラムエイト様、ホンダオート三重様、おめでとうございます。継続しての受賞には、しっかりとした基本方針、経営層を巻き込んだ全社的な体制、お客さまと向き合う真摯な姿勢、そして具体的な取り組みの積み重ねが重要です。お客さまと共に成長している証しが「継続賞」です。

新たに受賞されたＮＴＴコミュニケージョンズ様、鯖江市様、ダイキン工業様、東名様、トラスコ中山様、ＬＩＸＩＬ様、おめでとうございます。そしてCRMの取り組みを開始していただきありがとうございます。各受賞者の取り組みを拝見すると、市民を想う気持ち、顧客との履歴情報の活用、顧客要望に応えるサービスの開発、新しいテクノロジーの活用など新鮮さを感じます。特に栄えある大星賞を受賞されたトラスコ中山様は、CRM活動を通じて顧客の声を反映する姿勢が何よりも大切な顧客との信頼関係を深めることに繋がっています。

一般社団法人　ＣＲＭ協議会では、会員各社がその取り組みを紹介し、共に学び合う活動を進めています。他社の良いところを学び、自社の改善が必要なところにアドバイスをもらう、一緒に学びながら成長することを実践しています。オープンな活動ですので、皆さまの積極的な参加をお待ちしています。

2025年、社会全体には不安な要素が見受けられますが、「継続」の力と「新鮮」な力を結集して、皆一緒になって、顧客の視点に立って取り組みを見つめ直し、新しい顧客体験、価値をつくりだし、元気でワクワクする社会を実現していきましょう。

■ ご挨拶

四条　理
一般社団法人　ＣＲＭ協議会　理事
Webマーケティング部会　部会長

株式会社ビジョン
執行役員

『2024 CRMベストプラクティス白書』出版に寄せて

「2024 CRMベストプラクティス賞」を受賞された企業・団体のみなさまへ、心からの祝福を申し上げます。今年も、「顧客中心主義経営（CCRM）」の理念に根ざしたみなさまの取り組みから大きな刺激と感銘を受けています。あわせて『2024 CRMベストプラクティス白書』出版にあたり、心よりお祝い申し上げます。ご尊力いただきました一般社団法人　ＣＲＭ協議会ご関係各位に厚く御礼申し上げます。

2024年はAIやデジタルツールの革新が更に深まり、ビジネスプロセスの省力化や効率化が日々加速しています。これにより、顧客との接点やコミュニケーション流程が再構築されるなか、「実際に顧客体験は改善されているのか」、「顧客の不満を解決し満足を増しているのか」という基準を見誤らないことが一つの重要な観点となっています。

このような時代には、新しいツールの導入だけでは不十分です。デジタルに置き換わるプロセスにて、「求めるべき結果は何で、いかに顧客にベネフィットを還充するのか」を見定める視点が必要です。これには、可視化と分析を通じ、顧客の真の声に近づく努力が要求されます。例えば、チャットボットやサーベイで得られるインサイトは、顧客のニーズを析出し、不満の解決のみならず満足を深めるための重要なヒントを提供してくれます。

しかし、どんなに大量のデータを保有していても、その利用を適切に行わなければ意味がありません。そのため、持続的な分析とツールの活用で、顧客との相互信頼を共有することが重要です。企業・団体は、データの重要性を深く理解し、それをどのように現場で実践に適応させるかを考え続ける必要があります。これにより、CCRMは続けて成長と顧客体験の最適化を実現するものとなります。

「顧客中心主義」の経営は、企業の成長のみならず、社会の持続可能性を高めることに繋がります。受賞された皆様、及びCRM実践に日々勤められるすべての企業・団体の皆様が、持続可能な成長と顧客中心の経営を推進されることを心から祈念します。一般社団法人　ＣＲＭ協議会が今後も益々に発展されることを願い、心よりお祝いを申し上げます。

■ ご挨拶

武井　千雅子
一般社団法人　ＣＲＭ協議会　理事

株式会社フォーラムエイト
代表取締役副社長

『2024 CRMベストプラクティス白書』出版に寄せて

　この度、「2024 CRMベストプラクティス賞」を受賞されました企業・団体・自治体の皆様、心よりお祝い申し上げます。皆様の卓越した顧客関係管理の取り組みが高く評価され、この栄誉に輝いたことを深く喜ばしく思います。

　本冊子では、受賞企業・団体・自治体による具体的な取り組みや成果、技術革新に関する洞察、CRM戦略と実施プロセスの詳細な分析を掲載しています。それぞれ異なる業種から集めた優れたプロセスを事例として紹介しており、広く役立つ内容となっています。

　今回受賞された15の企業・団体・自治体は、事業分野や企業規模が異なりながら、いずれのモデルにおいてもCRMの観点から新たな価値創造に挑戦し、大きな成果を上げています。多彩な素晴らしい取り組みが揃っています。

　私が代表取締役副社長を務めるフォーラムエイトでは、CRM活動の主幹部署を毎年変更することで、全社へのCRM意識の浸透を図ってまいりました。2024年にはCRM統括グループを結成し、全社横断的なCXの向上を推進するため、これまで部門ごとに取り組んできた活動を見直し、全社横断的に推進した取り組みが「ボトムアップ型CRM統合推進モデル」として高く評価されました。

　先進的なデジタルツイン、メタバース、ブロックチェーン技術を駆使したNFTサービスの提供や高品質なシステム開発に加え、AIの強化による製品やサービスを通じて、CX（顧客体験）とDX（デジタルトランスフォーメーション）の加速化を実現し、顧客課題への対応を強化することで、顧客満足度のさらなる向上を目指します。

　今後もCRMに取り組む企業・団体の皆様のご支援を賜りながら、当協議会の発展に尽力してまいりますので、一層のご指導とお力添えを賜りますようお願い申し上げます。

■ ご挨拶

諏訪　貴之
一般社団法人　ＣＲＭ協議会　理事

株式会社ロココ
執行役員
TOGAF® 9 Certified

『2024 CRMベストプラクティス白書』出版に寄せて

「2024 CRMベストプラクティス賞」を受賞されました企業・自治体の皆さま、また実際にお取り組みされた皆さま、誠におめでとうございます。そのノウハウが集まった『2024 CRMベストプラクティス白書』が出版されましたことを、心よりお祝い申し上げます。

現在、日本が直面している課題として、少子化による人手不足、労働生産性の低迷などがあり、解決する手段としてITの活用が無視できなくなってきていると思います。

例えば、今回の受賞事例にもありますが、カスタマーサポートの自動化、データ分析などは人で行うことに限界があったものがITの力でユーザー体験が向上し顧客満足度が上がる。
またそのデータを活用することでさらに生産性が上がり、より高い満足度を得ることに繋げることができると考えます。

「顧客中心主義」は、企業、団体だけではなく、そのサービスを受ける社会全体に対して今の社会課題を解決するための概念として必要不可欠であると考えます。
今後この活動を通じ世の中がより豊かになり、日本が元気になることを願い活動を活発化させていければと願っております。

これからもより素晴らしい成功体験が共有され、また今回発表された事例がどうその後、進化していくのかなど事例が出てくることを楽しみにしております。

■ ご挨拶

伊藤　千代松
一般社団法人　ＣＲＭ協議会　理事

株式会社みずほ銀行
執行役員
個人業務部　部長

「2024 CRMベストプラクティス賞」受賞を祝して

「2024　CRMベストプラクティス賞」を受賞された企業、ご担当者の皆様へ、心からの祝福を申し上げます。本年も「顧客中心主義」の理念に根差した、皆様方のご努力に大変感銘を受けました。あわせて、この度『2024　CRMベストプラクティス白書』の出版にあたり、ご尽力いただきました一般社団法人　ＣＲＭ協議会のご関係の皆様へ厚く御礼申し上げます。

2024年は、従来以上に市場環境の変化や技術の進化が速く、企業が現状に安住しているとすぐに競争力を失うことを思わせる1年となりました。我々企業人は常に変革を通じて新しい技術やビジネスモデルを取り入れることで、競争力を維持し、さらには向上させることができます。

「顧客中心主義」を実行するうえでも、社員一人ひとりが顧客の視点から考え、行動するという変化が必要ですし、会社単位で考えましても「顧客中心主義」を成し遂げるためには、全社的な意識変革が必要です。顧客中心文化の醸成、顧客データの活用、顧客体験の向上、組織構造の見直し、社員の教育とエンゲージメントの向上、それらの継続的な改善を通じて、企業は顧客の期待に応え続けることができるでしょう。またこれにより、企業の競争力が強化され、持続可能な成長が実現します。

この度、受賞された14企業１自治体の皆様方には、組織内の文化を「顧客中心主義」に変革し、社員一人ひとりがビジョンを共有し、心の中で響き、行動へと変換できるという点で共通しており、組織の価値観をDNAとして取り込んでいらっしゃることが素晴らしいですし、これこそが企業の永続的な発展に結びつくものだとあらためて実感致しました。今後の「CRMベストプラクティス賞」においても、企業全体が顧客の成功にコミットし、顧客の幸せが企業の幸せであるという理念を通じて日本経済の未来を切り開く事例が応募されることを祈念しております。

最後に、一般社団法人　ＣＲＭ協議会の更なるご発展をお祈り申し上げ、お祝いのご挨拶とさせていただきます。

■ ご挨拶

東　大祐
一般社団法人　ＣＲＭ協議会　理事

富士通株式会社
CEO室　SVP，CDPO補佐

『2024 CRMベストプラクティス白書』出版によせて

「2024 CRMベストプラクティス賞」を受賞されました企業・団体の皆様の活動に敬意を表しますとともに、心よりお祝い申し上げます。また、本白書の出版にあたりご尽力頂きました一般社団法人　ＣＲＭ協議会関係者の皆様に厚く御礼を申し上げます。

ここ数年で、お客様接点において企業が取り組むべき課題は複雑性を増しています。様々なライフスタイルの変化や価値観の変化、ニーズに対応する為に高度でリアルタイムなマーケティング手法に加え、お客様が商品やサービス以外の要素も含めたエクスペリエンスの提供が企業に求められています。加えて、企業には、社会課題の解決に向けた姿勢も求められ、企業が持続的に成長していく為には、これらに柔軟に対応していく必要があります。このような環境変化へ対応していく為には、市場やお客様の声に耳を傾ける「顧客中心主義経営（CCRM）」への取り組みが非常に大切になります。今年も、継続して着実に成果を出しておられる企業・団体様が増えたことは非常に嬉しく存じます。

本年の受賞事例の中には、「グローバル」「全体最適」「お客様UX向上」というテーマで取り組まれたケースが印象的です。自社・自部門だけでなく、仕入れ先やパートナーを含めた全体の流れの中で、様々なステークホルダーを巻き込んで実践をされたケースや、自社内において日本国内のみならず、グローバルの拠点に対してもお客様接点での取り組みを展開し、まさに全社で「顧客中心主義経営」を実践されているケースも見受けられました。毎年のことではありますが、新しい実践事例が出ることで、より多くの企業・団体様が学び切磋琢磨することで、日本の「顧客中心主義経営」のレベルが上がっていくことを期待します。

今回受賞された企業・団体の皆様が、更なる成長に向けて取り組みを加速させ、新しいテーマにチャレンジされることを期待しております。そして、更に素晴らしい実践事例がこの「CRMベストプラクティス賞」として表彰されることを楽しみにしています。
最後に会員企業・団体の皆様の更なるご発展とご活躍をお祈り申し上げまして、お祝いの言葉とさせて頂きます。

■ ご挨拶

安藤　啓吾
一般社団法人　ＣＲＭ協議会　理事
研修本部　本部長

マクニカホールディングス株式会社　執行役員
兼　株式会社マクニカ　IT本部　本部長

『2024 CRMベストプラクティス白書』出版に寄せて

　「2024 CRMベストプラクティス賞」を受賞された各企業・団体の皆様、誠におめでとうございます。本賞は、「顧客中心主義経営（CCRM）」の分野における卓越した取り組みや成果を讃えるものであり、皆様の先進的かつ模範的な実践が業界・社会の発展に多大なる貢献をしていることを示すものです。より満足度の高い顧客体験の提供や、そのために必要な組織の成長を目指して取り組みを進められてきた皆様の想いや努力がこの度の受賞につながったこと、心よりお祝い申し上げます。

　また、『2024 CRMベストプラクティス白書』の出版を迎えることができましたこと、心よりお祝い申し上げます。本書は、受賞企業・団体の取り組みを詳細に紹介するだけでなく、「顧客中心主義経営（CCRM）」の目指すべき方向性や最新トレンドを示す貴重な資料と思います。これを手に取る読者の皆様が、各企業・団体の事例から学びを得て自らの活動に活かし、業界・社会の更なる発展に貢献していただけることを期待しております。

　今年の受賞企業・団体の取り組みの多くに共通するキーワードとして、「（VOCを含む）データドリブンなアプローチ」、「AIの活用」が挙げられます。昨今、社会情勢や市場環境の変化に伴い顧客ニーズがますます多様化し、その期待に応え続けることが企業にとっての重要課題となっている中で、IT・デジタルの進歩を如何に取り入れ活用していくかが、「顧客中心主義経営（CCRM）」の深化にとって非常に重要と考えています。

　最後に、『2024 CRMベストプラクティス白書』の出版に携わられたすべての方々に深く感謝申し上げますとともに、「CRMベストプラクティス賞」を支える一般社団法人　ＣＲＭ協議会の皆様、受賞企業・団体の皆様、日頃よりCRM活動に尽力されている応募企業・団体の皆様並びに読者の皆様の更なる発展とご活躍をお祈り申し上げ、お祝いのご挨拶とさせていただきます。

■ ご挨拶

林口　朋一
一般社団法人　ＣＲＭ協議会　中部支部　三重県部会長

株式会社ホンダオート三重
代表取締役社長

『2024 CRMベストプラクティス白書』出版に寄せて

「2024 CRMベストプラクティス賞」を受賞された企業・組織の皆様、誠におめでとうございます。また、『2024 CRMベストプラクティス白書』の出版に際し、心よりお祝い申し上げます。

一般社団法人　ＣＲＭ協議会　中部支部　三重県部会として、三重県における「顧客中心主義経営（CCRM）」の普及を目指し、2012年より『CRM三重フォーラム』を2019年までの間に計8回開催してまいりました。

三重県では、一般企業のみならず、三重県および津市が「CRMベストプラクティス賞」をそれぞれ複数回受賞されております。地方の公共団体がCRM活動を積極的に取り入れることは、市民サービスの向上に直結するものであり、一市民としても大変喜ばしく思います。

さて、2020年以降、新型コロナウイルスの感染拡大は世界経済に大きな影響を及ぼしました。その影響もあり、『CRM三重フォーラム』は2019年以降開催できておらず、三重県におけるCRM普及活動も思うように進められない状況が続いております。

しかし今年は6年ぶりにぜひ『CRM三重フォーラム』を開催したいと思います。

今後も三重県部会として、CRMの普及に努めるとともに、ともに学び、実践する仲間を増やしてまいりたいと思います。引き続き、ご指導・ご鞭撻のほど、よろしくお願い申し上げます。

■ ご挨拶

小林　伊佐夫
一般社団法人　ＣＲＭ協議会　特別会員
「2024 CRMベストプラクティス賞」選考委員

株式会社ＤＮＴＩ
事業管理本部　事業開発部長

『2024 CRMベストプラクティス白書』出版に寄せて

　「2024 CRMベストプラクティス賞」を受賞された企業・自治体の皆さま、誠におめでとうございます。また、『2024 CRMベストプラクティス白書』の出版を、心よりお祝い申し上げます。常にお客様を第一に考え、成長を続ける受賞者の皆さまの知見や経験事例を共有させていただけることは、大変な喜びであり、心より感謝申し上げます。

　日本の市場環境は、人口動態や消費行動の急激な変化により大きな転換期を迎えています。企業・自治体には、これらの変化を敏感に捉え、迅速に対応できる体制の整備が求められています。顧客や住民との接点を増やし、深い理解に基づいたサービス提供を行うことが、今後の競争力の維持・向上において重要な要素となります。

　今回の事例では、社会構造、生活・行動様式、消費者の価値観という三つの変化に対して、AIやデータ分析を活用した顧客理解の深化と、その知見を活かした業務改善やサービス開発が多く見られました。

　業務効率化の観点では、デジタル技術の活用と人的資源の最適配置を組み合わせた統合的なアプローチが評価されました。また、業界の慣習や組織の枠組みを超えて、顧客を価値創造の協働者として位置づける新しい関係性の構築も進んでいます。この顧客共創モデルは、従来の供給者と受益者という二項対立を超えた革新的な取り組みとして注目を集めています。

　企業・自治体は、変化する社会環境に対応しながら、顧客や住民との深い関係性を構築し、持続可能な価値提供を実現することが求められています。今回の表彰事例は、日本社会が直面する構造的な課題に対する先進的な取り組みと具体的な解決策を提示しており、新しい時代における「顧客中心主義」のあり方を示唆しています。今後も、より多くの革新的な取り組みが共有され、社会全体の発展につながることを願っています。

■ ご挨拶

渥美　敬之
一般社団法人　ＣＲＭ協議会　特別会員
「2024 CRMベストプラクティス賞」選考委員

株式会社電通デジタル

「CRMベストプラクティス賞」受賞おめでとうございます

「2024 CRMベストプラクティス賞」を受賞された企業・自治体、ご担当者の皆様に心から
お喜びを申し上げます。また「2024 CRMベストプラクティス賞」の選定から白書の作成に携
われた皆様のご尽力について深くお礼を申し上げます。

本白書が発行される2025年は昭和100年です。それをお祝いしたり、テーマにしたイベント
が様々準備されていると聞いています。私が会社に就職した40年前は会社にはパソコンなどは
なく、重要な企画書なども手書きで作成していました。その後IBMなどのオフィスパソコンが
例えば部に数台導入される時期を経て、社員全員が当たり前に１台支給されるようになりまし
た。その後のデジタル化の進展は、皆様がご存じの通りこれまで人類が経験したことのない
スピードで進んでいます。デジタルの進歩はCRMにも大きな変化を生じさせました。

今回の15の企業・自治体が受賞されましたが、そのうち５団体でAIが重要な役割を果たし
ていました。過去３回のAIブームがありました。1950年代〜の第一次ブーム、1980年代〜の
第二次ブームともに結果として人々に失望され「冬の時代」に突入してしまいました。
ただ、今回の第三次ブームはどうも様相が異なります。今回の受賞企業では以下のように
AIが使われています。

- ・営業戦略の高度化
- ・真の顧客ペインポイントの抽出
- ・顧客応対のサービス品質の向上
- ・従来得られなかったインサイトの取得
- ・受注予測の実用化、データ分析

これまでのブームとは明らかに異なっていることを感じます。

今後もこのような変化は加速度的に進むことは間違いありません。皆様におかれましても
デジタル含めた最新の技術を取り込み、継続的な成長を実現されていくことを祈念しています。
私ども一般社団法人　ＣＲＭ協議会がその一端を担うことができれば幸いです。一般社団法人
ＣＲＭ協議会への引き続きのご支援ご鞭撻よろしくお願いいたします。

◇ 寄稿論文 ◇

■ 特別会員　　　谷島 宣之

■ 特別会員　　　牧田 幸裕

■ 常務理事　　　瀬野尾 健

■ 常務理事　　　秋山 紀郎

■ 理事　　　　　山﨑 靖之

■ 理事　　　　　小玉 昌央

谷島　宣之
一般社団法人　ＣＲＭ協議会　特別会員

株式会社日経ＢＰ
総合研究所
上席研究員

受賞15組から成功への勘所を探る

　「顧客中心主義経営（カスタマー・セントリック・リレーションシップ・マネジメント、CCRM)」あるいは「顧客中心の変革（カスタマー・セントリック・トランスフォーメーション、CCX)」を成功させるために、先行して取り組んでいる企業や団体の活動とそのやり方から学ぶことは有益である。

　そこでここ数年、一般社団法人　ＣＲＭ協議会（藤枝純教会長）が実施している「CRMベストプラクティス賞」の受賞事例から成功への勘所を探り、毎年の『CRMベストプラクティス白書』に寄稿することを続けている。「CRMベストプラクティス賞」は顧客を中心に据えて事業や活動に取り組む企業や団体に毎年贈られている。

　今回考察した対象は「2024 CRMベストプラクティス賞」を受賞した15組（14企業、1自治体）の「顧客中心主義経営」への取り組みである。15組はいずれも顧客の声や取引履歴などに基づき、製品提供や顧客対応のやり方、組織形態などを変革しようとしている。

　15組の発表から読み取れた成功への勘所を「顧客中心主義経営を成功させるための4カ条」に沿って紹介していく。この４カ条は３年前、2021年の受賞企業・団体の事例から抽出し、３年前の『CRMベストプラクティス白書』において発表したものである。

「2024 CRMベストプラクティス賞」の受賞企業・自治体（五十音順）

受賞企業・自治体名	受賞モデル名	概要
ＮＴＴコミュニケーションズ	法人事業統合CRMモデル	全社で営業プロセスを統一、SaaSを使ってシステムを標準化
ＮＴＴドコモ　情報システム部	顧客の関心事洞察モデル	AIにより顧客の声を収集・分析し、新たな洞察を得る
鯖江市　市民生活部 市民主役推進課	市民主役の地域活性モデル	市民自らが市民を表彰する「市民主役アワード」を開催
ダイキン工業　サービス本部	コンタクトチャネル統合基本モデル	顧客からの電話やメールなどを一元管理、応対を早めた
ＤＨＬジャパン	VOC収集チャネル拡大モデル	顧客の声の収集量を10倍以上に、NPS（推奨度）をすぐ確認
東名	VOCを事業展開の軸に置くモデル	顧客の困りごとを把握、集中して対処、問い合わせを減らす
トラスコ中山	MRO製品の即納システムモデル	工場など顧客に在庫を置かせてもらい、即納し、データを入手
中日本高速道路	計画通行止めによる快適利用モデル	車線規制ではなく通行止めにすることで工事による渋滞を軽減
ビジョン　CLT	VOC活用休眠顧客活性化モデル	初取引から3年経った顧客のニーズを確認、再提案で成果
フォーラムエイト	ボトムアップ型CRM統合推進モデル	従来の部門別CRM活動を統括する新組織を設置、全社で連携
富士通	グローバル推進OneCRMモデル	営業プロセスを標準化、各地の顧客情報をリアルタイム共有
ホンダオート三重	M&Aによるサービス向上モデル	板金部門を統合、販売から修理まで担える体制を整える
マクニカホールディングス	顧客ポータル・CRM拡張モデル	顧客ポータルの活動履歴などから必要な商品を必要時に提案
みずほ銀行　カスタマーリレーション推進部	AI活用統合コンタクトセンターモデル	AIが対話内容に合う資料を自動提示、応対について自動評価
ＬＩＸＩＬ　LIXIL Housing Technology ビジネスインキュベーションセンター	共創型D2Cマーケティングモデル	愛猫家のコミュニティサイトを用意、顧客が見込み客に説明

CRM：カスタマー・リレーションシップ・マネジメント、VOC：ボイス・オブ・カスタマー、MRO：メンテナンス、リペア、オペレーションズ、D2C：ダイレクト・ツー・カスタマー
出所）一般社団法人　ＣＲＭ協議会の発表資料を基に日経コンピュータ作成

■ 1・マネジメントないしトランスフォーメーションとして取り組む

カスタマー・セントリック（顧客中心主義）に基づくマネジメント（経営）ないしトランスフォーメーション（変革）という名称から明らかなように、企業や団体の経営ないし変革として取り組まなければ顧客の期待や要請に応えられない。

顧客に向けた前向きな施策とともに組織内の無駄な作業を無くすことも欠かせない。また、変革を進めるにあたってはコラボレーション（協業）が有効な手段になる。

2024年度に受賞した企業・団体はいずれも顧客を中心に置き、商品や業務を変えようとしている。例えば自動車ディーラのホンダオート三重は企業買収により、車の販売から始まり、車の修理まで担える体制を整えた。

めがねのまちとして知られる福井県の鯖江市は「こつこつやり続ける市民」を市民が探し出し、表彰する「市民主役アワード」を開催している。市民主役は鯖江市の運営コンセプトでもあり、「自分たちのまちは自分たちがつくる」という目的を明記した「市民主役条例」を施行している。市民同士のコラボレーションと言えるだろう。

中日本高速道路は高速道路の保守工事に際し、車線規制をしつつ車を通すのではなく、全面通行止めにしてしまい、ドライバーにしっかり告知することで、かえって渋滞を減らした。通行止めに伴い、迂回してくれたドライバーには高速道路の料金を調整する。

「なぜ通行止めなのか」「何のための工事をしているのか分からない」といった不満の声が聞こえてきたことからソーシャルネットワークサービスを使い、通行止めの区間や工事内容を写真付きで告知した。「我々の仕事のブラックボックスを公開することが大事」という担当者の発言は示唆に富む。

中小企業に光インターネットサービスを提供する東名は顧客の悩みや不満を把握し、改善策を用意することで、顧客からの問い合わせを減らした。複数拠点で東名のサービスを契約している顧客が料金明細を確認しにくいという指摘を受け、料金明細サイトを改修し、コールセンターにかかってくる問い合わせをほぼ半減させた。インターネット不通の際の代替手段も用意した。

メーカーが最終顧客とつながるために新たな取り組みをする例もみられた。トラスコ中山は最終顧客である製造業の工場の中などに、同社が販売する工具や消耗品の在庫を置かせてもらい、必要なときにすぐ使える、つまり買えるようにしている。

顧客からすると納期はゼロになり、棚卸など在庫管理の作業が不要になる。複数部門から重複して発注してしまうことも無くなる。

トラスコ中山にとっては、最終顧客がどの製品をどのくらいの頻度で使っているか、というデータを直接とれるようになったことが大きい。ただし商流はトラスコ中山から小売店など販売パートナー、そして最終顧客、といったように従来通りにしている。

ＬＩＸＩＬのLIXIL Housing Technologyビジネスインキュベーションセンターは新事業として取り組んでいるキャットウォーク製品（猫が壁にそって歩けるようにする製品）の利用例を紹介するコミュニティサイトを開設し、運営する。製品を家の中にどう設置し、猫がどう歩いているか、といった事例をオンラインイベントなどで顧客自身に語ってもらっている。

キャットウォーク製品を同社は工務店など販売パートナーを通じて一般家庭に販売しているが、コミュニティサイトを通じ、最終顧客の声をＬＩＸＩＬが聞けるようになった。さらに、キャットウォーク製品を購入し、利用している顧客が、コミュニティサイトに相談に来た見込み客にＬＩＸＩＬ製品の特徴を説明してくれるまでになったという。

■ 2・データに基づいて改善する

「顧客中心主義経営」の深化と進化のためには、取り組んだ結果を振り返り、活動をよりよくしていくことが欠かせない。顧客の声や顧客満足度などをデータとして集め、気付きがあれば仕事のやり方を変える。

繰り返しになるが情報システムでデータを集め、分析することは経営ないし変革のためであり、ITの利用それ自体は主たる目的ではない。

日々の活動記録から様々な示唆を得ることが可能である。ホンダオート三重は提供しているサービスの実績をきちんと登録し、変化を見出している。

グローバルWiFi事業などを手掛けるビジョンは初取引から3年経った顧客とのやりとりが減ることに気付き、該当する顧客を抽出し、訪問して改めてニーズを尋ね、再提案している。

マクニカホールディングス、ダイキン工業、DHLジャパンは顧客向けポータルサイトや顧客からの電話・電子メールなどから、顧客の声を把握し、必要としている商品を提案したり、応対を早めたりしている。

NTTドコモやみずほ銀行は集まって来る顧客の声をAIでテキストに変換、内容を分析する仕組みを整えた。

みずほ銀行は顧客からの問い合わせを受けるコンタクトセンターをコストセンターではなく、いつでもどこでも顧客の質問に答え、助言するビジネスの場と位置付けている。AIを使って顧客との対話内容を分析し、コンタクトセンターの担当者に向けてリアルタイムで必要な資料を提示する、といったことに取り組んでいる。さらに担当者が適切に応対し、顧客が満足した対話例を特定し、成功事例として共有したり、頻繁に来る問い合わせへの回答を自動生成したりしていく。

■ 3・人を育て、組織を強くする

「顧客中心主義経営」は経営であり変革であるから、成功させるには組織や構成員の人が「顧客中心主義」に沿って行動しなければならない。人や組織に問題があったら「顧客中心主義経営」は当然進まない。

一般社団法人 CRM協議会の藤枝 純教 会長は組織が抱えるペインポイント（痛点）を見つけ、それをもたらす原因の原因を、「なぜ」を繰り返すことで深く探り、論理と組織文化（組織内の習慣病）の両面から正していくことを勧めている。

実際、2024年度に「CRMベストプラクティス賞」を獲得した企業は人の育成や組織全体で動くことに気を配り、人や組織、業務プロセスなどを顧客中心の視点から見直し、再整備しようとしている。

NTTコミュニケーションズと富士通は顧客に向けた営業活動の業務プロセスの標準化を実施した。

建築設計向けソフトウエアを開発・販売するフォーラムエイトは毎年、対象部門を決めて顧客中心の活動に取り組んできた。2024年には一連の活動を統括する新組織を設置し、各部門の連携をとりやすくした。

■ 4・継続して深化させる

企業や団体の経営であり変革である以上、「顧客中心主義経営」に終わりはない。企業や団体が存在する限り、活動は続く。継続することで活動の内容が深まり、企業や団体の置かれた状況に応じて進化していく。

一般社団法人　ＣＲＭ協議会は「顧客中心主義経営」の成熟度を次の5段階に分けて定義している。

（Ⅰ）組織としての取り組みがまだない段階
（Ⅱ）一部の組織がプロジェクトを始めた段階
（Ⅲ）組織全体として取り組み出した段階
（Ⅳ）組織全体で顧客中心主義経営が実践されている段階
（Ⅴ）グローバルな企業グループ全体あるいは社会に顧客中心主義経営が広がった段階

　5段階のステージを順次登り、「顧客中心主義経営」は深化し、進化していくことになるわけだが、当然ながら活動を続けなければこうはならない。
　2024年度の受賞企業・団体15組のうち、9組はこれまで複数回、「CRMベストプラクティス賞」を獲得しており、継続して深化させる姿勢が見て取れる。
　継続を奨めるために一般社団法人　ＣＲＭ協議会は、顧客中心の活動を続けて4年連続して受賞した企業や団体に向けて「継続賞」を出している。2024年にはビジョン、フォーラムエイト、ホンダオート三重の3社が「継続賞」を受賞した。

■ トップを動かすにはどうするか

　ここまで見てきた「顧客中心主義経営」を成功させるための重要事項4点は、企業や団体の社員職員から経営者、組織の長に至る全員で取り組むものである。したがって企業や団体のトップが主導ないし強く後押しをしない限り、なかなかうまくいかない。
　2024年の受賞事例を見ると、社長や市長がこうした活動に強く期待している様子がうかがわれた。
　自組織の長がまだそこまで積極的ではない場合、現場から顧客を中心に据えた活動を提案することになる。「顧客の声など聞きたくない」「顧客満足度には関心がない」、こういう組織のトップはさすがにいないはずである。
　顧客からの電話や電子メールを受けるコンタクトセンターあるいは製品の保守サービスなど、特定部門から取り組みを始め、顧客に関するデータを集め、改善策を実施し、その成果を上に伝え、同様の活動を全体に広げていってもよい。
　こうした活動は誰が音頭をとって着手してもかまわない。現場の営業部門が手を上げてもよいし、情報システムの担当者が経営企画やマーケティングを担当する部門と協力し、経営陣に上申してもよい。

　（本稿は日経コンピュータ　2025年2月6日号の「社長の疑問に答えるIT専門家の対話術」欄に掲載された一文に、『2023 CRMベストプラクティス白書』に掲載した寄稿論文を参照しつつ、加筆したものである）

■ 寄稿論文

牧田　幸裕
一般社団法人　ＣＲＭ協議会　特別会員
「2024 CRMベストプラクティス賞」選考委員

名古屋商科大学ビジネススクール
教授

マーケティング史から考えるマーケティング概念の変化

　CRMとは、マーケティングの概念のひとつである。では、マーケティングとは一体何を意味するのだろうか。非常に基本的な問いであるが、この問いに正確に答えることができるマーケティング担当者やマーケティング学者は、それほど多くない。もちろん、マーケティングが経営に関する概念であることに違いはない。しかし、他の経営に関する概念と違って、マーケティングには日本語の訳語がない。コーポレート・ストラテジーには、企業戦略、ビジネス・ストラテジーには事業戦略、R&Dには研究開発、マニュファクチャリングには製造、ロジスティクスには物流と、それぞれに日本語の訳語がある。

　では、なぜマーケティングには、日本語の訳語がないのだろうか。それは、マーケティングが意味する概念が、それぞれ時代時代の問題意識により変わっているからである。マーケティングの概念は、1800年代終わりから1900年代初頭に米国で誕生した。それから現在まで、マーケティングが意味する概念が、どのように変遷してきたのか、その歴史を一気に俯瞰してみよう。

　1800年代終わりの米国は、マーケティング領域で2つの問題を抱えていた。

　ひとつの問題は、「流通」の問題だった。1869年大陸横断鉄道が開通し、米国の流通網は飛躍的に拡大した。そして、1878年には米国各地で電話会社が148社開業した。これにより、米国内の情報流通量は飛躍的に拡大した。都市部では工業生産が拡大し、地方から労働力が都市部へ移行し始めた。これらの背景により、それまで地産地消を原則としていた農産物は都市部でも流通するようになった。また、都市部で生産される工業製品は、地方へも流通するようになった。その結果、米国内で農産物や工業製品の「流通」が、経営上の主要問題になったのである。

　また、現在のように、物流業者が発達している時代ではない。多くの中間取引業者が存在し、1890年の生産物総額は125億ドルに達したが、中間取引業者を介在した後の最終取引総額は400億ドル以上に達していた[1]。言い換えれば、製造企業から最終消費者に製品やサービス

1『マーケティング研究の展開』（同文舘出版）p. 8

を届けるまでに、275億ドルの中間マージンが発生していたのである。これは、製造業の経営者にとって、重要な経営課題となった。したがって、1800年代終わりから1900年代初頭におけるマーケティングとは、当時の重要経営課題である「流通」を意味していたのである。

　もう一つの問題は、「配給」の問題である。米国の農業生産性は、南北戦争後大きく向上した。鎌を使って小麦を刈り取る、人手に依存する農業から、刈取機を使った機械式農業へと進展し、1日に1/5ヘクタールしか刈り取ることのできなかった農業事業者は、刈取機を使用することで1日に2〜2.5ヘクタールを刈り取ることができるようになった。このような農業の機械化により、1860年から1910年の間に、米国内の農場数は200万から600万へ増加し、耕作面積は1億6,000万ヘクタールから3億5,200万ヘクタールへ増加した。

　この農業革命により、小麦、トウモロコシ、綿花といった主要農作物の生産高は激増した。しかし、それは自給自足の農業から商業農業への移行を意味し、小規模な農業事業者は締め出され、工業都市への人口流入に拍車をかけた。1830年には人口8,000人以上の都市に住む米国民は15人に1人であったが、1860年にはほぼ6人に1人となり、1890年には10人に3人となった。また、1860年には人口が100万人に達する都市は一つもなかったが、1890年にはニューヨークの人口が150万人、シカゴやフィラデルフィアの人口は100万人を超えた。米国全体の人口も2倍以上に増え、これは米国民の胃袋が2倍以上に増えたことを意味する。

　しかし、農業革命による生産性向上は、2倍以上に増えた米国民の胃袋以上の供給量を可能とし、需要量を超え続けた。そうすると経済の原理原則で、過剰に供給された農作物の価格は下落する。農作物価格の低下は、都市部の消費者にとっては朗報だったが、多くの農業事業者にとっては、生産性を向上させても所得が上がらないというジレンマとなり、不満の波が広がっていった。そのため、農業事業者にとって需要と供給をどう調整するかという「配給」が重要な問題となったのである。

　このように、1800年代終わりから1900年代初頭におけるマーケティング、言い換えれば黎明期のマーケティングは、「流通」と「配給」を意味していた。現在のような、「CRM」でもなく「顧客ニーズの把握」でもなかったのである。そもそも、マーケティングとは企業と消費者の接点に生じる時代時代の諸問題を解決する方策である。だから、その時代時代で、マーケティングの概念は異なってくる。そのため、マーケティングに適した日本語の訳語を一義的に決めることはできないのだ。

　1910年代になると、流通業が進化し、チェーン・ストアが台頭してきた。チェーン・ストアの台頭は、流通に2つの問題を生じさせた。ひとつは、チェーン・ストアの台頭により、小売企業のバイイングパワーが増加し、製造企業との交渉がタフになってきたこと。もうひとつは、米国全土にチェーン・ストアが拡がることで、小売企業同士の競争がシビアになってきたことだ。

　そして、1920年代になるとチェーン・ストアは、その店舗数においても売上高においても著しい成長を見せ、多様な分野にわたってチェーン方式が採用されるようになった。チェーン・ストアは徹底した合理化と商業サービスの廃止で、低価格販売によって成長した新形態であり、それは、当時の著しく非効率で商品の回転率も低い独立小売企業にとっては脅威となった。

　この構図は、高度経済成長期の日本にも当てはまった。1973年に施行された大規模小売店舗法は、チェーン・ストアの事業活動を調整することで、その周辺の中小小売業者の事業機会を適正に保護することを趣旨としている。日本で1970年代に問題となったチェーン・ストアの拡大は、米国では50年前に問題になっていたといえる。

　チェーン・ストアが規模を拡大すると、製造企業と流通企業の取引主権争いが激しくなる。すでに大規模化していた製造企業が小規模の流通企業と取引を行う場合、取引主権は製造企業

にある。小規模の流通企業は小ロットでの取引になるので、強い交渉力をもてないからだ。しかし、チェーン・ストアのように流通企業の規模が拡大すると、取引主権を流通企業が持つようになる。大ロットでの取引になるので、流通企業であるチェーン・ストアが取引主権を持つようになるからだ。したがって、1920年から1930年頃のマーケティングでは、取引主権を持った流通企業が、製造企業から何をどのようなタイミングで仕入れ、消費者の欲求・要求をどう満たしていくかという「マーチャンダイジング」が重要な検討テーマとなった。

　1929年10月24日、ニューヨーク証券取引所で株価が大暴落し、これを端緒に世界恐慌が起こった。わずか1日で時価総額140億ドルが消滅し、1週間で300億ドルが失われた。これは当時の米国連邦予算の10年分に相当した。恐慌の底辺である1933年の名目GDPは1919年から45%減少し、株価は80%以上下落した。1,200万人に達する失業者を生み、失業率は25%に達した。米国のGDPが恐慌以前レベルまで回復したのは、1936年のことだった。

　この恐慌により、消費は一気に冷え込んだ。しかし、近代工業化に成功した製造企業は生産量が飛躍的に伸びていた。したがって、供給量は増えたのだが、需要量が増えない状態となる。そのため、供給量に見合うだけの需要を創造することが、流通企業にも製造企業にも求められた。M・T・コープランドは『マーチャンダイジングの原理』において、「受け身的に顧客を待つのではなく、自分のチャンスを最高に活用しようとする製造業者や商人は攻撃的販売方法を採用する。彼らは商品の外観を魅力的なものにし、消費者の購買慣習に最も順応しそうな場所で販売する。さらに彼は商人の積極的な協力の確保を求め、そして、多くの場合、広告によって消費者の購買慣習を引き起こし、増大させようとする」ことが、マーチャンダイジングにおいて重要であると指摘している[2]。これは製品やサービスの販売における、製品戦略、チャネル戦略、プロモーション戦略の重要性を認識しているものであり、第2次世界大戦後マッカーシーにより提唱される4Pの概念の萌芽を見て取ることができる。

　恐慌による不況下において、需要を創造する、言い換えれば、消費者を創造するためには、消費者の購買動機を明らかにしなければならない。1920年代から1930年代において、マーケティングは「マーチャンダイジング」を意味すると同時に、「消費者購買動機」の理解を意味するようにもなった。「消費者購買動機」の理解は、第2次世界大戦後、「消費者行動論」として、マーケティングの主要研究領域のひとつとして発展していくことになる。

　第2次世界大戦中、多くの製造企業の工場は、米国軍需生産委員会の指令により軍需品向けの工場へ転換を余儀なくされた。これにより米国内市場でも消費財が乏しくなったが、インフレを抑制するために価格統制、原材料統制などが行われ、新築と新車購入が禁止されたため、製造企業、流通企業どちらもマーケティング上の自由度は大きく制限された。したがって、第2次世界大戦中におけるマーケティング概念の進化・発展はそれほど見られなかった。

　しかし、第2次世界大戦が終了し、1970年初期までの期間は、米国資本主義の黄金時代だと言われる。1950年代の米国は、産業構造が大きく変化した。1800年代に起きた農業革命により、農業人口は減少し、都市部へ農業事業者が流入することになったが、農業機械の進歩によりその傾向はさらに加速した。1940年に米国内の農業事業者は人口の17%を占めていたが、1960年にはわずか6％にまで減少した。冷戦構造の中、軍需産業の技術進化、宇宙開発競争が起こり、情報通信・制御技術が飛躍的に進化した。

　また、技術革新とコストダウンにより住宅・自動車・家電製品といった耐久消費財が普及し、そのライフスタイルはハリウッド映画やテレビドラマで世界中に流され、多くの国で憧れと目標となった。このような米国が豊かになった最中、1955年以降、日本生産性本部は断続的に調査団を米国に送るようになる。これが日本におけるマーケティングの本格的導入の端緒

2『マーケティング学説史』（同文館出版）p. 42

となった。第1回トップ・マネジメント視察団は、東京芝浦電気（現・東芝）社長の石坂泰三を団長とし、ウェスティングハウス国際電力から「販売と市場調査」や「宣伝広告の方針」、マサチューセッツ工科大学では「在庫品管理」などを学んでいる。

1961年に米国NCRの主催した欧米流通業界視察団には、伊藤雅俊が加わり初めて海外を視察した。視察前まで伊藤が夢見ていたのは、株式会社ヨーカ堂（当時）を百貨店に育て上げることだった。当時、流通業の盟主は百貨店だったからである。しかし、米国流通業において最も背一兆していたのは、百貨店ではなくチェーン・ストアだった。その現実を目の当たりにし、伊藤はゴールを百貨店からチェーン・ストアに切り替えた。

1957年に「主婦の店ダイエー薬局」を設立した中内切は、1961年大手商社日商の協力の下渡米し、現地の流通業を研究した。この渡米中にスーパーマーケットやドラッグストアを見て回り、フォードの工場を見学したという。

このように、1950年代に日本にマーケティングという概念が導入されたのだが、それは「流通」を意味した。同時期の米国におけるマーケティングは、ハワードやコトラーの登場により「マネジメント」「戦略」に変わろうとしていた。したがって、日本は米国と比較し50年ほどマーケティングの発展・進化が遅れていたことがわかる。

1960年代の米国は、ケネディ大統領の下で積極的な経済拡張政策が採用された。ニュー・エコノミクスに基づく積極的な刺激政策の下で、アメリカ経済の実質経済成長率は1962年に6.0%を記録し、以降66年まで4%を超える高い成長率を実現する。失業率も61年の5.6%から65年には3.9%と4%を下回った。また消費者物価指数で見たインフレ率も60年代前半は1%台に収まり、完全にコントロールできたといえた。このようなパフォーマンスから、1960年代の米国は、黄金時代または希望とエネルギーに満ち溢れた時代だと言われた。

このような豊かなライフスタイルの中で、米国の消費者は多様な製品・サービスに触れ、その使用経験を蓄積していく。使用経験を蓄積していくと次第に消費者は自分なりの好みやこだわりを持つようになる。たとえば、冷蔵庫を初めて買ったときには、コカ・コーラを冷やせるだけで感動する。しかし、使用経験を蓄積するうちに、冷蔵庫に野菜を入れておくと乾燥してカピカピになることに不満を覚える。そうすると、冷蔵庫はただ冷やせるだけでは満足できなくなり、野菜室の機能がついた冷蔵庫が欲しくなるのだ。

1970年代に入ると、米国は景気後退期に入り、スタグフレーションが起こった。スタグフレーションとは、景気が悪化しているにもかかわらず、物価が上昇している状態をいう。通常、物価が上昇するのは景気が良い状態だ。景気が良いので消費者の購買意欲が積極的になる。そうすると誰もがいろいろなモノやサービスを購入するため、モノやサービスが不足する。だから、需要量が供給量を上回り、物価が上昇するわけである。しかし、スタグフレーションはそうではない。景気が良くない、すなわち、我々の給料は上がらないし、失業者も多く発生する、にもかかわらず、物価が上昇するのだ。そうするとどうなるのか。私たち消費者は財布のひもを締める。モノやサービスを必要最小限のもの以外は購入しなくなるのである。

このように、1960年代、景気が良く購買意欲が旺盛だった時代、クルマ、アパレル、旅行、食事、いろいろなモノやサービスの使用経験を米国の消費者は蓄積してきた。その結果、モノやサービスに対する目が肥え、要求水準が上がってきた。自分なりのこだわりも出てきた。それぞれの消費者が、それぞれの選択基準を持つようになった。

そして、1970年代、景気が後退した。しかも、スタグフレーションで物価は上がり続けている。消費者の財布はギュッとひもが締められた。製造業、サービス業ともに売上が落ちる。そこで、この問題を解決するために、セグメンテーション（市場細分化）というフレームワークが登場したのである。

セグメンテーションとは、不特定多数の人々を同じニーズや性質を持つ固まり（セグメント）に分けることであり、日本では市場細分化と呼ばれる。すでに使用経験を持っている消費者のニーズは多岐にわたっているため、万人向けの製品を作ろうとすると製品コンセプトが曖昧になり、結果的に誰も買わない魅力のない製品になってしまう恐れがある。だから、万人向けの製品を販売することは、顧客の満足度、自社の経営資源とコストの点から考えると、必ずしも効率的ではない。そこで、市場を細分化し、あるマーケティング施策に同じように反応する特定市場（特定顧客）に分類していく。そして、その中のある特定市場（特定顧客）に照準を合わせ、マーケティングの資源を集中投下しようという考えがセグメンテーションとターゲティングなのである。

　1960年代、70年代は、マスメディア発展の時代であり、発信される情報が飛躍的に増加した時代でもあった。米国の人口は世界人口の6％だが、米国の広告は世界の広告の57％を占めるようになっていた。また、米国では年間3万タイトルもの本が出版されていたが、これは24時間不眠不休で17年間読書を続けても読み切れない量だった。オフィスのコピー機は毎年1兆4,000億枚印刷していた。1営業日あたり56億枚もの量である。テレビには民放テレビ、ケーブルテレビ、有料テレビがあり、ラジオにはAMとFMがある。屋外広告にはポスターがあれば、看板もある。新聞には、朝刊、夕刊、日刊、週刊、それに日曜版もある。雑誌には、大衆誌、ハイクラス誌、専門誌、ビジネス誌、それに業界誌もある。バス・トラック・路面電車、地下鉄、タクシーもメディアとなった。スポーツ選手のユニフォームも動く看板と化している。毎日、何千というメッセージが、消費者のハートを射止めようとしのぎを削っていた。消費者の脳みそを舞台に、広告戦争という情け容赦のない壮絶な戦争が行われていたのである。

　1960年代、米国の平均的なスーパーマーケットには、約1万2,000種の商品が並んでいた。消費者の目は休まるときがない。ニューヨーク証券取引所に上場している1,500社は、主力商品だけでも毎年5,000種以上を発売していた。さらに約500万の非上場企業が、何百万種という製品やサービスを発売していた 。

　なぜこのような事態が起きたのか。モノやサービスが、今までのように売れなくなったからである。なぜ今までのようにモノやサービスが売れなくなったのか。市場が成熟したからだ。セグメンテーションの項でも検討したように、市場成長期に消費者はモノやサービスの使用経験を持つ。使用経験を持つと、自分なりのこだわりや好みを持つようになる。製品ライフサイクルの項で検討するが、あらゆる製品・サービスは市場成長期から市場成熟期を迎える。市場成熟期を迎えると、今までのように製品は売れなくなる。消費者は使用経験を持ち、自分なりの好みやこだわりを持つ＝わがままになる。これを顧客ニーズという。企業は顧客ニーズに応えなければ、成長しない市場の中で売上を伸ばすことができない。だから、顧客ニーズに応えるため、製品やサービスの種類を増やしていく。すると、スーパーマーケットに並ぶ製品の数は増えていく。スーパーマーケットに並ぶ製品の数が増えていくと、消費者はたくさん並ぶ同じような製品の中で何を選ぶべきなのかが分からない。そこで、広告の数を増やし、消費者に少しでも自社の製品やサービスをアピールしようとする。このような背景で、広告過剰、製品過剰状態が産まれるのである。この広告過剰、製品過剰の中で自社の製品やサービスを選んでもらおうとするのが、ポジショニングである。

　したがって、1960年代から1970年代にかけて、マーケティングとは、「セグメンテーション、ターゲティング、ポジショニングを行い、自社の製品やサービスを提供する適切な相手を選び出すこと」、そして、「数多いるライバルの中から自社の製品やサービスを消費者から選んでもらうこと」だったと言える。

経営戦略立案担当者やマーケティング戦略立案担当者の間では非常に有名なSWOT分析。このSWOT分析がその威力を発揮したのが、1970年代だった。1973年10月6日、エジプト・シリア連合軍がイスラエル軍を奇襲した。これを受け10月16日にOPEC（石油輸出国機構）加盟産油国のうちペルシア湾岸の6ヶ国が、米国を含むイスラエル支持国へ段階的な原油の値上げと供給停止処置をとることを決定。原油輸入価格は急騰した。いわゆるオイルショックである。原油価格の急激な高騰は、エネルギー源を中東の原油に依存してきた先進工業国の経済を脅かした。化学や自動車だけでなく、農林水産業や工業に至るまで、その影響は広範囲に及んだ。

　1960年代に花開いたマーケティング管理手法も、このときだけは全く役に立たなかった。セグメンテーションもターゲティングもポジショニングもマーケティング・ミックスも、オイルショックの前には無力だった。多くの米国企業が売上を落とし、どう対策をとるべきか頭を悩ませていた。多くの米国企業は気づいていた。「まずビジネス環境を分析しなければ。そのビジネス環境に合わせたマーケティング管理手法を考えないと、マーケティングは役に立たない」。そこで一躍脚光を浴びたのが、外部環境と自社のケイパビリティ（能力）を統合するSWOT分析だった。したがって、1960年代から1970年代にかけて、マーケティングとは、「STP理論」であり「SWOT分析」であったといえる。

　1929年に始まった世界恐慌、その後の第2次世界大戦、そして1970年代の石油危機、そのたびに製造企業も流通企業も外部環境の変化に翻弄され続けてきた。いくら生産効率を上げようとも、ビジネスプロセスを効率化しようとも、外部環境が変われば、すべてが覆される。

　だから、外部環境の変化を読み取り、その変化に対応すること、言い換えれば、経営戦略を考えることが、企業経営上重要なテーマであることを、経営学者も製造企業幹部も流通企業幹部も痛感していた。

　経営戦略の領域では、1950年代までは、「戦略」を語る経営学者はほとんど存在しなかった。なぜならば、1900年代以降、米国の経営学者が研究してきたことは、「戦略」ではなく、「ビジネス・プロセス・エンジニアリング」、ベタな言い方をすれば、「仕事の生産性向上」だったからである。ところが、1930年代以降、外部環境の変化に翻弄される企業を目の当たりにした経営学者は、外部環境の変化に対応する「戦略」を語り出す。

　1960年代になると、アンゾフが『企業戦略論』を、チャンドラーが『組織は戦略に従う』を、アンドルーズが『ビジネス・ポリシー』を上梓した。そして、マーケティングの領域では、1967年にコトラーが『マーケティング・マネジメント』を上梓する。これにより、SWOT分析→STP→4Pというマーケティング戦略立案の基本的なプロセスが完成することとなったのだ。したがって、1960年代のマーケティングは「戦略」を意味していたと言える。

　紙幅の関係で、残念ながら本稿では、1960年代までしかマーケティングの歴史を紐解くことができなかった。しかし、この歴史からマーケティング概念を再考するという取り組みは、非常に興味深く、今後も研究を続け、どこかで発表の機会を持ちたいと考えている。是非、楽しみにして頂きたい。（2020年寄稿再掲）

■ 寄稿論文

瀬野尾　健
一般社団法人　ＣＲＭ協議会　常務理事
CCRMアーキテクチャ部会　部会長
「2024 CRMベストプラクティス賞」選考委員

ＮＴＴコムウェア株式会社
ビジネストランスフォーメーション事業本部
コーポレートビジネスソリューション部
ビジネスソリューション部門　部門長
TOGAF® 9 Certified

顧客体験向上における従業員体験の重要性について

■ はじめに

　現代のビジネス環境において、顧客体験（CX）の重要性が増大している。インターネットとソーシャルメディアの普及により、顧客は製品やサービスについての情報を容易に得ることができ、選択肢も豊富になっている。これにより、顧客の期待がさらに高まり、競争もますます激化している。優れたCXは、顧客満足度を高め、ブランドへのロイヤルティを築く鍵となっている。ポジティブなCXはリピート購入や口コミによる新規顧客の獲得を促進し、企業の成長に直結する。一方で、ネガティブなCXは瞬時に世間に広まり、ブランドイメージを損なうリスクがある。そのため、企業はCXを戦略の中心に据え、継続的な改善努力を怠らないことが不可欠である。CX向上は差別化要素となり、長期的な成功に寄与するものとなっている。

　CX向上のためには、従業員体験（EX）の向上が不可欠である。従業員が高い満足度とエンゲージメントを持って働くことで、顧客に対しても優れたサービスを提供することが可能になるからである。従業員のモチベーションや職場環境、育成・研修の充実など、EXを向上させる要因が満たされることで、結果的に顧客満足度が高まり、リピーターの増加やポジティブな口コミにつながる。そのため、企業はEXの改善に注力することで、CXの質を高める戦略を取るべきである。

　本稿では、EXとCXの重要性とその相互関係、そしてEXを向上させる具体的な施策と事例、その効果について述べることにする。

■ CXとEXの基本概念

1. 顧客体験（CX）とは何か

　顧客体験（CX）とは、顧客が企業やブランドとのすべての接点で受ける体験の総和を指す概念である。これには、購入前の情報収集から購入後のサポートまで、すべての段階が含まれる。CXの向上は、顧客満足度やロイヤルティの向上に直結し、企業の競争力を高める重要な要素である。

　CXの主要な要素には、顧客とのインタラクションの質、ブランドの一貫性、パーソナライズされたサービス、顧客フィードバックの活用などが含まれる。これらの要素は、顧客が企業との接点でどのように感じるかを大きく左右する。

　成功指標としては、顧客満足度（CSAT）、ネットプロモータースコア（NPS）、カスタマーリテンション率（CRR）、およびライフタイムバリュー（LTV）が一般的に使用される。これらの指標を定期的に測定し、改善点を特定することで、CXの向上につなげることが可能となる。

2. 従業員体験（EX）とは何か

　従業員体験（EX）とは、従業員が企業でのキャリアを通じて受けるすべての体験の総和を指す概念である。これには、採用プロセスから退職後の対応までが含まれる。EXの向上は、従業員の満足度やエンゲージメントを高め、生産性やサービス品質の向上に寄与する。

　EXの主要な要素には、職場環境の質、キャリア開発の機会、従業員とのコミュニケーションの質、福利厚生の充実、ワークライフバランスの支援などが含まれる。これらの要素は、従業員が企業でどのように感じ、働くかに大きな影響を与える。

　成功指標としては、従業員満足度（ESAT）、従業員エンゲージメントスコア（EES）、離職率、従業員リテンション率などが一般的に使用される。これらの指標を定期的に測定し、改善点を特定することで、EXの向上につなげることが可能となる。

■ EXがCXに与える影響

1. 理論的背景（サービスプロフィットチェーンモデル）

　サービスプロフィットチェーン（SPC）モデルは、従業員の満足度と企業の業績との密接な関係を示す理論的な枠組みである。このモデルの基本的な考え方は、「従業員満足度が顧客満足度を生み出し、それがひいては企業の利益向上につながる」というものである。以下、その関係性を説明する。

　内部サービス品質の重要性：高い内部サービス品質は、従業員の満足度を向上させる。企業が従業員に対して良好な働く環境やサポートを提供することは、従業員が自分の仕事に満足し、エンゲージメントが高まることに直接つながる。

　従業員満足度と生産性：満足した従業員はより業務に集中し、高いパフォーマンスを発揮する。彼らは自分の仕事にやりがいを感じ、敬意を持って働くため、顧客に対しても質の高いサービスを提供することができる。

　従業員ロイヤルティがCXに寄与：従業員のロイヤルティが向上することで、従業員の離職

率が低下し、長期的なスキルや知識の蓄積が可能となる。これにより、顧客対応力が向上し、一貫した高品質なサービスが提供されるようになる。

サービス価値の向上：企業が従業員体験に投資することで、生産性とサービス品質が向上する。結果として、顧客はより高い価値を感じ、この満足度が顧客のロイヤルティに直結する。

顧客ロイヤルティの増加が利益に直結：顧客の満足度とロイヤルティが向上すると、リピート購入が増加し、ポジティブな口コミによって新規顧客の獲得も容易になる。これが最終的に企業の利益と持続的成長を促進する。

　このように、SPCモデルに基づくEXとCXの関係性では、EXを向上させることがCXの改善に直結し、企業の業績向上につながることが示されている。企業が従業員の満足度とロイヤルティに注力することは、結果として顧客満足度とロイヤルティを高め、競争力のある持続可能なビジネスを構築する基盤となる。

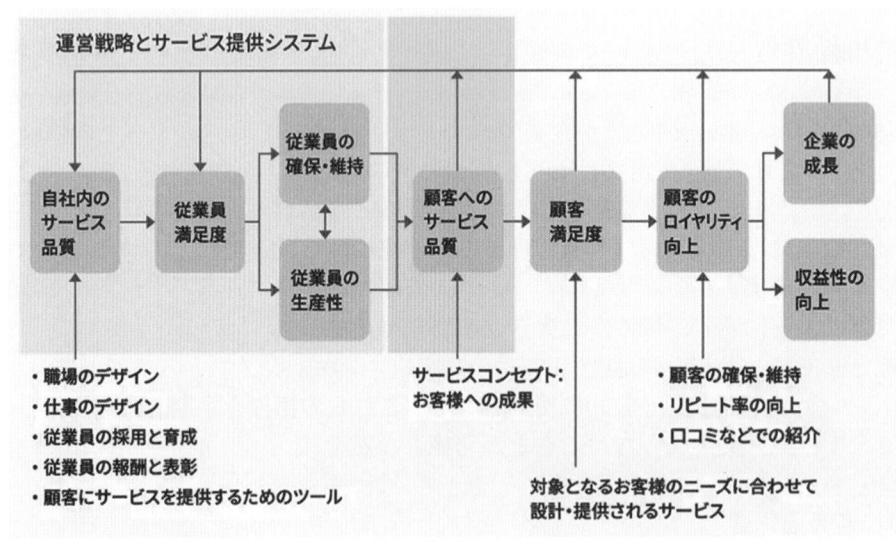

図1．　サービスプロフィットチェーンモデル
（出典：https://media.shouin.io/what-is-a-service-profit-chain）

２．具体的な企業事例と調査データ

　Googleは、従業員満足度とエンゲージメントの向上に向けた数々の取り組みを行ってきた。例えば、無料の食事やフィットネス施設、医療サービスなど、従業員の健康や福利厚生に関する幅広いサポートを提供している。また、キャリア開発においても豊富な研修プログラムやメンターシップ制度を導入し、従業員の成長をサポートしている。Googleの従業員は、自身の役割や業務に対する高いモチベーションと満足度を持っており、その結果として顧客に対するサービスの質も向上している。このような取り組みが顧客満足度の向上に寄与し、Googleが市場での競争力を維持する重要な要素となっている。
　ある調査によれば、従業員満足度が高い企業の顧客満足度は平均して22%高く、売上は37%増加し、生産性は31%向上していることが示されている。さらに、従業員のエンゲージメントが高い企業は、従業員の離職率が平均して25%低く、顧客ロイヤルティも18%向上する傾向にある。これらのデータは、従業員満足度と顧客満足度、そして企業の業績の間に強い相関関係があることを示している。

■ EXを向上させる具体的な施策

1．従業員のモチベーション向上

　従業員のモチベーション向上においては、報酬と福利厚生が重要な役割を果たし、キャリア開発と成長機会は不可欠なものとなっている。

　報酬と福利厚生：適切な報酬体系は、従業員が自身の貢献が認められていると感じるための基本である。また、福利厚生も従業員の満足度を高めるための重要な要素である。例えば、健康保険、退職金制度、有給休暇の充実などが挙げられる。さらに、柔軟な働き方の提供やリモートワークの導入も、従業員の仕事とプライベートのバランスを保つために有効である。これらの施策を通じて、従業員が安心して働ける環境を整えることが、組織全体のエンゲージメントと生産性の向上につながる。

　キャリア開発と成長機会：企業は、従業員が自分のスキルを磨き、キャリアを進展させるための道筋を提供する必要がある。これには、研修プログラムやメンターシップ制度の導入、職務ローテーションやプロジェクトベースの経験の提供が含まれる。さらに、定期的なフィードバックと評価を通じて、従業員が自身の成長を実感できるようサポートすることも重要である。これらの施策を通じて、従業員は自己の成長と企業の成功に対する意識を高め、より高いエンゲージメントとパフォーマンスを発揮することが可能となる。

2．健康的な職場環境の構築

　職場の物理的環境と心理的環境は、従業員の健康と幸福に直結する。また、ワークライフバランスの促進は、従業員が仕事と個人生活の両方を充実させるために重要である。

　職場の物理的環境と心理的環境：物理的環境の改善としては、快適な作業スペースの提供や、適切な照明・温度管理、エルゴノミクスに基づいた家具の導入が重要である。さらに、休憩スペースやリラクゼーションエリアの設置も、従業員がリフレッシュできる場を提供する。一方、心理的環境の整備には、ストレス管理プログラムの実施や、メンタルヘルスサポートの充実が含まれる。オープンなコミュニケーション文化を醸成し、従業員が安心して意見を述べられる環境を作ることが大切である。また、チームビルディング活動や、定期的なワークショップを通じて、同僚との信頼関係を築くことも心理的な安定に寄与する。これらの取り組みを通じて、従業員が心身ともに健康で働ける職場環境を構築することが、エンゲージメントと生産性の向上につながる。

　ワークライフバランスの促進：柔軟な働き方の導入やリモートワークの推進、フレックスタイム制度の整備などが効果的である。これにより、従業員は家庭や自分の時間を大切にしながら、仕事にも集中して取り組むことができる。休暇や休息の重要性を認識し、十分な休暇取得を奨励することも、従業員の疲労を軽減し、仕事の意欲を高めるために欠かせない。企業が従業員のライフステージに合わせたサポートを提供することで、長期的なエンゲージメントと忠誠心を育むことが可能となる。

3．エンゲージメントと組織文化の醸成

　コミュニケーションの改善は、エンゲージメントと組織文化の向上において重要な施策の一つである。同時に、透明性と信頼の確保も重要である。

　コミュニケーションの改善：オープンで透明性のあるコミュニケーション環境を構築することで、従業員は安心して意見を述べ、フィードバックを受け取ることができる。定期的なミーティングやタウンホール、内部コミュニケーションツールの活用を通じて、情報の共有と意見交換を促進する。これにより、従業員間の信頼関係が築かれ、組織全体の一体感が高まる。また、リーダーシップが積極的にコミュニケーションを取る姿勢を示すことで、従業員は自分の声が組織に反映されるという実感を持ちやすくなる。

　透明性と信頼：組織内での透明性を高めるために、情報共有のプロセスを明確にし、意思決定のプロセスを公開することが求められる。定期的な報告会や業績レビューを通じて、従業員は会社の現状や目標を理解しやすくなり、組織への信頼感が高まる。加えて、リーダーシップが誠実さを持って行動し、誤りがあった場合には迅速に認め、改善に努める姿勢を示すことが、信頼の醸成につながる。こうした取り組みにより、従業員は組織の一員としての意識が強まり、エンゲージメントが向上する。

■ テクノロジーの役割

1．デジタルトランスフォーメーションとEX

　テクノロジーの進化は、企業がEXを向上させ、最終的にはCXを向上させるための重要な要素となっている。デジタルトランスフォーメーション（DX）は、企業が業務プロセスやサービスを最適化するための鍵であり、特にAIや機械学習の導入が注目されている。また、デジタルツールとワークプラットフォーム、フィードバックシステムは、EXを向上させる上で非常に重要な役割を果たす。これらのツールは、業務の効率化、コミュニケーションの改善、そして従業員のエンゲージメント向上に寄与する。

　AIや機械学習の活用：AIと機械学習は、データ分析と自動化の分野で大きな役割を果たしている。これらの技術を活用することで、企業は大量のデータから洞察を引き出し、従業員の業務効率を高めるだけでなく、パーソナライズされた体験を提供することが可能となる。例えば、AIによるチャットボットの導入は、従業員が迅速に情報を取得し、問題を解決する手助けを提供する。このようなツールは、従業員のストレスを軽減し、よりクリエイティブな業務に集中できる環境を整える。さらに、機械学習を活用した予測分析は、従業員のパフォーマンスを予測し、トレーニングやサポートの必要性を事前に把握することを可能にする。これにより、企業は個々の従業員に対して適切な対応を行い、モチベーションの維持やスキルの向上を図ることができる。例えば、従業員の行動データを分析することで、退職リスクの高い従業員を特定し、早期に対策を講じることが可能となる。

　デジタルツールとワークプラットフォーム：デジタルツールの一例として、プロジェクト管理ソフトウェアがある。これにより、タスクの進捗状況をリアルタイムで共有でき、チーム全体の透明性が向上する。また、タスクの優先順位を設定することで、重要な業務に集中しやすくなる。例えば、JiraやMiroなどのツールは、視覚的にタスクを管理し、チーム

メンバー間のコラボレーションを促進する。次に、ワークプラットフォームとしては、Slackや Microsoft Teamsなどのコミュニケーションツールが挙げられる。これらのプラットフォームは、遠隔地にいる従業員とも簡単に連絡を取り合うことができ、情報の共有がスムーズになる。これにより、リモートワークの環境においても、従業員同士のつながりを感じることができ、エンゲージメントが高まる。最後に、ワークプラットフォームを活用して、継続的な学習とスキル向上を支援することも重要である。例えば、オンライン学習プラットフォームを通じて、従業員が自分で学習できる環境を整えることで、スキルアップの機会を提供できる。これにより、従業員のモチベーションが維持され、組織の成長にも貢献する。

フィードバックシステムの導入：従業員エクスペリエンスを向上させるためには、適切なフィードバックシステムの導入も重要である。例えば、定期的なアンケートやフィードバックツールを使用することで、従業員の意見や不満を把握し、迅速に対応することができる。これにより、従業員は自分の声が組織に反映されていると感じ、一体感が生まれる。

２．テクノロジーがCXに与える影響

テクノロジーの進化により、企業は顧客データを効果的に活用し、よりパーソナライズされた体験を提供することが可能となった。また、オムニチャネル戦略は、CXの向上において非常に重要な役割を果たす。

顧客データの活用とパーソナライゼーション：顧客データの活用は、顧客一人一人のニーズや嗜好を深く理解し、適切なタイミングで適切なコンテンツやサービスを提供するための基盤を築く。例えば、AIを利用したデータ分析により、顧客の購買履歴や行動パターンを解析し、次に購入する可能性のある商品を予測することができる。これにより、個々の顧客に対してカスタマイズされたオファーやおすすめ商品を提示することができ、顧客満足度を向上させる。また、パーソナライゼーションの技術は、ウェブサイトやメールマーケティング、アプリなどのデジタルチャネルを通じて、顧客に対して一貫したパーソナライズされた体験を提供することを可能にする。例えば、ECサイトでは、顧客が閲覧した商品や検索履歴に基づいて、関連性の高い商品をトップページに表示することができる。これにより、顧客は自分の興味や関心に合った商品を簡単に見つけることができ、購買意欲が高まる。さらに、顧客データを基にしたパーソナライゼーションは、リテンション率の向上にも寄与する。顧客が自分に合った情報やサービスを受け取ることで、企業に対する信頼感やロイヤルティが高まり、長期的な関係を築くことができる。

オムニチャネル戦略：オムニチャネルとは、複数のチャネル（店舗、オンラインショップ、モバイルアプリ、ソーシャルメディアなど）を統合し、顧客に一貫した体験を提供する戦略である。テクノロジーの進化により、この一貫性と統合性を実現することが容易になった。顧客は、多様なチャネルを通じて企業と接触し、それぞれのチャネルで一貫したメッセージやサービスを期待している。例えば、オンラインショップで商品を閲覧した後、実店舗で同じ商品を試着し、最終的にモバイルアプリで購入するという行動パターンが考えられる。この一連のプロセスがスムーズに行えるようにするため、企業は各チャネル間のデータを統合し、顧客の行動をリアルタイムで把握する必要がある。具体的には、CRMシステムやERPシステムを活用して、顧客の購買履歴や嗜好、問い合わせ履歴などのデータを一元管理する。これにより、各チャネルで一貫した情報を提供し、顧客がどこにいてもシームレスな体験を享受できるようになる。

■ EX向上によるCX向上のケーススタディ

　顧客満足度および経済的成果において卓越したパフォーマンスを示す企業の共通点として、従業員満足度の向上が重要な要素となっている。以下で紹介するサウスウエスト航空およびリッツ・カールトンホテルの事例は、EX向上がCXに直接的な影響を与え、結果として企業の成功に繋がることを実証している。

1．サウスウエスト航空（Southwest Airlines）

　サウスウエスト航空は、EX向上を重視することで、企業全体の業績に多大な効果を上げている事例である。まず、同社はフォーチュン誌の「働きがいのある企業」リストに何度も選ばれており、2022年にはトップ20にランクインしている。従業員満足度は航空業界の平均を上回り、労働環境や福利厚生が高く評価されている。

　さらに、従業員ロイヤルティに関して、サウスウエスト航空の離職率は非常に低く、業界平均の約3倍の従業員リテンション率である。この結果、高い生産性を達成し、フライトの遅延やキャンセル率は業界内で最も低いレベルにある。

　顧客満足度においても、同社は長年にわたりJ.D.Powerの調査でトップの評価を得ており、2021年も成人旅行部門で最高評価を記録している。リピーター率が高く、新規顧客も口コミの影響で高い獲得率を見せている。

　経済的成果では、サウスウエスト航空は40年以上にわたって連続して利益を上げており、これは業界の中でも非常に希少な事例である。長期的に株価も堅調に推移し、投資家からの信頼も厚い。これらの一連の成功要因は、従業員の満足度を向上させることがSPCモデルを通じて顧客満足度および企業の持続的成長に直結していることを示している。

2．リッツ・カールトンホテル（Ritz-Carlton）

　リッツ・カールトンホテルは、従業員教育と満足度向上を通じて高い顧客サービス品質を提供することで知られる事例である。リッツ・カールトンは、新入社員に対して300時間を超える研修プログラムを提供し、徹底的な教育に力を入れている。従業員満足度に関する公開データはないが、従業員の高いロイヤルティと長期にわたる勤務歴から、高い満足度が伺える。

　従業員ロイヤルティにおいて、特に中間管理職や上級管理職では10年以上の勤務歴が一般的で、その長期勤務率は業界平均を上回っている。高度に訓練された従業員によって一貫した高いサービス品質が維持されており、これが顧客満足度の高さに貢献している。

　顧客満足度に関して、リッツ・カールトンはJ.D. Powerのホスピタリティ部門で長年にわたりトップクラスの評価を受けており、2020年も顧客満足度調査で非常に高い評価を得ている。カスタマイズされたサービスがリピーター率の高さに寄与し、顧客ロイヤルティを生み出している。

　経済的成果では、高い客室単価と高い稼働率を維持しており、マリオット・インターナショナルの中でも重要なブランドとして高い利益を生み出している。高級ホテルセグメントにおいて競争力のある収益を維持しつつ、ブランドの強化にも寄与している。

要素	サウスウエスト航空 (Southwest Airlines)	リッツ・カールトンホテル (Ritz-Carlton)
内部サービス品質	フォーチュン誌「働きがいのある企業」リストにトップ20としてランクイン（2022年）	新入社員に対して300時間を超える研修プログラムを提供
従業員満足度	労働環境と福利厚生が高く評価され、従業員満足度は業界平均を上回る	公開された従業員満足度データはないが、従業員のロイヤルティと長期勤務歴が高い
従業員ロイヤルティ	低い離職率を誇り、航空業界平均の約3倍の従業員リテンション率	長期勤務率が高く、中間管理職・上級管理職は10年以上の勤務歴が一般的
従業員生産性	生産性が高く、フライトの遅延やキャンセル率が業界で最も低い部類に入る	高度に訓練された従業員によって一貫して高いサービス品質を維持
顧客満足度	J.D. Power調査でトップ評価（2021年：成人旅行部門最高評価）	J.D. Power 調査でホスピタリティ部門トップクラスの評価（2020年：高評価）
顧客ロイヤルティ	リピーター率が高く、口コミによる新規顧客獲得率も高い	カスタマイズされた高品質サービスにより、顧客ロイヤルティが高く、リピーター率が高い
経済的成果	40年以上連続で利益を上げるという業績。株価が長期的に堅調に推移し、投資家にも信頼されている	高い客室単価と稼働率を維持し、マリオット・インターナショナルの中で重要なブランド。高級ホテルセグメントで競争力のある収益を維持し、ブランド強化に貢献

図2．EX向上によるCX向上のケーススタディ

■ おわりに

　本稿を通じて、EXとCXの相互関係が企業の成功に及ぼす影響について説明した。サウスウエスト航空とリッツ・カールトンホテルの事例を通じて、従業員の満足度およびロイヤルティの向上が、顧客満足度の向上と経済的成果にどのように結びついているかを具体的に示した。

　サウスウエスト航空は、低い離職率と高い従業員リテンション率によって高い生産性を実現し、顧客満足度調査でも一貫してトップクラスの評価を得ている。また、リッツ・カールトンホテルも、高度な従業員教育と長期勤務による高いサービス品質が、顧客満足度および経済的成果に寄与している。これらの事例は、EX向上が企業全体の成功にどれほど重要であるかを示している。

　企業はEX向上を中心に据えた戦略を構築するべきである。具体的には、以下の施策を推進することが推奨される。

- 定期的な従業員エンゲージメント調査の実施とそのフィードバック分析に基づく改善策の導入
- 従業員への継続的な教育とキャリア開発の機会提供
- 従業員の意見やアイデアを反映させるためのオープンで透明性のあるコミュニケーションチャネルの確立
- ヘルスケアやワークライフバランスの支援を通じた従業員のトータルサポート

　これらの施策を積極的に取り入れ、EXを向上させることで、CXの向上ひいては企業の持続可能な成長を実現することが可能である。企業は、従業員を大切にし、その満足度を高めることが、最終的には顧客満足度の向上と経済的成功をもたらすことを認識し、取り組んでいくべきである。

秋山　紀郎
一般社団法人　ＣＲＭ協議会　常務理事
グローバル部会　部会長
「2024 CRMベストプラクティス賞」選考委員

ＣＸＭコンサルティング株式会社
代表取締役社長
TOGAF® 9 Certified

Customer Experienceを見直そう

　2024年は、上場企業を中心に業績の底堅さを見せました。企業の基本的な目的は、利益を創出し、それを株主や従業員に還元することです。安定的な利益の確保により、企業の持続的な存続と成長が可能になります。そのためには、顧客からのキャッシュフローを増大させることが重要です。その実現には、優れた顧客体験（Customer Experience）を提供することが欠かせません。顧客体験は、企業の目的を達成するための戦略であり、手段なのです。

　SNS時代には、さまざまな情報が市場にあふれ、消費者にとって顧客体験の場が数多く存在しています。一方で、企業にとっては、多様なバックグラウンドを持つ顧客に優れた顧客体験を提供することが大きな課題となっています。店内での優れた体験を提供するスターバックスや、アトラクションやエンターテインメントで多くの利用者を誇るディズニーも、転換期を迎えているようです。限られた企業資産をどのように顧客体験に割り振るべきか、見直しが求められるタイミングにあると言えるでしょう。

■ 顧客体験の数値化

　顧客体験は、企業目的達成ための手段ではありますが、企業が持つ資産をいくつかある手段に適正に割り振るためには、数値化が必要です。また、数値化して進捗合いを測定する必要もあります。例えば、ユーザーインターフェースを消費者に分かりやすいように変更することや、店舗を改修することは、利益創出のための手段です。しかし、どの手段が適切であり、どのような効果が期待できるか、数値化によって検討しなければなりません。顧客体験の数値化には、一般的に、CS調査（顧客満足度調査）、NPS（ネットプロモータースコア）、CES（カスタマーエフォートスコア）などが使われますが、どの指標が良いかよりも、測定できる方法を選択してKPIを活用することが重要であることを昨年の寄稿においても解説しました。測定を伴わない戦略の実行では、進捗状況を定量的に把握することができず、実施した施策の評価も困難です。一方で、経営者の多くは、顧客体験の重要性を述べているものの、顧客体験に関する

投資については慎重な姿勢を示しています。そのため、顧客体験の強化や改善をどのように収益に結び付けるかという具体的なシナリオが求められています。

■ 負の顧客体験の改善

より良い顧客体験を提供することは簡単ではありません。しかし、ちょっとした悪い顧客体験を見直すことは比較的容易です。以下に、私が体験したり、見聞きした負の顧客体験の一例を挙げます。

1）People
- 丁寧な説明を受けていたが、「○○○でよろしかったでしょうか。」と、最後にバイト用語が飛び出した。
- キャッシュレスで決済しようとしたら、店員がシステム操作に慣れていなかったにも関わらず、私が行列の後ろから冷たい視線を浴びた。
- 銀行のカウンターとソファーには、順番待ちの人があふれていたが、番号札を渡す行員たちが無駄話をしていた。
- 待ち予約の状況を尋ねるために、電話が繋がるまでに30分間も待ったが、詳細はお話できないとマニュアル通りの回答をされた。
- マニュアル通りの回答に、電話口で落胆している私に、「他に何かお手伝いできることはありますか？」と切り際に言われた。
- 知り合いを馴染みのレストランに連れて行ったとき、「本日の鮮魚」を店員に尋ねたが、即答してもらえず、厨房まで聞きに行ってしまった。
- カウンターの担当者は、私よりも画面ばかりを見て話をしていた。
- 最初にテイクアウトだと私から言っているのに、会計後に、店内でお召し上がりですか？と尋ねられた。私の話を聞いていないのだろうか。
- コンビニの店員は独特の日本語を使うし早口なので、何を言っているか実は分からない。

2）Process
- 担当者の名前で届いたメールを開くと、宛先に私のフルネームを使って始まっている文章だが、内容はテンプレートそのままである。
- 「あなたのご意見を大切にしています」と書いてあるが、悪い評価を伝えても、何も言って来ない。
- 何十回もWebサイトで購入し送料無料に満足していたが、初めて購入ミスときの返品送料がとても高い。
- ワインを発送してもらったが、途中で追跡できなくなった。大事な日に間に合わなかった。後日、配送途中で破損していたことが原因だと分かったが、先に連絡が欲しかった。
- 販売のときは積極的で、とても親切だったが、購入後はメールの返事が来なくなった。
- 販売店で行っているキャンペーンのことは、当然のようにコンタクトセンターで把握していなかった。
- 担当者が変わった途端に、連絡が来なくなり、疎遠になった。
- 保留時間が長すぎて、保留音が頭から離れない。
- ちょっとした質問をしたいだけなのに、お決まりのように本人確認を求められた。私の質問を先に聞いて欲しい。

3）Technology
- FAQ検索したが、検索結果が多くて、必要な回答が見つけられない。

- FAQの回答を読んだが、文章が長く、意味も分からない。
- Webサイトで同じエラーメッセージが繰り返されて、次の画面に進まない。何度も同じことが起きる。
- 強制的にチャットボットを使わせるような動線であり、いざ使ってみたが、問題解決しない。
- 音声ボットでは個人情報を発話できるのに、チャットだと個人情報を入力しないように言われる。そのため、用件を伝えられない。
- Webサイトを探しても、コンタクトセンターの電話番号が見当たらない。
- オペレーターにつながる前にショートメッセージが便利だとガイドされたので、それに従ったが、先ほど検索した画面と同じだった。また、電話をしなおすことになった。
- 何かとスマホアプリを進められるが、利便性を感じない。
- QRコードでゲートを通過できるのだが、いつもエラーになる。毎回、スマホの照度を最大にしなければならない。

　これらは、皆さまの企業で起きていることかも知れません。いや、きっとそうでしょう。一方で、少し投資の振り向け先を変えれば、改善できるものばかりです。ひとつずつ改善すれば良いのです。小さなことの積み重ねによって、現場の業務が改善してゆくと、顧客からの評価は確実に変わっていきます。その結果は、必ず従業員に伝わり、プラスのスパイラルを生み出します。

■ 負の体験をした顧客の行動

　株式会社リックテレコムでは、毎年消費者調査を行っています。今回も、過去1年以内にコールセンターに電話をかけたことのある消費者を対象に、2024年5月に調査が行われました（回答者数900名）。回答者の内訳として、54%が60歳以上、27%が50歳代ということなので、電話というコンタクトチャネルは、中高年の人が使うものという傾向が年々強くなっているようです。

　図1は、コールセンターに対する不満の集計です。例えば、「事務的だった」や「質問の意図を理解してもらえなかった」などは、大きな投資をしなくとも、オペレーターへの教育によって改善ができることなのです。

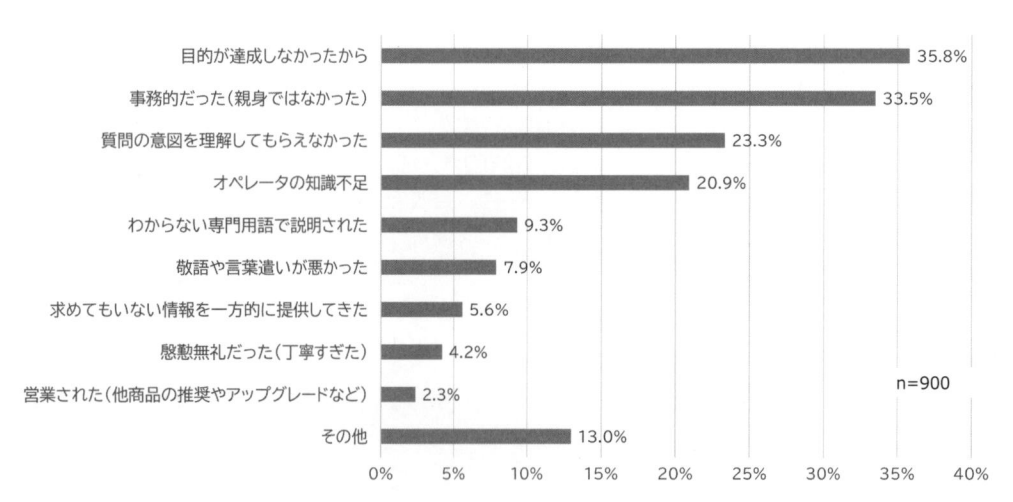

不満の理由	割合
目的が達成しなかったから	35.8%
事務的だった（親身ではなかった）	33.5%
質問の意図を理解してもらえなかった	23.3%
オペレータの知識不足	20.9%
わからない専門用語で説明された	9.3%
敬語や言葉遣いが悪かった	7.9%
求めてもいない情報を一方的に提供してきた	5.6%
慇懃無礼だった（丁寧すぎた）	4.2%
営業された（他商品の推奨やアップグレードなど）	2.3%
その他	13.0%

n=900

出典：コールセンター白書2024（リックテレコム）

図1　コールセンターに対する不満の理由

そして、負の体験をした顧客の行動についてのアンケート結果が図2です。注目すべきは、63%の人は、体験を心に留めたままでいるということです。企業に苦情を伝えたという16%の人は、リカバリーのチャンスを頂けたと言えるのですが、過半数の顧客はサイレントカスタマーなので、企業として気が付かない状態であるということです。また、13%の顧客は、他社に切り替えをしていますので、この点も注意すべきデータと言えるでしょう。

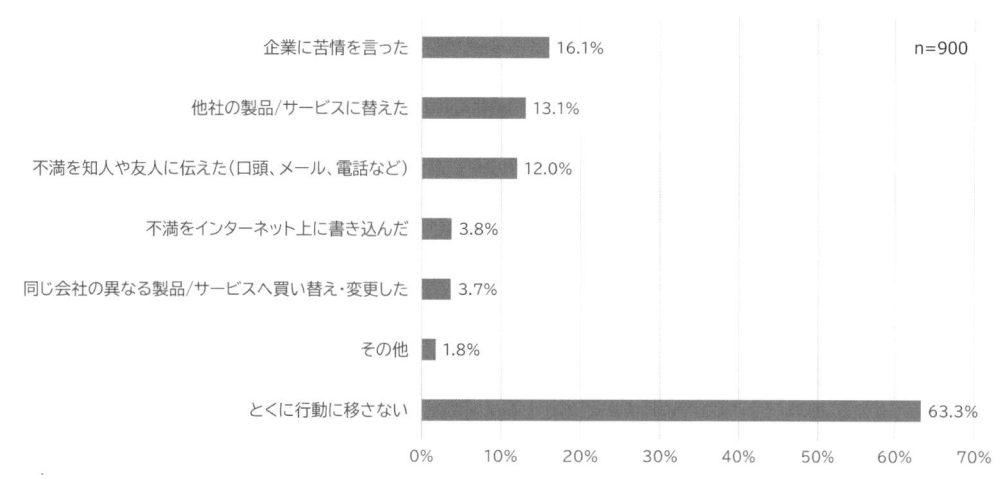

出典：コールセンター白書2024（リックテレコム）

図2　サービスや製品への不満を抱えたとき、そのような行動をしたことがあるか

顧客が抱えている不満の過半数は、企業にとって見えていないので、見えた（申告のあった）不満に対する対策をひとつひとつ行うことは、やはり重要なのです。

■ 顧客体験の担当者（CXリーダー）の役割

経営が顧客体験に投資することの価値を理解しているかどうかは、顧客体験を担当する部門と担当者（CXリーダー）がいるかどうかで判断できるでしょう。では、CXリーダーは、どのような役割を担うのでしょうか。

1）収益との関係性を説明する。
前述のように、顧客体験は企業の目的を果たすための手段です。そのため、顧客体験の強化が収益に結びつけるというシナリオを示すことが求められます。つまり、CXリーダーは、顧客体験の変化がどのように顧客維持、新規顧客の獲得、収益の増加、あるいはクロスセルなどのKPIに影響を与えるのかを説明できるようにする必要があります。以下のような観点がその一例です：
- コミュニケーションに関する教育を実施することで、顧客に寄り添った対話の回数がどれだけ増加するか。
- VOC（顧客の声）分析を行い、業務プロセスを改善することで、顧客維持率がどれほど向上するか。
- FAQシステムを改善することで、自己解決できなかった負の顧客体験者がどれだけ減少するか。

一方で、例えば、有人チャットの導入に関する施策について、チャットは「コストが安くて、便利である」と言って導入を正当化してはいけません。確かに、チャットは電話に比べて1件あたりの費用を抑えられる場合があります。しかし、「チャットの方が便利」と決めつけることで、チャットを望まない顧客までをも強制的に誘導してしまい、その結果、悪い顧客体験を

させてしまうリスクがあります。顧客体験強化は儲かるや、その施策は顧客全員の体験を改善するというような乱暴な説明しないことが肝要です。

2）施策の結果を検証する。
　CXリーダーには、顧客体験を強化・改善するプロジェクトの結果を検証する役割があります。その際、ネットプロモータースコア（NPS）がよく使われます。NPSは、「企業やブランドにどの程度の愛着や信頼があるか」を数値化しているため、顧客ロイヤルティを計測するための指標として、さまざまな業界で定着しています。ここでは、顧客体験を把握する方法として、NPSを採用して良いのかについて、解説します。
　たしかに、顧客体験と顧客ロイヤルティは相関性があると言われています。NPSの計算方法は、9〜10点を付けた顧客を「推奨者」、7〜8点を「中立者」、0〜6点を「批判者」と分類し、回答者全体に占める推奨者の割合（％）から、批判者の割合（％）を引いて求めます。特に注意していただきたい点は、批判者の取り扱いです。ある企業のNPSの批判者の傾向を調べたとき、0点や1点を付けた顧客からは、かなり深刻なコメントが自由記入欄に寄せられていました。一方、同じ批判者でも5点や6点を付けた顧客からはコメントがあまり記載されていませんでした。むしろポジティブなコメントを記載しているケースすらありました。顧客体験の観点から、0点を付けた顧客と6点を付けた顧客を同じカテゴリーに置いて良いのでしょうか。0点を付けた顧客の体験と6点を付けた顧客が体験したことは、明かに違うと思います。
　NPSの採用に異論はありませんが、マニュアル通りに、推奨者、中立者、批判者に分類して良いのか、検討する必要があります。また、NPS以外のKPIについても組み合わせて、施策について検証することが有効でしょう。

3）指標が新鮮なうちに活かす。
　顧客体験の施策検証にあたっては、NPSの他にも、以下のようなKPIとの組み合わせで、顧客体験を把握しましょう。
- カスタマーエフォートスコア（CES）： 問題解決のために、どれくらい顧客に負担をかけたか
- 顧客満足度（CSAT）：特定のやり取りや取引に対する顧客の満足度
- 初回解決率（FCR）：顧客からの問い合わせが、初回のコンタクトで解決できた割合
- 顧客維持率（CRR）：一定期間内にどれだけの顧客が継続してサービスや製品を利用しているか
- 顧客生涯価値（CLV）：顧客からの生涯にわたる収益の可能性

顧客の感情を理解し、施策の効果を説明するために必要な指標を選択すれば良いのです。顧客体験の施策は、継続して取り組む必要があるため、いずれのKPIも、新鮮なうち、つまり迅速に業務改善に活かすことが重要です。せっかく、顧客体験の一部を把握しても、分析、解釈、洞察、改善までの実行が遅れると、意味が薄れてしまいます。データに基づく意思決定を迅速に行うことを習慣化した組織は強いのです。
　このように、CXリーダーの役割は、一過性で終わることなく、常に続ける必要があります。顧客体験の改善を顧客と作り上げる楽しい仕事なのですが、残念ながら、日本の企業で、顧客体験のリーダーを配置しているケースが多いとは言えません。

■ CXリーダーの要諦：Simple is best

　Customer Experienceには、顧客が認識した体験と無意識の体験があります。認識した体験については、顧客がアンケートや口コミサイトを通じて教えてくれます。それを分析し、必要

な施策を考えれば良いのです。問題は、「無意識の体験」にあります。顧客が意識しないまま行動に出ているケースです。例えば、以下のケースを考えてみます。

① Webでの購入手続きにおいて、顧客による日付の入力間違いが多いため、注意書きを赤い字にして目立つようにした。

② 顧客のことを知りたいので、アンケート項目を増やした。

③ 顧客が自分で席の選択をできるようにした。

上記は、一見すると顧客体験に改善を施した良い施策のように見えます。しかし、以下のような問題が生じていたとしたら、どうでしょうか。

① ブラウザの「戻る」を押すと、予約日が本日日付にリセットされていた。このルートを辿った顧客は、日付間違いに気付かず、本日の予約分として購入してしまっていた。

② 質問項目が増えた結果、アンケートの質問項目が50個を超えた。

③ 窓際から席が埋まっていた。実は、通路側に電源口がないため、人気がない。

いずれも、あまり良くない体験です。しかし、これらについて、顧客が認識してクレームを入れたり、アンケートで企業に伝えたりすることは、まずないでしょう。しかし、負の顧客体験として蓄積され、そのブランドへのイメージとして定着していることのリスクを認識すべきです。

では、どうすれば、企業は「無意識の体験」を把握できるのでしょうか。実は、「無意識の体験」についても、データで分かる場合があります。①については、どのような日付間違いや操作が多いのか、その傾向を調べれば分かります。②についても、アンケート回答の矛盾を調べると気が付きます。③についても、座席に関する顧客の希望の偏りについて把握し、原因分析すれば、気が付くはずです。

どの事例にも共通して言えることとして、顧客に面倒な作業をさせているという点です。操作が面倒なために間違いを誘発すると、企業と顧客の双方の時間を無駄にします。長文の利用規約を読むように顧客に押し付けるケースも同じです。企業を守るために顧客が読みそうにないほどの長文の利用規約に了承を得ても、結局、トラブルに至ってしまうと、顧客にとって悪い体験になるばかりか、企業の担当者の時間も消費することになります。誰もが忙しい時代に、担当者にも顧客にも余分な時間はありません。

顧客は常にシンプルを好みます。ですから、必要とする以上の時間を顧客に要求してはいけません。顧客にとって不必要なステップ、プロセスをなるべく排除するように考えれば、顧客が認識する体験はもちろんのこと、認識しない体験についても、改善されるのです。

■ さいごに

企業内の役割として、CXリーダーが不在であっても、大きな予算を取らなくても、各担当者が感度を高めれば、顧客体験の改善は進められます。要するに、やる気の問題ではないでしょうか。コンタクトセンターやメールなどの有人対応のみならず、Webサイトの操作やFAQを使っただけでも、「顧客中心主義」が徹底されているかどうか判断がつきます。

2025年は、昨年に引き続き、生成AIの活用どころについて、市場が盛り上がると思われます。そして、生成AIと人との役割分担や、生成AIの悪用を抑止するような規制についても議論が進められると予想しています。SNSについても利用者のマナーや利用規制について、議論されるでしょう。このように、CRM市場は、常に進化しています。すぐにできるCustomer Experienceの見直しに着手しましょう。

■ 寄稿論文

山﨑　靖之
一般社団法人　CRM協議会　理事
ベストプラクティス部会　部会長
「2024 CRMベストプラクティス賞」選考委員

サイオステクノロジー株式会社
取締役　専務執行役員
シニアアーキテクト
TOGAF® 9 Certified / ArchiMate® 3 Practitioner

EAモデルで視る顧客リテンションの推進

1．はじめに

　昨年の本寄稿論文では、"The Model"の「カスタマーサクセス」の概念について「顧客中心主義経営」の実践をEA（Enterprise Architecture）視点で解説してきた。「顧客中心主義経営」が企業のあらゆる活動において、顧客ニーズや満足度を最優先に考える経営理念であり、単に商品やサービスを提供するだけではなく、顧客との関係を長期的に築き、顧客の期待を超える価値を生涯に渡り提供することである。今回の寄稿論文では、"The Model"の「カスタマーサクセス」が営む重要なバリュー・ストリーム（価値を生み出す振る舞いの連鎖）である「顧客リテンション」とその結果がもたらす成果のLTV（Life Time Value：顧客生涯価値）について考察してみたい。"The Model"は、セールスフォース・ジャパン社の営業活動における分業体制を纏めた営業プロセス・モデルで、今やサブスクリプション・ビジネスのバイブルとなっており多くの企業が実践している。

2．The Modelの営業プロセス・モデルのおさらい

　従来はリード獲得から案件クロージングやアフターサポートまでを営業部門がすべてを担っていた。新たな営業プロセス・モデルでは、マーケティング、インサイドセールス、フィールドセールスとカスタマーサクセスにて分業化している。分業化の意図は役割とKPIの明確化である。従来型のすべてを営業担当が担うスタイルであると役割もKPIも曖昧になり、業績が悪化した場合の対策についての判断が困難になるデメリットがあった。分業化のメリットは、役割を分担した各部門のKPIに応じたパフォーマンスを定期的に評価可能となり、業績悪化など不測の事態が発生した場合にボトルネック箇所を特定し易く早期に対策を打てることにある。この営業プロセス・モデルを図-1に示す。

以下のモデルでは、営業プロセスを構成するバリュー・ストリームと担当する部門をビジネス・アクターとして表現している。それに加えてバリュー・ストリームの各活動を遂行するために必要とするケイパビリティ（能力）のマッピングとバリュー・ストリームの各活動が生み出す価値をモデル化したものである。このモデルは、世界の標準化団体であるThe Open Groupが提唱しているEnterprise Architecture（EA）フレームワークのTOGAF®のモデリング仕様であるArchiMate®にてモデリングしたものである。TOGAF®については5章、ArchiMate®については6章にて解説を後述する。

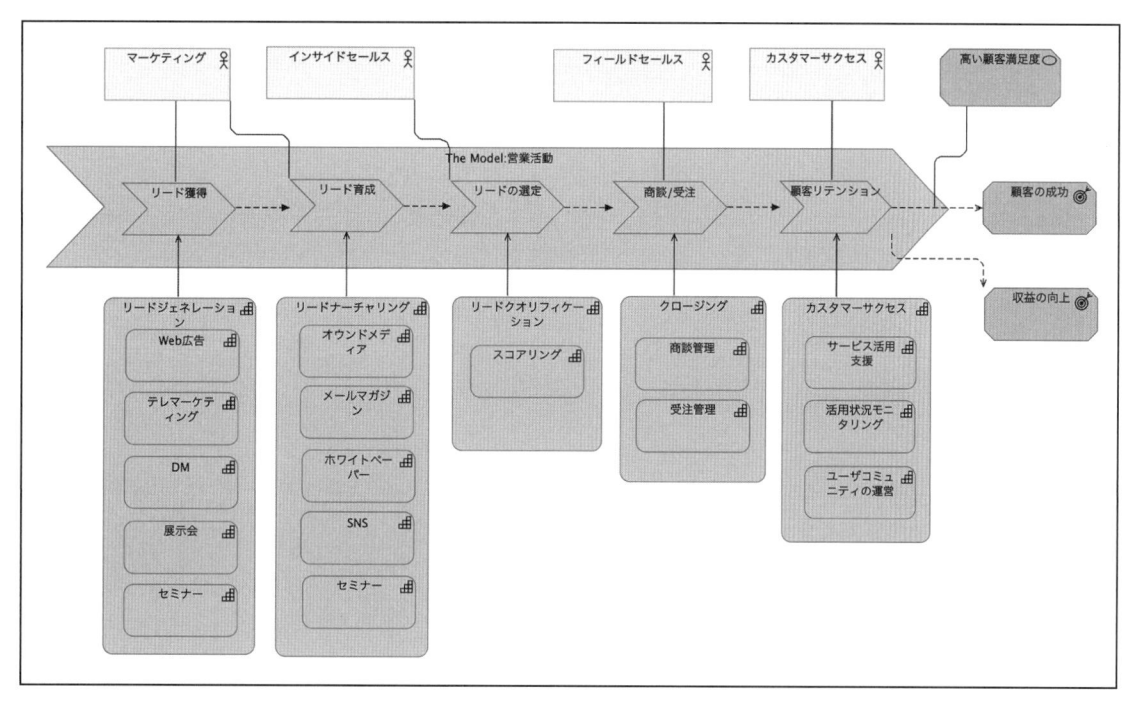

図-1：The Modelのバリュー・ストリームとケイパビリティのクロスマッピング・モデル

　上記の営業プロセス・モデルについて以下に説明する。

2-1．ビジネス・アクター

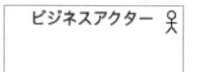

　ビジネス・アクターとは、ArchiMate®のビジネス・レイヤのモデル要素であり、能動的構造を表現する要素である。ビジネス・アクターは、ビジネス上の振る舞いを行うことができるビジネス・エンティティを表現する要素である。具体的には、組織や人を表現するモデリング要素である。上記の営業プロセス・モデルに登場するビジネス・アクターとその役割を以下に解説する。

①マーケティング
　マーケティングは、ターゲット市場や顧客ニーズを調査・分析することで、市場に応じたマーケティングの戦略を立案・実行する役割を担う。顧客の関心に応じた広告・プロモーション・ブランド戦略などにより、より多くのリード獲得を実現する。主なターゲットは潜在顧客であり、顧客層のさらなる拡大が優先的な課題である。リード獲得の段階ごとに顧客をグループ分けし、その段階に応じたマーケティング戦略を推進する。

②インサイドセールス

インサイドセールスは、リモートやオンラインなど非対面で顧客とコミュニケーションを取ることでリードを育成する役割を担う。提供する製品・サービスの魅力を伝達するために、電話やメールによるアプローチ、デモンストレーションのコンタクトを行う。マーケティングにより獲得したリードを育成し顧客の購買意欲向上を推進する。

③フィールドセールス

フィールドセールスは、顧客先へ訪問する対面でのセールス活動を行い、商談の管理と受注の役割を担う。顧客のニーズを理解したうえで、ニーズに合致したソリューションを提案し商談成立を推進する。そのために顧客との信頼関係の構築も重要な役割となる。

④カスタマーサクセス

カスタマーサクセスは、顧客満足度や成果を最大化して顧客ロイヤリティを向上させる役割を担う。そのために顧客との良好な関係を構築し、カスタマーサポート、ヘルプデスクやトレーニングなど、サービス利用に際しての様々な課題解決の仕組みを提供する。積極的に顧客と関わることで顧客満足度・LTVの向上が期待できる。

2-2. バリュー・ストリーム

バリュー・ストリームは、ArchiMate®のストラテジ・レイヤのモデル要素であり、振る舞いを表現する要素である。バリュー・ストリームは、顧客やステークホルダへ価値を提供するための活動の連鎖を表現するモデリング要素である。すなわちエンタープライズが価値を生成するためにその活動を如何に組織化するかを記述するための要素である。

①リード獲得

リード獲得は、さまざまな接点を介してより多くのリードを集める活動である。最終的な成約を増やし利益の増大につなげるために、見込み顧客の母数を増やすよう潜在的ニーズを持つ層に働きかける。

②リード育成

リード育成は、購買意識を高めることを目的とした段階的なアプローチ活動である。リードジェネレーションによって獲得した見込み顧客に対して、自社製品やサービスの特徴や優位性などの情報を提供し、漠然とした関心事から具体的な欲求へと意識の変化を促す。

③リード選定

リード選定は、リードを商談へと導くためにマーケティング施策をタイミングよく実施する活動である。実施の時期はリードの属性や行動履歴によってフィルタリングされ、条件を満たしたときに実施する。

④商談/受注

商談管理では、販売対象としている商材に適合した商談フェーズを設定する。そして各フェーズに対して受注確度を厳格に定義し、商談の進捗度合いを客観的に評価可能にする。マネージメントで重要な点は、各商談フェーズの移行（ランク変更）判定の基準を明確に定義することとフェーズと受注確度の設定が対象ドメインに適合していることである。

⑤顧客リテンション

顧客リテンションに重要なのは単なるサポートではなく、カスタマーサクセスとして部門横断的な活動として顧客へサービス提供（導入支援/活用促進/テクニカルサポート）することである。

2-3．その他の要素

①価値

　ArchiMate®のモチベーション・アスペクトのモデル要素であり、価値を表現する要素である。
この要素は、顧客やステークホルダにとっての有用性、利点、利益などバリュー・ストリーム
の活動から受ける価値を表現する。
　このモデルの例では、「顧客リテンション」が「価値：高い顧客満足度」を生み出している
ことを表現している。

②成果

　ArchiMate®のモチベーション・アスペクトのモデル要素であり、バリュー・ストリームと
してモデル化された活動の連鎖によってもたらされる最終的な結果や影響などの結論を表現
する。
　このモデルの例では、「顧客リテンション」が「成果：顧客の成功」と「成果：収益の向上」
をもたらしていることを表現している。

③ケイパビリティ（能力）

　ArchiMate®のストラテジ・レイヤのモデル要素であり、組織、人、システム、プロセスが
所有する能力を表現する。このモデルの例では、「能力：リードジェネレーション」が「リー
ド獲得」、「能力：リードナーチャリング」が「リード育成」、「能力：リードクオリフィケーショ
ン」が「リードの選定」、「能力：クロージング」が「商談/受注」、「能力：カスタマーサクセス」
が「顧客リテンション」にそれぞれ能力を提供していることを表現している。

3．"The Model"の顧客リテンションとLTV向上

　セールスフォースの"The Model"は、顧客との関係を深め、長期的な顧客エンゲージ
メントを構築するための強力なフレームワークである。「顧客中心主義経営」において、
"The Model"を活用することで、顧客リテンション率の向上と顧客生涯価値（LTV）の最大化を
図ることが可能である。

3-1．顧客リテンションとLTV向上に向けた重要な施策・考え方
　以下に個々の施策についてArchiMate®を用いて「要件実現ビュー」をモデル化した例を示す。
要件実現ビューポイントは、設計者がコア要素、例えばビジネス・アクター、ビジネス・サー
ビス、ビジネス・プロセス、アプリケーション・サービス、アプリケーション・コンポーネン
トなど、によって、要求の実現をモデル化することを可能にする。典型的には、要件はゴール
精緻化ビューポイントから導かれる。以下にモデルに使用しているモデル要素の解説をする。

ビジネス・ゴールは、組織とそのステークホルダに対する、意図、方針、または、望まれる最終状態を表す高レベルの（概念的な）ステートメントを表現する。原則的には、ゴールは、業務の状態や創出される価値など、ステークホルダが切望する何かを表現し得るものである。ゴールの例は、利益の増加、ヘルプデスクの待ち時間の削減、オンラインによるポートフォリオ管理の導入、など。

要件は、アーキテクチャによって記述された通りに、特定のシステムに適用される特性を定義するニーズの表明を表現する。要件は、ゴールによってモデル化された「目的」を達成するために必要な、これらの要素の特性をモデル化する。この点において、要件はゴールを実現する「手段」を表す。

ビジネス・サービスは、ビジネス観点で関連性において意味のある振る舞いの集合を表現する。

①顧客理解の深化
　ⅰ．パーソナライズされた顧客体験の提供：顧客データに基づき、一人ひとりに合わせた製品・サービスの提案やコミュニケーションを行うことで、顧客満足度を高め、ロイヤリティを醸成する。
　ⅱ．顧客ジャーニーの可視化：顧客が製品やサービスとどのように関わるのかを可視化し、各タッチポイントにおける顧客のニーズや課題を把握することで、より効果的なサポートを提供する。

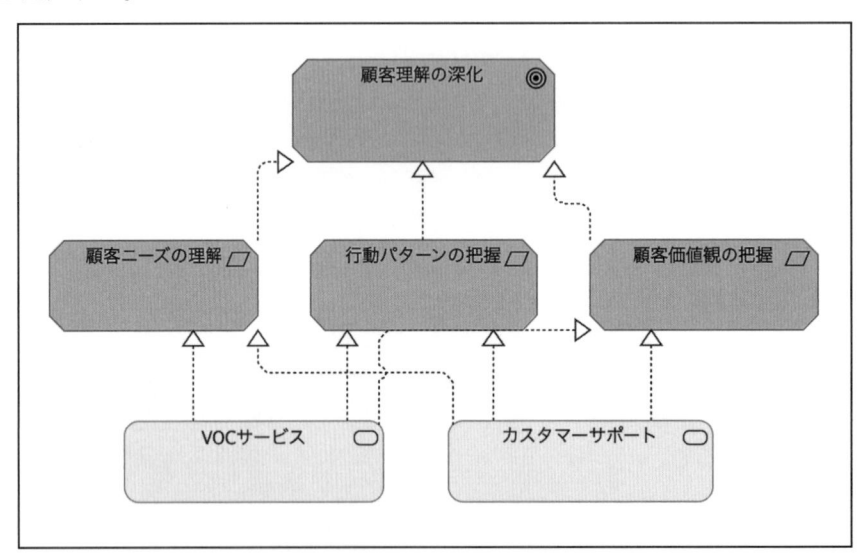

図-2：要件実現ビュー「顧客理解の深化」

②顧客体験の向上
　ⅰ．上質な顧客体験の支援：顧客が製品やサービスに触れる接点において、一貫して満足のいく体験を提供する。
　ⅱ．プロアクティブなサポート：顧客からの問い合わせに対応するだけでなく、潜在的な問題を事前に予測し、解決策を提案することで、顧客の満足度を高める。

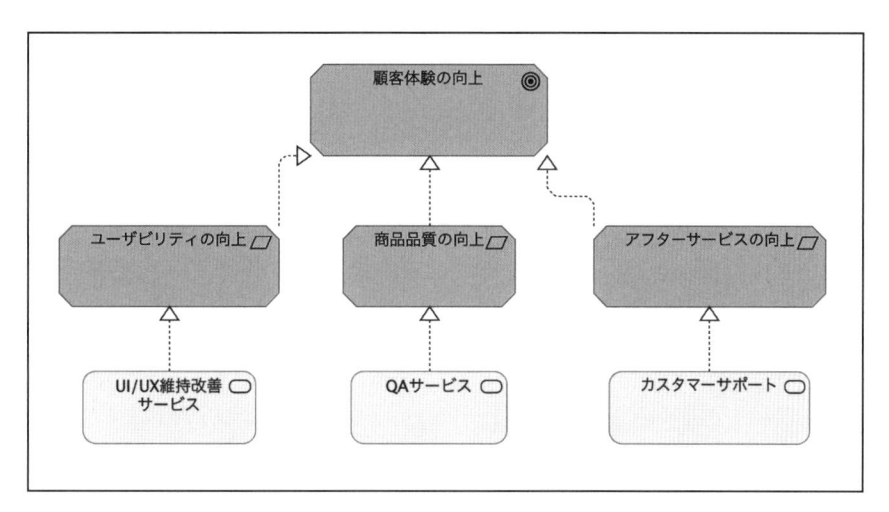

図-3：要件実現ビュー「顧客体験の向上」

③顧客とのコミュニケーション強化:
  ⅰ．顧客の声を収集：顧客の声に耳を傾け、積極的にコミュニケーションを取る。コミュニティを通じて顧客の声を積極的に収集し、製品・サービスの改善に活かす。
  ⅱ．複数チャネルの活用：アンケート調査、SNSなどを活用したコミュニケーション、カスタマーサポート強化。

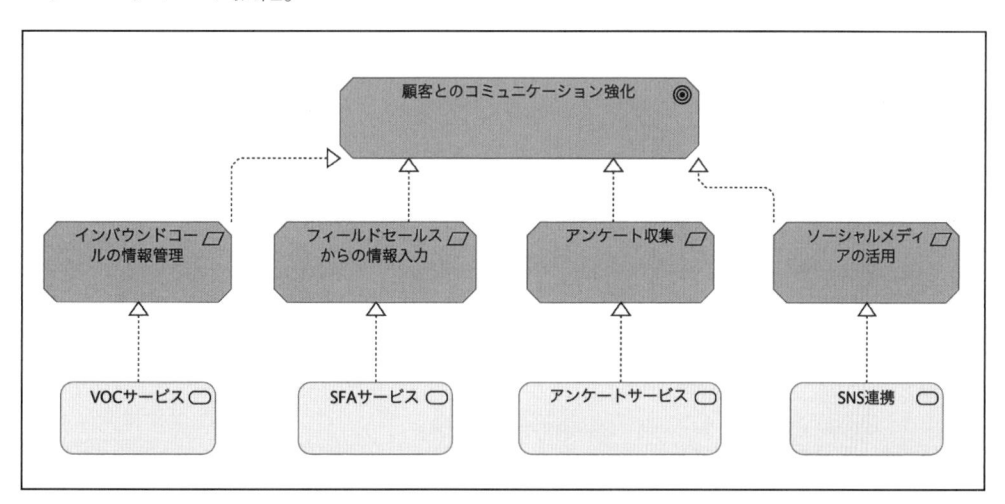

図-4：要件実現ビュー「顧客とのコミュニケーション強化」

④パーソナライゼーション:
  ⅰ．顧客特性を反映：顧客一人ひとりの特性に合わせて製品やサービスを提供する。
  ⅱ．特化した情報提供：顧客の特性を理解したうえで情報提供をカスタマイズ。

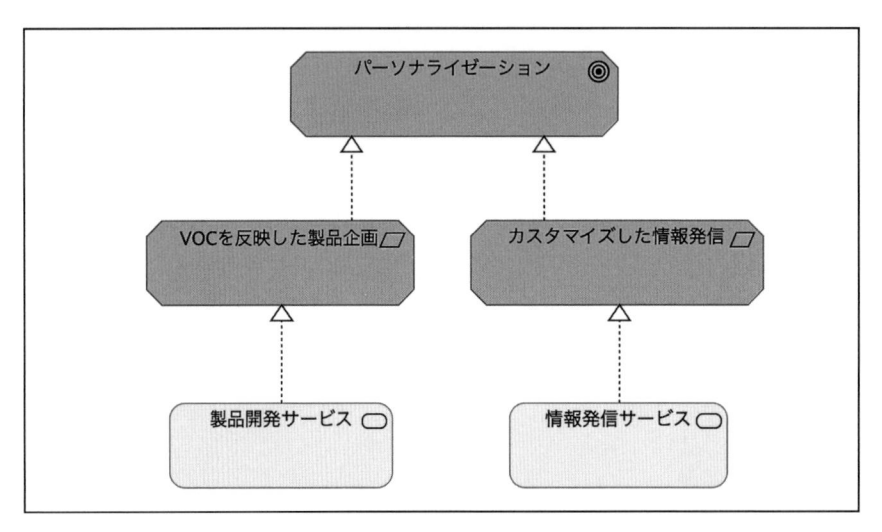

図-5：要件実現ビュー「パーソナライゼーション」

⑤データに基づいた意思決定：
　ⅰ．顧客データの活用：顧客に関する様々なデータを分析し、顧客行動のパターンやニーズを把握することで、より効果的な施策を立案する。
　ⅱ．KPIの設定と計測：顧客リテンション率やLTVといったKPIを設定し、定期的に計測することで、施策の効果を検証し改善を行う。

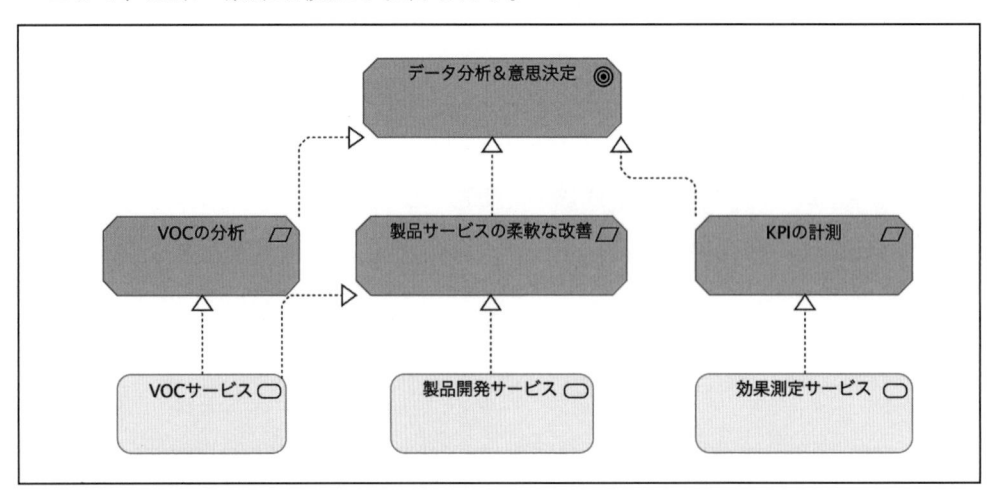

図-6：要件実現ビュー「データ分析＆意思決定」

3-2．成功のためのポイント
　①組織全体の連携：各部門が連携し、一貫した顧客体験を提供することが重要。
　②顧客データの活用：顧客データを最大限に活用し、データドリブンな意思決定を行うことが不可欠。
　③継続的な改善：顧客のフィードバックを基に、常に改善を続ける姿勢が求められる。

4．顧客リテンションとLTV向上へのAIの活用

AI技術を活用することで、より高度顧客理解とパーソナライズされた提案が可能となり、顧客リテンションと顧客生涯価値（LTV）の向上を図り「顧客中心主義経営」の推進への寄与が期待できる。

4-1．AI技術がどのように貢献するのか
　①顧客データの深層分析：AIは、膨大な顧客データを分析し、顧客の行動パターン、嗜好、潜在的なニーズなどを詳細に把握することができる。これにより、より精度の高いセグメンテーションが可能となり、顧客一人ひとりに合わせた最適なコミュニケーションやオファーを提供可能となる。
　②予測分析による機会創出：AIを活用した予測分析により、顧客の離脱リスクやアップセル・クロスセルの可能性を事前に予測することができる。よって、タイムリーなフォローアップや適切な提案を行うことで、顧客の維持と新たな収益機会の創出に貢献できる。
　③自然言語処理による顧客対応の高度化：チャットボットやAIアシスタントを活用することで、顧客からの問い合わせに迅速かつ正確に対応できる。自然言語処理技術により、複雑な質問にも答えられるようになり、顧客満足度の向上に寄与できる。
　④パーソナライズされたマーケティング：AIは、顧客の行動履歴や属性に基づいて、最適なコンテンツや広告を自動で配信できる。これにより、顧客のエンゲージメントを高め、購買意欲を刺激できる。

4-2．重要な施策とAIの活用方法
　①顧客データの統合とクレンジング：AIを活用して、異なるシステムに分散している顧客データを統合し、一貫性のあるデータ基盤を構築する。また、データクレンジングを行うことで分析の精度を高められる。
　②顧客セグメンテーションの高度化：AIによるクラスタリング分析などを通じて、従来の顧客セグメンテーションをより細分化し、顧客の多様性を捉えることができる。
　③予測モデルの構築：顧客の離脱予測モデル、アップセル・クロスセル予測モデルなどを構築し、ビジネスに活かせる洞察を獲得する。
　④レコメンドエンジンの導入：顧客の過去の購入履歴や閲覧履歴に基づいて、最適な商品やサービスをレコメンドする。
　⑤チャットボットの導入：顧客からの問い合わせに自動で対応し、人的なリソースの削減と顧客満足度の向上を実現する。
　⑥マーケティングオートメーションの高度化：AIを活用して、マーケティングオートメーションのトリガーやシナリオを自動化し、効率的なマーケティング活動を展開する。

4-3．AI技術導入における課題と考慮点
　AIの導入は、企業に大きなメリットをもたらす可能性を秘めているが、同時に多くの課題や倫理的な問題も伴う。これらの課題を解決し、倫理的なAIの活用を実現するためには、技術的な側面だけでなく、法的な側面や倫理的な側面も考慮しながら慎重に進めることが肝要である。
　①データ品質：AIの性能は、入力されるデータの質に大きく依存する。顧客データが不完全、不正確、または偏っている場合、AIモデルの精度が低下し、誤った予測や判断につながる可能性がある。
　②モデルの解釈性：深層学習モデルなど、複雑なモデルは、その内部動作がブラックボックス化しやすく、なぜその結果が出たのかを人間が理解するのが困難となる場合がある。
　③バイアス：学習データに含まれる偏りが、AIモデルに反映され、特定の顧客グループに対して不公平な扱いとなる可能性がある。
　④プライバシー：顧客データを収集・利用する際には、プライバシー保護に関する法規制や倫理的な問題を考慮する必要がある。
　⑤コスト：AIシステムの導入には、初期費用だけでなく、運用コストや人材育成コストも見込む必要がある。

4-4．課題に対する解決策
①データ品質対策：データの質を高めるために、データクレンジングを行い、不足している情報を補完する。
②モデルの解釈可能性向上：説明可能AI（XAI）技術の導入によってモデルの予測結果を解釈できるようにする。例えば以下のような手法が考えられる。
- ・LIME（Local Interpretable Model-agnostic Explanations）：特定の予測事例に対して、その理由を局所的に説明する手法。
- ・SHAP（SHapley Additive exPlanations）：ゲーム理論の Shapley valueを応用し、各特徴量が予測に与える影響度を定量化する手法。
- ・Grad-CAM（Gradient-based Class Activation Maps）：画像認識モデルにおいて、どの領域が予測に貢献したかをヒートマップで可視化する手法。
③バイアス対策：多様なデータを収集し、モデルの学習過程でバイアスを軽減する手法を導入する。
④プライバシー保護：個人情報保護法などを遵守し、データの匿名化や暗号化を行う。
⑤段階的な導入：全ての機能を一気に導入するのではなく、まずは一部の機能から導入し、徐々に範囲を広げていくことで、リスクの低減とコストの予測容易性を確保する。

4-5．「顧客中心主義経営」の観点から顧客リテンションのあり方
　「顧客中心主義」の信念に忠実な視点からすると、LTVや平均収益など業績面に意識が奪われて顧客目線ではなく企業目線の収益偏重な行動に陥ることは回避すべきである。ビジネスの本質は先に顧客に価値を提供し、その価値評価に対して顧客が対価を支払うことにある。この価値提供こそが重要であり、常に顧客目線で新たな価値訴求を継続しなければ永きに渡り顧客に愛される企業にはなり得ないのであり、これを実現するための活動が顧客リテンションである。これらを成し遂げた結果としてLTVの向上など業績への成果を手にすることができるのである。顧客リテンションの促進こそが事業側面の意味では経営そのものであり、企業全体の組織や業務プロセスを変革させなければ実現できないものである。そのためにEA (Enterprise Architecture) 観点のアプローチが必要となる。EA (Enterprise Architecture) については次章にて解説をする。

5．EA (Enterprise Architecture)

　Enterprise Architecture（EA）とは、ビジネス目標を達成するために業務プロセス、組織、ITの全ての側面から投資と設計の意思決定を支援するためのフレームワークである。経営戦略とIT戦略の整合性を図りつつ、IT投資を企業レベルの視点から最適化することを目的としている。ITも含めた企業の構造を以下に示す視点に分類して捉える。EAの手法はいくつか存在しているが、ここでは、The Open Groupのアーキテクチャ・フレームワークであるTOGAF®の手法をベースに記述する。EAは、企業全体の見地から客観的にあるべき姿（業務プロセス、システムなど）をビジネス、データ、アプリケーション、技術の４層からなる切り口から体系化し、具体的なゴールを描き出す手法である。

4-1．AI技術がどのように貢献するのか
　①顧客データの深層分析：AIは、膨大な顧客データを分析し、顧客の行動パターン、嗜好、潜在的なニーズなどを詳細に把握することができる。これにより、より精度の高いセグメンテーションが可能となり、顧客一人ひとりに合わせた最適なコミュニケーションやオファーを提供可能となる。
　②予測分析による機会創出：AIを活用した予測分析により、顧客の離脱リスクやアップセル・クロスセルの可能性を事前に予測することができる。よって、タイムリーなフォローアップや適切な提案を行うことで、顧客の維持と新たな収益機会の創出に貢献できる。
　③自然言語処理による顧客対応の高度化：チャットボットやAIアシスタントを活用することで、顧客からの問い合わせに迅速かつ正確に対応できる。自然言語処理技術により、複雑な質問にも答えられるようになり、顧客満足度の向上に寄与できる。
　④パーソナライズされたマーケティング：AIは、顧客の行動履歴や属性に基づいて、最適なコンテンツや広告を自動で配信できる。これにより、顧客のエンゲージメントを高め、購買意欲を刺激できる。

4-2．重要な施策とAIの活用方法
　①顧客データの統合とクレンジング：AIを活用して、異なるシステムに分散している顧客データを統合し、一貫性のあるデータ基盤を構築する。また、データクレンジングを行うことで分析の精度を高められる。
　②顧客セグメンテーションの高度化：AIによるクラスタリング分析などを通じて、従来の顧客セグメンテーションをより細分化し、顧客の多様性を捉えることができる。
　③予測モデルの構築：顧客の離脱予測モデル、アップセル・クロスセル予測モデルなどを構築し、ビジネスに活かせる洞察を獲得する。
　④レコメンドエンジンの導入：顧客の過去の購入履歴や閲覧履歴に基づいて、最適な商品やサービスをレコメンドする。
　⑤チャットボットの導入：顧客からの問い合わせに自動で対応し、人的なリソースの削減と顧客満足度の向上を実現する。
　⑥マーケティングオートメーションの高度化：AIを活用して、マーケティングオートメーションのトリガーやシナリオを自動化し、効率的なマーケティング活動を展開する。

4-3．AI技術導入における課題と考慮点
　AIの導入は、企業に大きなメリットをもたらす可能性を秘めているが、同時に多くの課題や倫理的な問題も伴う。これらの課題を解決し、倫理的なAIの活用を実現するためには、技術的な側面だけでなく、法的な側面や倫理的な側面も考慮しながら慎重に進めることが肝要である。
　①データ品質：AIの性能は、入力されるデータの質に大きく依存する。顧客データが不完全、不正確、または偏っている場合、AIモデルの精度が低下し、誤った予測や判断につながる可能性がある。
　②モデルの解釈性：深層学習モデルなど、複雑なモデルは、その内部動作がブラックボックス化しやすく、なぜその結果が出たのかを人間が理解するのが困難となる場合がある。
　③バイアス：学習データに含まれる偏りが、AIモデルに反映され、特定の顧客グループに対して不公平な扱いとなる可能性がある。
　④プライバシー：顧客データを収集・利用する際には、プライバシー保護に関する法規制や倫理的な問題を考慮する必要がある。
　⑤コスト：AIシステムの導入には、初期費用だけでなく、運用コストや人材育成コストも見込む必要がある。

４-４．課題に対する解決策
①データ品質対策：データの質を高めるために、データクレンジングを行い、不足している情報を補完する。
②モデルの解釈可能性向上：説明可能AI（XAI）技術の導入によってモデルの予測結果を解釈できるようにする。例えば以下のような手法が考えられる。
- ・LIME（Local Interpretable Model-agnostic Explanations）：特定の予測事例に対して、その理由を局所的に説明する手法。
- ・SHAP（SHapley Additive exPlanations）：ゲーム理論の Shapley valueを応用し、各特徴量が予測に与える影響度を定量化する手法。
- ・Grad-CAM（Gradient-based Class Activation Maps）：画像認識モデルにおいて、どの領域が予測に貢献したかをヒートマップで可視化する手法。
③バイアス対策：多様なデータを収集し、モデルの学習過程でバイアスを軽減する手法を導入する。
④プライバシー保護：個人情報保護法などを遵守し、データの匿名化や暗号化を行う。
⑤段階的な導入：全ての機能を一気に導入するのではなく、まずは一部の機能から導入し、徐々に範囲を広げていくことで、リスクの低減とコストの予測容易性を確保する。

４-５．「顧客中心主義経営」の観点から顧客リテンションのあり方
　「顧客中心主義」の信念に忠実な視点からすると、LTVや平均収益など業績面に意識が奪われて顧客目線ではなく企業目線の収益偏重の行動に陥ることは回避すべきである。ビジネスの本質は先に顧客に価値を提供し、その価値評価に対して顧客が対価を支払うことにある。この価値提供こそが重要であり、常に顧客目線で新たな価値訴求を継続しなければ永きに渡り顧客に愛される企業にはなり得ないのであり、これを実現するための活動が顧客リテンションである。これらを成し遂げた結果としてLTVの向上など業績への成果を手にすることができるのである。顧客リテンションの促進こそが事業側面の意味では経営そのものであり、企業全体の組織や業務プロセスを変革させなければ実現できないものである。そのためにEA（Enterprise Architecture）観点のアプローチが必要となる。EA（Enterprise Architecture）については次章にて解説をする。

５．EA（Enterprise Architecture）

　Enterprise Architecture（EA）とは、ビジネス目標を達成するために業務プロセス、組織、ITの全ての側面から投資と設計の意思決定を支援するためのフレームワークである。経営戦略とIT戦略の整合性を図りつつ、IT投資を企業レベルの視点から最適化することを目的としている。ITも含めた企業の構造を以下に示す視点に分類して捉える。EAの手法はいくつか存在しているが、ここでは、The Open Groupのアーキテクチャ・フレームワークであるTOGAF®の手法をベースに記述する。EAは、企業全体の見地から客観的にあるべき姿（業務プロセス、システムなど）をビジネス、データ、アプリケーション、技術の４層からなる切り口から体系化し、具体的なゴールを描き出す手法である。

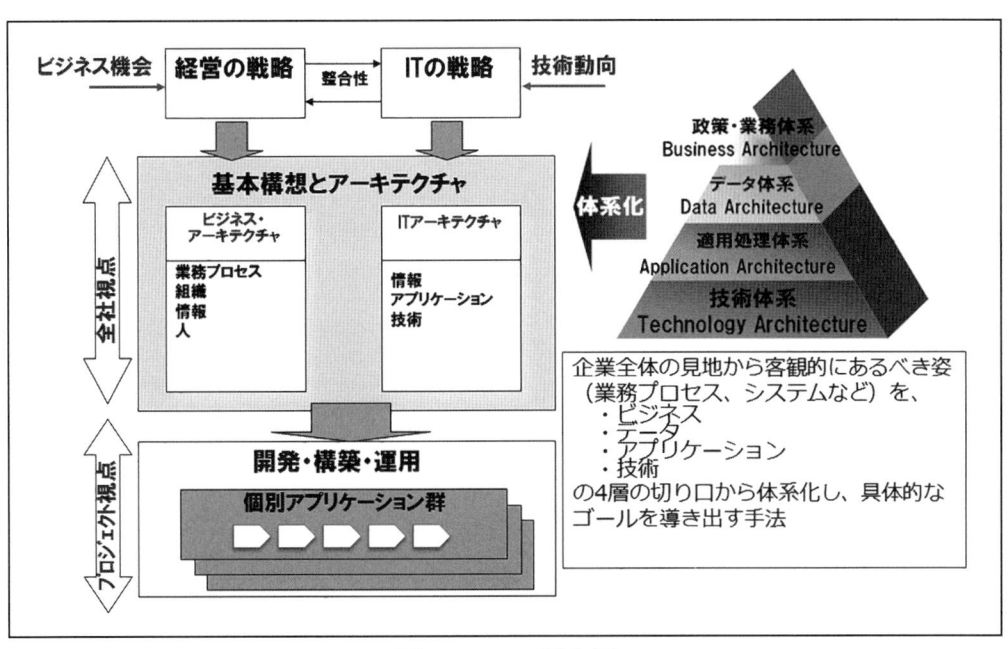

図-4：EAの概念図

TOGAF®の中核をなす ADM 概要

　ADM（Architecture Development Methodology）は、TOGAF®で定義されたアーキテクチャ開発の手法でありTOGAF®の中核をなす。アーキテクチャという表現は、用いられるケースによってその言葉が示す範囲が曖昧であるが、EAでいうところのアーキテクチャは、ITやソフトウェアに関わるアーキテクチャのみに限らず広範囲な領域を意味している。具体的には、組織としてのアーキテクチャ・ビジョン策定、推進組織のあり方やアーキテクチャ・ガバナンス体制整備もアーキテクチャとして捉えている。ADMの概念は以下の図に示す通りであり、要件管理を中心にアーキテクチャ構築の各フェーズが定義されている。前述のビジネス、データ、アプリケーション、テクノロジーの4つのアーキテクチャの構築はフェーズB, C, Dによって具体化される図の右側にあるマトリックスは、フェーズB, C, Dで構築するアーキテクチャをモデル化するためのThe Open Groupが策定しているEAモデリング言語の標準仕様であるArchiMate®（＊1）のビューである。ビジネス、アプリケーション、テクノロジーと情報、プロセス、組織による9つのドメインごとのアーキテクチャをモデル化するためのアプローチとモデリング言語の標準仕様である。

＊1：ArchiMate®の仕様については、下記のWebサイトから参照可能。
https://www.opengroup.org/archimate-forum

6．ADMとモデルの関係性

　ここで、図-4で紹介したモデルとEAの関係について再確認をしてみる。EAは、経営戦略とIT戦略の整合性を図りつつ、IT投資を企業レベルの視点から最適化することを目的としている。TOGAF®は、EA構築する方法論とフレームワークであり、具体的な取り組みについて定義されたものがプロセスの中核をなすADMと呼ばれるアーキテクチャ開発の手法である。図-5の左側のモデルがADMの概観を表したものである。ADMの概念は図に示す通りであり、要件管理を中心にアーキテクチャ構築の各フェーズが定義されている。EAの中心となるビジネス、データ、アプリケーション、テクノロジーの4つのアーキテクチャの構築はフェーズ B, C, D

によって具体化される。図-2の右側にあるマトリックスは、フェーズB, C, Dで構築するアーキテクチャをモデル化するためのArchiMate®のビューである。ビジネス、アプリケーション、テクノロジーと情報、プロセス、組織による9つのドメインごとのアーキテクチャをモデル化するためのアプローチとモデリング技法の標準仕様である。

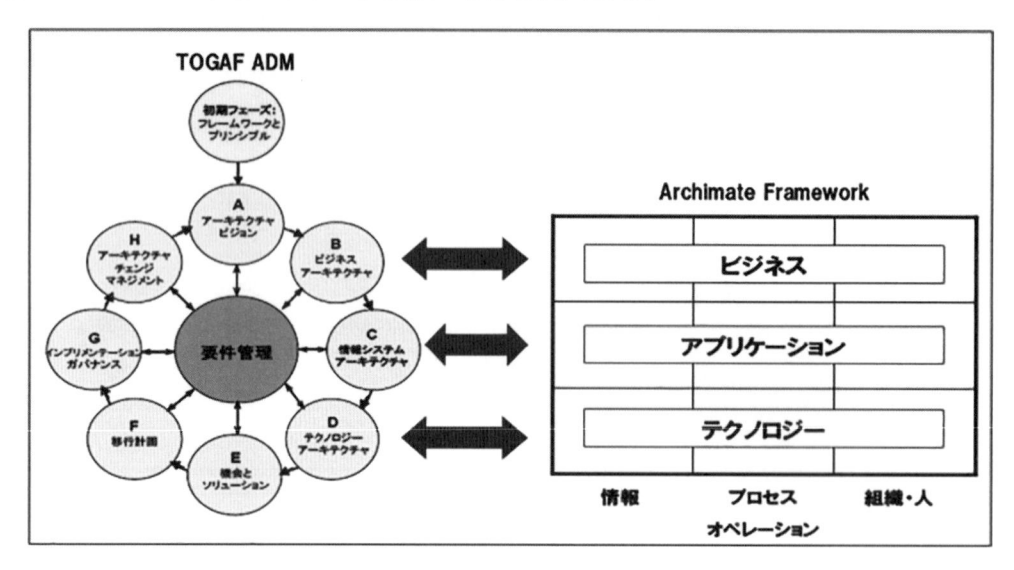

図-5：ADMとArchiMate® Frameworkの関係性

6-1. ArchiMate®言語の構造

　ArchiMate®は、TOGAF® ADMを表現するために、UML（Unified Modeling Language）の仕様を拡張したモデリング言語であり、その言語構造を以下に示す。

1）ArchiMate®のコアフレームワーク

　　中核をなす構造としては、3つのレイヤと3つのアスペクトによって構成される。

　　レイヤは以下で構成される。

　　・「ビジネス・レイヤ」：顧客へ提供されるビジネス・サービスを表現する。

　　・「アプリケーション・レイヤ」：ビジネスをサポートするアプリケーション・サービスとそのサービスを実現するアプリケーションを表現する。

　　・「テクノロジー・レイヤ」：アプリケーションを実行するためのコンピューター・システムやネットワークなどのサービスや物理要素を表現する。

　　アスペクトは以下で構成される。

　　・「能動的構造要素（Active Structure）」：ビジネス・アクターなど、実際の振る舞いのトリガーになる要素を表現する

　　・「振る舞い要素（Behavior）」：アクターによって実行される振る舞いを表現する。具体的には、プロセス、サービス、ファンクションなど。

　　・「受動的構造要素（Passive Structure）」：振る舞いが実行されるオブジェクト（情報、データ）を表現する。

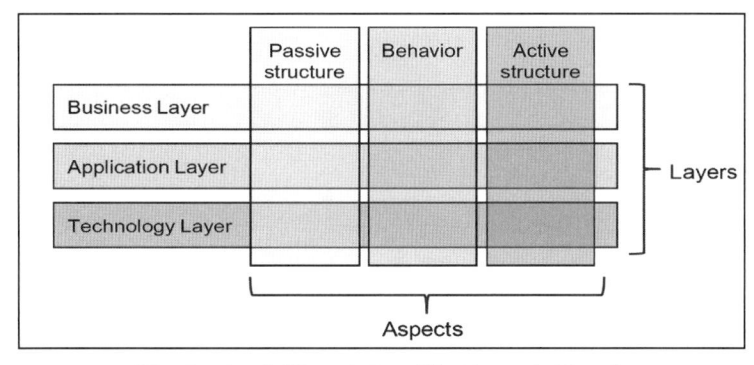

図-6：ArchiMate®のコアフレームワーク

2）ArchiMate®の全体フレームワーク

コアフレームワークで表現される中核の概念に加えて、3つのレイヤと1つのアスペクトが追加されて全体のフレームワークを構成している。

追加レイヤは以下で構成される。

・「ストラテジ・レイヤ」：戦略について表現する。レイヤであり、ケイパビリティ、リソース、計画で構成される。

・「物理・レイヤ」：物理施設や設備、物流ネットワークを表現する。

・「実装と移行・レイヤ」：EAの組織への適用方針を表現する。

アスペクトは以下で構成される。

「モチベーション要素（Motivation）」：EAのゴール設定やそのドライバー、要件について表現する。

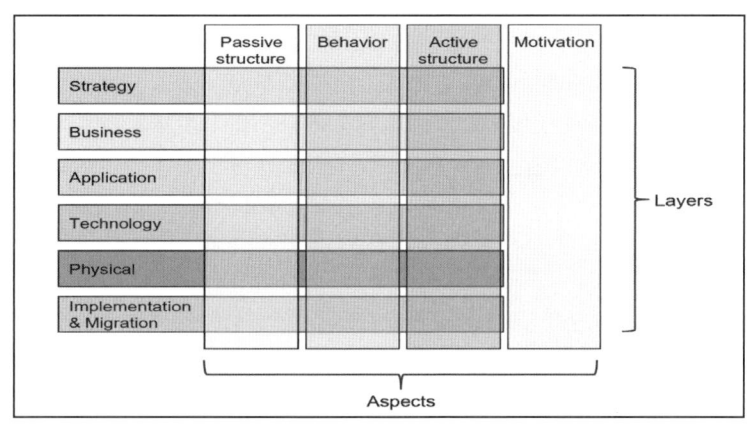

図-7：ArchiMate®の全体フレームワーク

7．まとめ

今回のテーマは、「顧客中心主義経営」の視点で顧客リテンションとLTVに焦点あてた寄稿論文である。売り切るビジネスモデルからサブスクリプション・ビジネスモデルへの転換が進む中で、従前以上に企業と顧客との関係性が長期間に渡り継続することが想定され、その重要性が増している。これは「顧客中心主義経営」の考えに沿った活動であり顧客と企業にとって望ましい兆候である。今後も時代とともに顧客ニーズは変化し続けていくが、そのような状況のなかでも正しく顧客を理解し、変化する状況に応じた個々の顧客のニーズに応えうるサービスを追求し新たな付加価値を継続的に提供することが重要である。これらを実現するためにも、企業が真の「顧客中心主義経営」を追求することが不可欠なのである。

小玉　昌央
一般社団法人 ＣＲＭ協議会 理事
営業推進本部 本部長
「2024 CRMベストプラクティス賞」選考委員

株式会社サトー パートナービジネス推進部
Ｃ３イノベーション株式会社 代表取締役社長
TOGAF® 9 Certified

「2024 CRMベストプラクティス賞」からの学び

「2024 CRMベストプラクティス賞」を受賞された皆さま、おめでとうございます。

「継続賞」を受賞されビジョン様、フォーラムエイト様、ホンダオート三重様、おめでとうございます。継続して受賞するための弛まぬ努力に深く敬意を表します。顧客中心の考え方が経営層から顧客と接する現場の方々まで浸透してきている証しです。

新たに受賞されたＮＴＴコミュニケーションズ様、鯖江市様、ダイキン工業様、東名様、トラスコ中山様、ＬＩＸＩＬ様おめでとうございます。CRMの取り組みを開始していただきありがとうございます。
各社の取り組みの形は異なりますが、顧客や市民を想う気持ちは共通しています。
・多くの声を聴くために仕組みを整える。
・顧客の声から困りごとを見つける。
・地域の課題を解決するために市民の力を活用する。
・新しい仕組みで顧客に価値を届ける。
正にCRMの基本に沿った取り組みをされていますので、今後の発展がとても楽しみです。
特に栄えある大星賞を受賞されたトラスコ中山様は、顧客との取引情報を活用して、ペインポイントを見つけ、その改善要望に応える新たなサービスを開発し、大切な顧客との信頼関係を深めることに成功されています。

■ 今流行りのChat AIで「CRMとは何ですか？」と聞いてみました

CRM (Customer Relationship Management、顧客関係管理) とは、企業が顧客との関係を構築、管理、分析するための戦略やシステムを指します。CRMの目的は、顧客満足度を向上させ、顧客との長期的な関係を築くことで、企業の業績を向上させることです。

・CRMの主な要素
　　1．データ管理：
　　　−顧客の基本情報、購入履歴、コミュニケーション履歴などを一元管理し、顧客のニーズや行動パターンを理解する戦略やシステム
　　2．コミュニケーション：
　　　−顧客との接触を記録し、適切なタイミングでのフォローアップやマーケティング活動を実施する。
　　3．販売管理：
　　　−顧客の購買活動を分析し、販売戦略やプロモーションを最適化する。
　　4．サポートとサービス：
　　　−顧客からのフィードバックや問い合わせに対する対応を改善し、顧客満足度を高める。
・CRMの利点
　　−顧客ロイヤリティの向上：顧客のニーズに応じたサービスを提供することで、再購入や推奨の可能性が高まる。
　　−効率的な業務運営：データやプロセスの一元管理により、業務の効率化が図れる。
　　−マーケティングの最適化：よりターゲットに合わせたマーケティング施策が可能になる。
　CRMは、特に競争が激しい市場において、顧客との関係を強化し、ビジネスの成功に寄与するための重要な戦略であり、すべての業種で活用されています。

「CRMはシステムを指す」とか、目的は「企業の業績を向上」とか、少し違和感を感じますが、この辺りがAIの限界なのでしょう。

■ それでは、CRMベストプラクティス賞から見た「目指すCRM」とは

　毎年選ばれている「CRMベストプラクティス賞」の受賞事例には成功の秘訣が隠されています。それぞれの事例は、目的、テーマ、ステージ、課題、解決方法が異なるので、単独で見ても分からない学びポイントを一緒に見つけてみませんか。

　今年の受賞事例を、着目した「課題」とCRMとして「取り組んだ内容」で整理してみました。先ず気がつくことは、
①　顧客の接点が少ない（ＬＩＸＩＬ、トラスコ中山）、顧客対応ができていない（みずほ銀行、マクニカホールディングス、ダイキン工業、ＮＴＴドコモ）と、「顧客との接点基盤」の改善を考えている事例が多数を占めています。
次に、
②　国内外の基盤整備（富士通）、社内各部署への浸透（フォーラムエイト）、社内情報の一元化（ＮＴＴコミュニケーション）と、「社内の基盤整備」に取り組んでいる事例が見受けられます。
そして顧客接点を整備し、社内の活動基盤と整えた上で、
③　差別化を実現したい（ホンダオート三重、ＤＨＬジャパン、東名）、危機的状況を回避（ビジョン）など、「ビジネスの成長」に繋げている事例があります。
更には、
④　新しいサービスを実現し（トラスコ中山、ＤＨＬジャパン、鯖江市）、新商品を提案したりと（ＬＩＸＩＬ）、新しい「顧客価値を創造」している事例や社会インフラとして使命を果たす事例（中日本高速道路）も生まれています。

企業名	業種	課題	取組み内容	気づきと活用ポイント
LIXIL	住宅設備機器メーカー	最終顧客との接点がなく、ニーズが把握できない	顧客を巻き込んだコミュニティマーケティングにより新商品を開発（猫壁ニャンペキ）	・冠婚葬祭ビジネスは社会に根ざしたコミュニティマーケティングの元祖。 ・今の時代にアップデートするための整理：ターゲット、課題、地域を軸にコミュニケーションを再設計。
みずほ銀行	金融機関（銀行）	コンタクトセンターへの入電が多く顧客の声に対応できていない	大量のVOCを活用するために、まず音声をテキスト化し、さらにAI分析で課題・意図を抽出	・VOCを活用できているか？ ・適切な応対内容を全員に指示できているか？ ・AIの活用は将来の取り組みテーマ。
マクニカホールディングス	半導体商社（技術商社）	急成長しているが顧客対応ができていない。	経営情報（ERP）、業務（SCM）と顧客（CRM）を連携。昨年サービスから始め、今年は営業・マーケティングを連携（仕様変更品／終売品の自動配信）	・顧客情報と経営情報（売上）を連携させると営業効率が向上。 ・最新情報を配信して現場営業をサポート。
ホンダオート三重	カーディーラー	製品での差別化は難しい状況。 新車販売以外での安定的な収益源が必要。	顧客のペインポイント（お困りごと）にダイレクトに応える「24時間安心ネットワークサービス（修理・整備）」（当該社18分対JAF36分）	・顧客のペインポイント（お困りごと）に分かりやすく応えているか？ ・M&Aにより地域拡大 ・データ分析により、サービスレベルを落とさず働き方改革に対応
富士通	総合IT企業	提案型ビジネスに移行したいが、国内外拠点からの顧客・ビジネス情報がバラバラ。	日本を雛形に、ビジネスの鍵となる8つのタッチポイントから顧客・ビジネス情報を定義し、全社でデータを有効活用。	・重要なタッチポイントは？ 富士通では、営業、事業部、保守、SCM、経理、品質保証、コールセンター、調達、広報・マーケティング。自動車ビジネスでは18も。
フォーラムエイト	ソフトウェア開発企業	CRMの全社導入にむけて苦戦。	顧客中心主義経営を推進するために、各部門に丁寧にCRMを導入し、今回全社的CRM統括組織を設立。CRMの導入と事業成長が連動	・顧客満足／ビジネスの成長に必要なCRM関連部署は？ フォーラムエイトでは、情報システム、品質、秘書室、地方拠点、海外、人事、開発、サービス、営業。
ビジョン	通信サービス提供企業	主力事業（海外渡航時のWIFIレンタル）がコロナ禍で壊滅的打撃	既存の顧客情報を徹底的に分析し、顧客目線で新規ビジネス（グランピングツーリズム）を立ち上げて倒産を回避。今期最高益。	・既存顧客はどんな方、行動、意識の深掘り。タイプ分類、ニーズ、満足度、機会と脅威。 ・新規ビジネス開発のヒント。
中日本高速道路	高速道路運営会社	社会インフラサービスとして、提供できる価値を模索	道路設備の老朽化工事による通行停止が避けられない中、「計画的通行止め」「情報発信」に注力し、利用者の使用利便性を高めている。	・顧客との良好な関係性つくりには、積極的な情報発信が不可欠。 ・どのような内容を、どのような頻度で発信していますか？届いていますか？
トラスコ中山	工具・機器の卸売業	卸売商社として直接販売をしておらず、顧客、現場が見えない	工場現場などに工具、用品を納期0日で納品する「MRO製品の即納システムモデル」を導入。（≒富山の薬売り）	・独自の価値「なんでも揃う、すぐに届ける」を実現するために⇒独自の努力（自前の配送、在庫は成長のエネルギー、ロングテール在庫） ・独自の仕組みがありますか？
東名	法人向け通信サービス提供企業	売上の9割が既存向けなので、ロイヤリティが成否を分ける	顧客の声（VOC）からペインポイントを見極め、売上アップ策との連携を徹底。	・売上増につながるペインポイントは何ですか？ ・顧客への投資の基準となる「顧客生涯価値（LTV）」はいくらですか？
DHL	国際物流・宅配便サービス企業	国際物流の競争激化。非財務競争力、非オペレーション領域での差別化が不可欠。	カスタマージャーニーからVOCの収集を徹底させ、リアルタイムで応対に反映させる仕組みを導入。	・カスタマージャーニーにおけるタッチポイントは？ DHLでは、運送会社検討、登録、利用開始、集荷、持込、運送、配達、請求、問合せ。
ダイキン工業	空調機器メーカー	コンタクトセンターへの大量の集中的入電（年間200万件）	コンタクトセンター統合により、業務効率化による人員不足対応、ミス削減とVOCの活用による顧客対応品質の向上を実現。	・電話、メール、ネット対応の一元化は？ ・過去履歴の検索、対応ナレッジの整備は？
鯖江市	行政（福井県）	人口減、高齢化による地域推定の歯止めが急務。	大きな企業誘致や、人口増が望めない中、市民を主役とした取り組みにより、地域の活性化を目指している。	・予算をかけずに、ヒトの力、やる気を活力とした取り組みは手本となります。
NTTドコモ	電気通信事業者	問い合わせが大量、組織が大規模、対応内容が多岐で対応ができていない。	音声データ（年間4000万件）のテキスト化と要約に目処。	・地道な努力 ・規模に関わらず、やるべきことは同じ。いつ、どこにお問合せが来ても、お客さまの声を真摯に聴いて、そのお困りごと、意図を理解して、やるべきことを振れずに為す。
NTTコミュニケーション	長距離・国際通信事業者	会社再編に伴い、各社の法人事業の統合が必須	全ての商材をワンストップで提供するために営業基盤を統合。統合顧客基盤CDPによる、マーケティングMA、セールスSFA、サービスを一気通貫で。	・顧客の声は一元化できていますか？ ・そのお客さまは満足していますか？ ・その顧客に応対する責任者は決まっていますか？

表1 「2024 CRMベストプラクティス賞」受賞事例からの気づき

■「CRM」は顧客中心のビジネスに不可欠です

　CRMを正しく理解し、成功に向けて為すべき事を行えば、更なる顧客価値を創造することが可能です。前述したCRM活動の4つの柱
　①「顧客との接点基盤」
　②「社内の基盤整備」
　③「ビジネスの成長」
　④「顧客価値の創造」
について、過去にサトーとして取り組んだCRM活動から整理してみます。

　サトーでは、「人、モノ、コト、情報をつなぐ究極のトレーサビリティ」の実現を目指してCRMを導入し、3年連続で「CRMベストプラクティス賞」を受賞しました。

2016年　『予知行動型CRMモデル』
　　常に顧客のニーズに真摯に向き合い、販売後も長期にわたって顧客の課題解決に取り組む同社がプリンタにIoT技術を組み込み、クラウドを介して24時間見守り安定稼動を支えるリモートメンテナンスサービスSOS（SATO ONLINE SERVICE）を開発し、「バーチャルエンジニア」と称した。プリンタエラーの稼動停止を大幅に防止し、詳細な稼動状況のリアルタイム把握を実現することで、顧客サービスを進化させる提案が可能となった。顧客を

よりよく知るための技術としてのIoTを駆使した製品・サービスを展開し、「受動保守から能動保守そして予見的保守」することにより、顧客サービスの進化に不可欠なCRMプラットフォームを構築している。

2017年　《大星賞》『予防保守によるダウンタイム削減モデル』

　　顧客現場の産業用ラベルプリンタの稼働状況を24時間×365日見守るリモートメンテナンスサービス「SOS（SATO Online Services）」を提供。SOSから取得するIoTデータを活用し、「ダウンタイムゼロ」に近づけるサービスとして、顧客企業の機器障害を未然に防ぐアウトバウンドサービスや、現場作業員の持つスマートフォンとの連携を実現。稼働停止エラーの86％は防止できるという調査結果もあり、大幅に顧客満足度を向上させている。サプライ商品を直ぐに購入できるオンラインサイトや、全社横断的な顧客管理システムの導入により、サービス/営業/マーケティングを含めた360度対応で顧客との更なる関係構築に努めている。

2018年　『営業と保守の連携基盤モデル』

　　顧客プリンタの状況を24時間×365日見守るリモートメンテナンスサービス「SOS（SATO Online Services）」により業務ダウンタイムを大幅に軽減し、サービス業務の生産性と従業員モチベーションを向上させた。また、長くお付き合いする上で重要な「サービス」からスタートしたCRM活動を全社連携のCRMに発展させ、保守サービス部門の情報を営業部門に共有し、顧客課題の迅速な発見と解決に結び付けた。このように、各タッチポイントに集まった情報を一元的に共有し、お問い合わせに対して「個客」として状況を把握・対応している。

図1　24時間×365日見守るリモートメンテナンスサービス「SOS（SATO Online Services）」

この３年間の取り組みを４つの柱と照らしあわせると
　①「顧客との接点基盤」：販売後も長期にわたって顧客の課題を解決
　②「社内の基盤整備」：全社横断的な顧客管理システムを導入
　③「ビジネスの成長」：サービス/営業/マーケティングを含めた360度対応を実現
　④「顧客価値の創造」：大幅に顧客満足度を向上
　と顧客中心ビジネスの実現を目指しています。

販売後も長期にわたって顧客の課題を解決（ペインポイントの解消）するために、プリンタにIoT技術を組み込み、受動保守から能動保守そして予見的保守（顧客価値）を実現することで大幅に顧客満足度を向上させました。更には、全社横断的な顧客管理システムの導入することで、サービス/営業/マーケティングが連携した360度顧客対応を確立しています。結果として、業務の生産性と従業員モチベーションが向上し、各タッチポイントに集まった情報を一元的に共有することで、お客さまを「個客」として状況を把握し対応することができるようになりました。

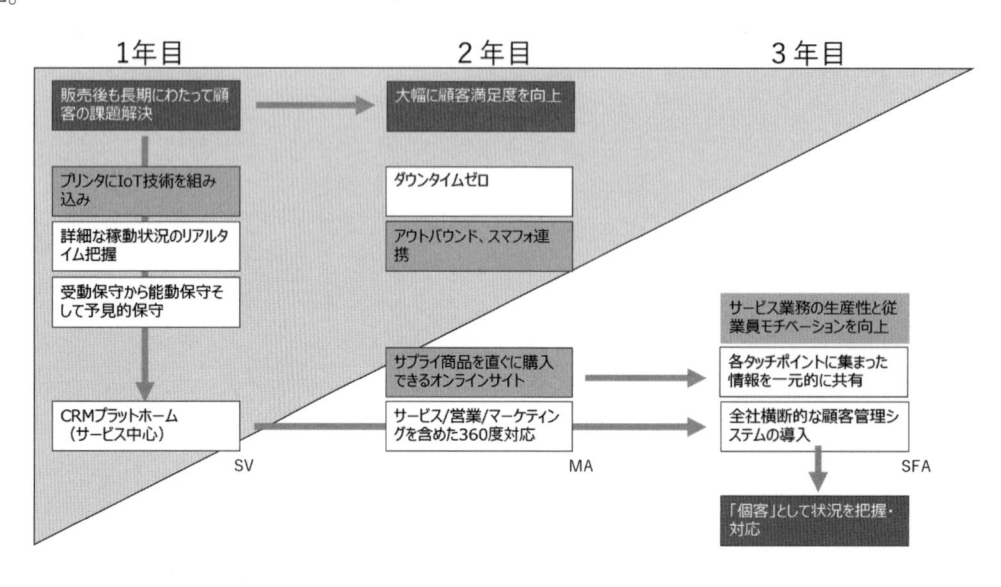

図2　顧客中心のCRMプラットフォームを目指して

■「顧客」を知るための「360度シングルビュー」には「連携」が必須

　CRMの質を高めるためには『顧客を知ること』が重要です。その実現に向けて、関係者で情報を共有し、知恵を出しあって、適切なタイミングで、適切なコンタクトチャネルから、適切な顧客に、適切なケアをすることが求められます。そのためには、顧客接点の「連携」が鍵となるのです。

　過去の「CRMベストプラクティス賞」受賞事例から好事例を紹介します。

①　社内連携

　株式会社フォーラムエイトは、毎年重点部門を変えながら全社にCRMコンセプトの浸透を進めており、2015年に営業、2016年にサポート・サービス、2017年には開発部門、2018年は人事・総務部門、2019年は海外営業部門、2021年には秘書室に活動を拡げています。

- ・2015年　システム営業グループ　『高度技術と顧客ニーズの融合モデル』
- ・2016年　『サービス体系移行・モデル』
- ・2017年　開発部門　『開発者と業界ステークホルダーとの対話強化モデル』
- ・2018年　『人事システム連携型CRMモデル』
- ・2019年　システム営業グループインターナショナル・セールス
　　　　　　『潜在顧客育成による海外展開モデル』

- 2020年　システム営業Group 札幌事務所・仙台事務所・名古屋事務所・金沢事務所・
大阪営業Group・福岡営業所・沖縄事務所
『地域の未来創生をVRで描くモデル』
- 2021年　東京本社 社長秘書室　『顧客開拓・リモート営業モデル』
- 2022年　東京本社　UC-1開発第1Group　TESTチーム
『ユーザー視点・出荷前品質徹底向上モデル』
- 2023年　『顧客中心による情報マネジメントモデル』

②　社内外での連携

　タカラスタンダード株式会社は、施主を中心にして、代理店、販売店、工務店、営業および
ショールーム間での連携を深め、顧客への提案、サービスの質を高めている。

2023年　タカラスタンダード株式会社　『施主、取引先との連携強化営業モデル』
　BtoBtoCをビジネスモデルとするタカラスタンダード社は、代理店・販売店・工務店など
の取引先を通して施主に商品を供給するサービスを展開している。2019年からそれら
取引先と営業担当者およびショールームアドバイザーの新営業スタイルを策定し、取引先
と施主の情報を一元管理できるCRMシステムを導入した。その結果、取引先と施主の両方
に対し適切な提案や情報のフィードバックが可能となり、導入前に比べ顧客満足度が上が
り成約率が向上し、結果として過去最高売上を実現した。あわせて、案件状況を確認する
対面会議も削減するという成果も残せた。

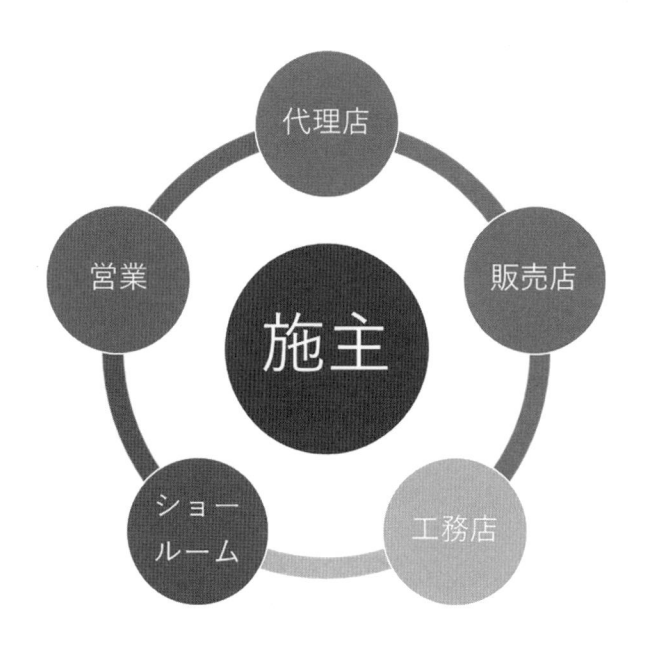

③　社会連携

　三重県津市では、2015年以降継続して市民視点での様々な取り組みを続け信頼を築きながら、
2019年には、高齢化社会の課題に焦点を当て、医療と介護領域で協力・連携を推進する
「津市医療介護情報共有システム」を構築し、高齢者福祉に関わる様々な職種での連携を促進
しています。

2015年	市民に尽くす行動規範・先行モデル	行動規範「市民に尽くすこと」
↓		
2016年	地域連携・対話型モデル	市民との信頼関係構築
↓		
2017年	情報公開による公共資産の有効活用モデル	新たな市民サービスの創出
↓		
2018年	情報公開による公共資産の有効活用モデル	情報公開、オープンデータ推進
↓		
2019年	健康寿命延伸・パイロットデータ・モデル	社会連携

　同市では市民生活観点で様々な取り組みを継続している。今年は昨年度受賞に引き続き高齢化社会の課題に焦点を当て、医療と介護という近しくも独自の領域で協力・連携を推進する「津市医療介護情報共有システム」を構築。これは、WHO（世界保健機構）採択の国際生活機能分類から高齢者に適合する項目のみを活用し、従来から運用してきた「多職種連携情報共有システム」にバイタルデータを加え、高齢者の「できること」に着目した仕組みである。高齢者福祉に関わる様々な職種で高齢者の立場に立った協力・連携を促進し、「自立支援・能力サポート型介護」への転換・健康寿命延伸に繋げる新たなパイロットモデルとして今後にも期待したい。

■ 持続可能な明るい社会の実現を目指すためのCRM

　持続可能な社会を実現するためには「環境との共生」が求められています。例えば、生活の基盤を支える「モビリティ」では、クルマ、鉄道、船舶などの連携が進み、使用する「エネルギー」も環境負荷の小さいエネルギーが中心となり、サスティナブルであることが重要です。CRMが、分散自律型に移行する社会の中で、明るい、優しい未来を築く原動力となることを期待しています。

「持続可能な明るい未来」に向けたフレームワーク

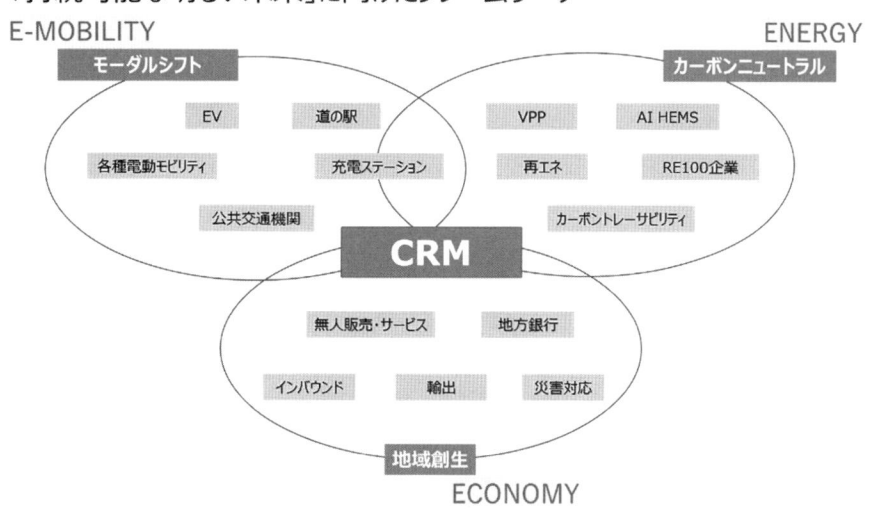

CRM先進事例（企業・官公庁・団体・自治体）表彰制度

2024
CRMベストプラクティス賞
応募のご案内

一般社団法人 CRM協議会
CRM ASSOCIATION JAPAN
CUSTOMER-CENTRIC RELATIONSHIP MANAGEMENT

一般社団法人　ＣＲＭ協議会の活動概要

　一般社団法人　ＣＲＭ協議会は、日本に「顧客中心主義経営（CCRM）」を正しいCRM導入プロセスを通して実現したいと願うメンバー（企業・官公庁・アカデミー・団体）を募り、経済産業省に、ご後援・ご協力をいただき、会員の皆様によるボランティア精神に支えられて活動をしている一般社団法人であります。

　企業会員と個人会員を募り、オープンでノンプロフィットの会員組織として2000年４月に発足し、2009年10月１日に一般社団法人　ＣＲＭ協議会を設立いたしました。当初より米国CRM諸団体との交流、ヨーロッパ・中国・モンゴル・韓国等とも最先端の情報を広く集めるとともに、中堅・中小企業も支援しつつ、大企業やジャーナリズム・アカデミア・関連友好団体とも手を携えて、日本国内におけるCRMの更なる普及を主たるミッションとして活動を展開しております。

　これまでに、CRMプロセス診断の開発、CRM評価軸の策定、全国各地での共催フォーラム、また、CRM研修会、マーケティングデータ分析研究会、ソーシャルCRM研究会、CCRMアーキテクチャ部会など、企業や自治体などの活性化を支援してまいりました。また、CRM活用のモデルとなる優れたケーススタディの公募、実態調査を行い、「CRMベストプラクティス賞」として選定し、CRM推進のモデルケースとして広く役立てる活動を行い、これまでに計253プロジェクトが選考されております。

第１回	2004年	企業・官公庁・団体・自治体で13プロジェクト
第２回	2005年	企業・官公庁・団体・自治体で16プロジェクト
第３回	2006年	企業・官公庁・団体・自治体で14プロジェクト
第４回	2007年	企業・官公庁・団体・自治体で13プロジェクト
第５回	2008年	企業・官公庁・団体・自治体で10プロジェクト
第６回	2009年	企業・官公庁・団体・自治体で13プロジェクト
第７回	2010年	企業・官公庁・団体・自治体で11プロジェクト
第８回	2011年	企業・官公庁・団体・自治体で10プロジェクト
第９回	2012年	企業・官公庁・団体・自治体で13プロジェクト
第10回	2013年	企業・官公庁・団体・自治体で　9プロジェクト
第11回	2014年	企業・官公庁・団体・自治体で10プロジェクト
第12回	2015年	企業・官公庁・団体・自治体で15プロジェクト
第13回	2016年	企業・官公庁・団体・自治体で14プロジェクト
第14回	2017年	企業・官公庁・団体・自治体で16プロジェクト
第15回	2018年	企業・官公庁・団体・自治体で14プロジェクト
第16回	2019年	企業・官公庁・団体・自治体で13プロジェクト
第17回	2020年	企業・官公庁・団体・自治体で12プロジェクト
	2020年	「新型コロナウイルス対応モデル事例」6プロジェクト（新設）
第18回	2021年	企業・官公庁・団体・自治体で13プロジェクト
第19回	2022年	企業・官公庁・団体・自治体で12プロジェクト
第20回	2023年	企業・官公庁・団体・自治体で12プロジェクト

　各年度の受賞企業・官公庁・団体・自治体を「CRMベストプラクティス賞」として表彰すると共に、受賞事例を集めた『CRMベストプラクティス白書』を毎年発刊しております。

　「CRMベストプラクティス賞」の受賞企業は、それぞれ異なった業種、企業規模、進化のプロセスでありながら、何れも際立ってCRMの模範となるプロジェクトを個性的なモデルを含んだ工程で実現され成果をあげておられました。

今後もより多くの企業・官公庁・団体・自治体に積極的にご参加いただき、CRMの輪が着実に、より成果を生む形で広がっていくことを祈念し、展開を進めていく所存です。

■「CRMベストプラクティス賞」とは

　一般社団法人　ＣＲＭ協議会主催の「CRMベストプラクティス賞」とは、「顧客中心主義経営（CCRM）」の　実現を目指し、戦略、オペレーション、組織の観点から顧客との関係を構築し、その成果をあげている企業・官公庁・団体・自治体を「CRMベストプラクティス賞」として選定し、CRM推進のモデルケース創りや人材育成の機会として、広く役立てていきたいという目的で実施するものです。
　また、受賞企業・官公庁・団体・自治体の取り組み事例は、年度毎に発行する『CRMベストプラクティス白書』に掲載し、社会に周知いたしております。

「2024 CRMベストプラクティス賞」の概要

１．募集の対象 ： 企業・官公庁・団体・自治体

　「2024　CRMベストプラクティス賞」の応募対象の期間と企業・官公庁・団体・自治体は次の通りです。
　①対象となる活動期間 ： 2023年４月より2024年３月まで
　②企業・官公庁・団体・自治体全体、または部門単位で、「顧客中心主義経営（CCRM）」
　　に取り組み、上記の活動期間中に成果をあげた企業・官公庁・団体・自治体。

２．応募要領

　①応募資格
　　「2024　CRMベストプラクティス賞」は、募集の対象に該当する企業・官公庁・団体・自治体であれば規模・業種、また一般社団法人　ＣＲＭ協議会の会員・非会員を問わず、自薦・他薦にて応募することができます。応募に費用はかかりません。
　　ただし、受賞された際に、東京での表彰式ご出席いただく交通費等は自己負担になります。また、CRM発展と普及のコミットメントとして、『2024　CRMベストプラクティス白書』を10冊（特別価格で4.5万円（税込）通常価格１冊8,800円（税込））購入して頂きます。受賞されなかった場合でも事例研究のために、白書のご購入を推奨致します。

　②審査に必要な書類
　　応募される企業・官公庁・団体・自治体は、下記の当協議会サイトより応募書類をダウンロードし、ご自身で記入して下さい。
　　https://www.crma-j.org/best_practice/best_practice_2024.html
　　１．審査申込書（フォーマットA）　　　　　　　　　　2024年７月11日(Thu)まで受付
　　２．応募企業・官公庁・団体・自治体の概要(フォーマットB) 2024年８月16日(Fri)まで受付
　　３．CRM活動の概要とその結果（フォーマットC）　　　2024年８月16日(Fri)まで受付
　　４．ヒアリングシート（フォーマットD）　　　　　　　2024年８月16日(Fri)まで受付

③応募書類の提出

応募される企業・官公庁・団体・自治体は応募書類をご記入の上、「2024 CRMベストプラクティス賞」事務局（ccrm@crma-j.org）まで、E-Mailにて添付ファイルでお送りください。

※PDF形式での送信は、ご遠慮ください。

審査申込書締め切り（フォーマットA）　：2024年7月11日(Thu)まで

応募書類締め切り（フォーマットB〜D）：2024年8月16日(Fri)まで

注）応募資料並びに内容の取扱には細心の注意を払い、厳重に管理・保管し審査にあたります。

3．審査方法

ご提出いただきました応募書類を元に、選考委員会において、先進性や独創性、顧客・経営・社会への貢献度などについて、統合軸、機能軸、そしてCRM活動の成果の観点から厳正に第一次審査を行います。第一次審査を通過した企業・官公庁・団体・自治体は、最終審査にお進みいただきます。応募内容によっては、一般社団法人 CRM協議会にて最終インタビューの場を設定する場合があります（9月頃）。最終審査の結果は、ご応募すべての企業・官公庁・団体・自治体にご通知いたします。

4．「2024 CRMベストプラクティス賞」選考委員　（順不同・敬称略）

選考委員長	会長	藤枝 純教	グローバル情報社会研究所(株)　代表取締役社長
副委員長	顧問	根来 龍之	早稲田大学 名誉教授
委員	副会長	鈴木 茂樹	国立情報学研究所 特任研究員
委員	理事／ベストプラクティス部会 部会長		
		山﨑 靖之	サイオステクノロジー(株)　取締役 専務執行役員
委員	常務理事／ベストプラクティス部会 副部会長		
		山本 雅通	(株)ゴートップ　常務取締役
委員	常務理事／研究本部 CCRMアーキテクチャ部会 部会長		
		瀬野尾 健	ＮＴＴコムウェア(株)　部門長
委員	常務理事／グローバル部会 部会長		
		秋山 紀郎	ＣＸＭコンサルティング(株)　代表取締役社長
委員	理事／営業推進本部 本部長		
		小玉 昌央	(株)サトー　シニアエキスパート
委員	特別会員	牧田 幸裕	名古屋商科大学 ビジネススクール 教授
委員	特別会員	渥美 敬之	(株)電通デジタル
委員	特別会員	小林 伊佐夫	元 日本アイ・ビー・エム(株)

5．表彰式

①最終審査が終了後、受賞企業にはトロフィーと表彰状を授与し、表彰させていただきます。

②表彰は2024年11月6日(Wed)に、東京アメリカンクラブに於いて「2024 CRMベストプラクティス賞」の表彰式を行います。受賞事例発表会は、11月14日(Thu)にリモート形式＜WebEx＞で開催いたします。

表彰式当日は受賞組織の責任者（役員の方）とご担当の方にご出席いただきます様ご案内申し上げます。

新しい情報は、協議会のホームページにてご案内いたします。

6．受賞企業・官公庁・団体・自治体の協力関係について

①受賞企業・官公庁・団体・自治体の活動内容・成果について、一般社団法人　ＣＲＭ協議会が発行する『2024 CRMベストプラクティス白書』への掲載と、それに伴う編集確認作業においてご協力をいただきます。
②一般社団法人　ＣＲＭ協議会が主催・協賛する事例発表会、研修会、研究会、ホームページ、刊行資料等において、その活動内容・成果を発表・公開させていただきます。
③「CRMベストプラクティス賞」受賞メンバーとして、当協議会のCRM推進活動にご協力をいただきます。

7．受賞企業・官公庁・団体・自治体の特典

①一般社団法人　ＣＲＭ協議会より、「2024 CRMベストプラクティス賞」の表彰状と受賞記念のトロフィーを授与。
②「CRMベストプラクティス賞」のロゴマークを使用し、受賞に関する広報活動が可能。
③『2024 CRMベストプラクティス白書』を受賞組織に１冊贈呈。
④「CRMベストプラクティス賞」受賞メンバーとして、受賞年度（2024年受賞日〜2025年３月末日迄）の登録をいたします（会費無料）。但し既存のメンバー様は該当いたしません。
⑤「CRMベストプラクティス賞」受賞メンバーとして、翌年度（2025年４月〜2026年３月）の年会費が初回の「CRMベストプラクティス賞」受賞に限り半額。但し既存のメンバー様は該当いたしません。
⑥更なるステップアップを目指すためのコンサルティングを、メンバー価格で受けることが可能。
⑦CRM関連の専門誌等での事例紹介と告知などの広報支援。
⑧一般社団法人　ＣＲＭ協議会主催/共催/後援等のセミナーやイベントにおいて、「CRMベストプラクティス賞」事例として、広く、紹介活動の場を得られる。

8．ご注意

受賞後１年間において、社会的不祥事、重大事故、事件等が発生した場合は受賞を取り消すことがあります。

9．応募先・お問い合わせ先

一般社団法人　ＣＲＭ協議会　ベストプラクティス賞　事務局
〒160-0022　東京都新宿区新宿1-1-14 YAMADAビル10F ReGIS Inc.内
TEL: 03-3356-7787　FAX: 03-5361-3123
E-Mail: ccrm@crma-j.org　https://www.crma-j.org

以 上

(参考) 　　　　【「2023 CRMベストプラクティス賞」受賞企業・自治体一覧 】

受賞企業・自治体名（五十音順・敬称略）	受賞モデル名
市原市	市民参加のSDGs推進モデル
株式会社ＮＴＴドコモ 情報システム部	ボイスマイニング知見活用モデル
タカラスタンダード株式会社 営業本部	施主、取引先との連携強化営業モデル
中日本高速道路株式会社	安全性に配慮した駐車場効率利用モデル
東日本電信電話株式会社 ビジネスイノベーション本部	地域によりそう価値創造型CRMモデル
≪継続賞≫ 株式会社ビジョン グローバルWiFi事業部	戦略的VOC対応実現モデル
≪継続賞≫ 株式会社フォーラムエイト	顧客中心による情報マネジメントモデル
≪継続賞≫ 株式会社ホンダオート三重	年中無休顧客安心継続モデル
マクニカホールディングス株式会社	ポータル導入・営業推進モデル
≪大星賞≫ 株式会社みずほ銀行 デジタルマーケティング部	行内外の声・組織横断革新モデル
≪継続賞≫ みずほ証券株式会社	"個の力"強化によるCS向上モデル
株式会社和光／ セイコーソリューションズ株式会社	オンラインとオフライン融合挑戦モデル

■ あとがき

小野　律子
一般社団法人　ＣＲＭ協議会 事務局長
『2024 CRMベストプラクティス白書』出版プロジェクト プロジェクトリーダー

グローバル情報社会研究所株式会社
エグゼクティブ・アシスタント

　「2024 CRMベストプラクティス賞」を受賞されました皆様、受賞誠におめでとうございます。心から敬意を表し謹んでお祝いを申し上げます。
　『2024 CRMベストプラクティス白書』は、2004年から通算21冊目の出版となりました。受賞企業・団体は、国内・海外で267組268プロジェクトになり、毎年の継続の大切さを痛感しております。
　ご執筆をいただきました皆様には多大なるご協力を賜り、心より御礼申し上げます。

　「2024 CRMベストプラクティス賞」の表彰式は、2024年11月 6 日、東京アメリカンクラブで前年に続き開催出来、受賞者様の皆様と会場で直接お目にかかれましたことをとても嬉しく思っております。当日の運営スタッフとして、濱谷常務理事、花田常務理事、山本常務理事、山﨑理事、安藤理事、藤枝会長の会社の皆様に、当日スタッフとしてご協力いただいての開催となりました。さらに表彰式開催後の2024年11月14日には、全受賞の皆様の受賞事例発表会を理事メンバー ゴートップ様のご協力でWebex Webinars形式で行い、全国の皆様にご参加いただきました。

　長年にわたりご協力をいただいております経済産業省、そして当協議会の大星　公二　名誉会長、藤枝 純教 会長、役員、選考委員、顧問の方々のご尽力に心より感謝申し上げます。また、編集にあたりご協力いただきました関係各位に、この場をおかりして深謝申し上げます。

　「ベストプラクティス賞」受賞ロゴマークは、一般社団法人　ＣＲＭ協議会の基本理念である「顧客中心主義経営（CCRM）」を象徴した 6 色のロゴを月桂樹で囲み、受賞年を冠しております。お名刺、HP、パンフレット等で受賞の皆様に広くご活用いただければ幸いです。

※ロゴ；純白（ホワイト）の中にお客様の心（ピンク）を中心として、ビジネス（グリーン）、
　　　　データ（パープル）、アプリケーション（イエロー）、テクノロジー（ブルー）で
　　　　アーキテクチャをデザインしております。

　今年も「2025 CRMベストプラクティス賞」へ多くの皆様からのご応募をお待ちしております。なお、表彰式典は、2025年11月12日に東京アメリカンクラブに於いて開催予定でおります。

『2024 CRM ベストプラクティス白書』

2025 年 3 月 27 日	発行
発行・発売	一般社団法人 ＣＲＭ協議会 代表理事・会長 藤枝 純教
	〒 160-0022 東京都新宿区新宿 1−1−14 YAMADAビル 10F ReGIS Inc.内 TEL：03-3356-7787　FAX：03-5361-3123 https://www.crma-j.org/
編集者	一般社団法人 CRM 協議会 事務局長 小野 律子 E-mail：ccrm@crma-j.org
表紙デザイン	Nicholas M. Ditmore（California在住）
印刷・製本	青森コロニー印刷
	〒 165-0023 東京都中野区江原町 2−6−2 TEL：03-5996-2761　FAX：03-5996-2760 https://aomoricolony.jp/index.html

ISBN：978-4-9911399-5-6　C2055 Printed in Japan